普通高等院校艺术类专业精品系列教材

室内装饰施工图设计

主　编　孙晶晶　孙　浩

参　编　谢　地　杨思莹　刘巧玲

王　刚　郭海生　张　帅

李　梁

北京理工大学出版社

BEIJING INSTITUTE OF TECHNOLOGY PRESS

内容提要

本书按照行业实际编写，涵盖室内装饰施工图概述、平面部分图纸详解、立面部分图纸详解设计、剖面部分图纸详解与设计及岗位设计师工作职责五个部分。室内装饰施工图在建筑行业的规范图纸基础之上，经过数年的优化和提升，形成行业内的绘制模式，室内图纸的绘制并不是严格规范的，本书从施工图的作用和方案设计的结合角度，从原理、用法及实例进行分析和讲解。

本书可作为高等学校环境设计专业施工图设计类课程的教材，也可作为实训类课程的参考书，还可作为室内设计师入职的学习资料。

图书在版编目（CIP）数据

室内装饰施工图设计 / 孙晶晶，孙浩主编. -- 北京：北京理工大学出版社，2022.9（2023.1重印）

ISBN 978-7-5763-1744-2

Ⅰ.①室…　Ⅱ.①孙…　②孙…　Ⅲ.①室内装饰设计－建筑制图－高等学校－教材　Ⅳ.①TU238.2

中国版本图书馆CIP数据核字（2022）第182468号

出版发行 / 北京理工大学出版社有限责任公司
社　　址 / 北京市海淀区中关村南大街5号
邮　　编 / 100081
电　　话 /（010）68914775（总编室）
（010）82562903（教材售后服务热线）
（010）68944723（其他图书服务热线）
网　　址 / http：//www.bitpress.com.cn
经　　销 / 全国各地新华书店
印　　刷 / 河北鑫彩博图印刷有限公司
开　　本 / 787毫米×1092毫米　1/16
印　　张 / 11
字　　数 / 278千字
版　　次 / 2022年9月第1版　2023年1月第2次印刷
定　　价 / 58.00元

责任编辑 / 陆世立
文案编辑 / 李　硕
责任校对 / 刘亚男
责任印制 / 李志强

图书出现印装质量问题，请拨打售后服务热线，本社负责调换

前言 Foreword

编者从事室内设计教育行业多年，察觉到目前市面上没有针对高校环境设计专业的室内装饰施工图书籍，市面上的施工图书籍多面向建筑行业。室内装饰施工图经过多年的演化和不同公司的改进，基本画法、符号、规范等方面都以建筑施工图为主要参考依据，在绘制规范上，出现了与纯建筑施工图的差异性。改革开放后，装饰行业开始兴起，住宅装修、酒店装修、各种类型的空间装修工程都开始大规模的发展，许多公司根据自己项目的级别和精细程度要求，自行在建筑标准规范的前提下进行优化和提升。

本书从施工图概念、施工图的重要性、全套施工图（平面系统图、立面图、节点大样）绘制方法等多个章节讲解了室内施工图的制图规范、施工图绘制过程中的专业名词及意义，希望能够帮助高校环境设计专业学生全面认识施工图，准确、全面、清晰地表达设计内容。

本书侧重于将施工图与设计方案紧密结合，避免学生产生误区。编者曾在很多高校担任外聘讲师和毕设指导教师，在与辽宁理工学院多年的合作中，与学生和教师的深入接触中察觉到，很多同学都误以为施工图是不入流的设计图纸，甚至是可学可不学的图纸，只有做好漂亮的效果图才是设计师的工作重点。这种思想直接导致了施工图课程在环境设计专业和室内设计专业的教学中边缘化，从而导致工装行业和设计单位（以收设计费为主要经营手段的企业）没办法直接录用刚毕业的同学，给企业人才的培养增加了非常大的负担和企业运营的风险（扛不住前期压力或前期薪资过低导致人才流失）。同时，企业也不断地增设应届毕业生的录用门槛，甚至有的企业根本不招收应届毕业生。本书明确了施工图才是室内设计专业的专业设计图，希望对所有开设了施工图课程的高校有所帮助。

这里，从设计的不同阶段来说明一下施工图与设计费的关系。首先，常规的家装行业在设计阶段上大多处于初步设计阶段，即平面空间规划（平面布置图）与效果图的结合；由于空间面积不大，材料和造型并不复杂，门、窗、楼梯、家具都是去建材城直接挑选或整装设计，因此进入施工图扩初阶段的不多。其次，一些简单的办公空间、学校、医院等在设计上一般至少要进入施工图扩初阶段，因为其空间面积非常大，需要明确工作量和具体尺寸、材料、工艺，因此施工图作为唯一具有法律效力的设计图的重要性得以显现，其设计费自然要进入另一个层次。再次，酒店、娱乐、餐饮等设计造型较复杂的项目，在深化设计方面要求非常高，节点图的数量非常多，图纸的深度和规范性要求也极高，因此，所有设计感较强的项目都会将设计图做到深化阶段，以确保后续施工的顺利。

希望本书能够帮助同学们更好地从设计的角度理解施工图的重要性，提升基础设计施工图绘图能力，对高校环境设计专业就业领域和就业量起到拓宽与提升的作用。

编　者

目录
Contents

第一章 室内装饰施工图概述

第一节 室内装饰施工图的发展历程

室内装饰施工图是建筑施工图的延伸，室内设计专业本身也是属于建筑行业的二级产业，隶属于建筑行业的下游产业之一。因此，几乎所有的室内专业和环境（艺术）设计专业在进行《工程制图》专业课程学习时都要求绘制建筑施工图。当然这本身既正确又同时出现了不足，因为室内的装饰施工图在绘制规范上经过多年的演化和不同公司的改进出现了与纯建筑施工图的差异性，但其基本画法、符号、规范等都以建筑施工图为主要参考依据。室内装饰施工图的发展历程还要追溯到改革开放后装饰行业兴起的年代，2000年左右是计算机辅助设计开始普及的时候，也是中国经济开始腾飞的时候，因此，各种家庭装修、酒店装修、各行各业的装修都开始大规模兴起，为了适应大量图纸的需求，CAD软件的应用越来越普及，许多公司根据自己项目的级别和精细程度要求，自行在建筑标准规范的前提下进行着优化和提升。例如，天花标高的形式，起初建筑图中地面和天花的标高都是一样的（图1.1.1），后期有公司就改进了天花的标高形式（俗称宝马标）（图1.1.2），现在大多数公司都是使用将标高和材料代码放在一起的形式（图1.1.3）。

图1.1.1　　图1.1.2　　图1.1.3

材料代码的出现也是为了更好地适应图纸经常性修改的特点，而且使用软件操作时也非常的方便。表1.1.1为材料分析表，装饰材料皆以代号的形式出现如石材（ST）、木饰面（WD）、金属（MT）、砖类（CT）、地毯（CP/CA）、漆类（PT）、硬包/软包（FA）、壁纸（WP）、玻璃（GL）、镜面（MR）等。这样，将来一旦发生材料变更只需要将代码对应的内容进行改变即可，不需要对图纸进行大的改动，很大程度上减少了工作量。

表1.1.1

序号	材料编号	材料名称	材料规格	燃烧性能	使用部位
石材类					
1	ST-01	超薄柔性石材	5厚	A	销售区墙面、VIP室墙面
2	ST-02	机刨石	30厚	A	电梯间墙面
3	ST-03	石材	20厚	A	电梯间墙面
4	ST-04	石材	20厚	A	电梯厅地面、销售区地面、VIP地面
5	ST-05	石材	20厚	A	卫生间洗手台
6	ST-06	石材	20厚	A	过门石
木饰面					
1	WD-01	木饰面	3厚	B1	销售区造型墙面
2	WD-02	木饰面	3厚	B1	销售区墙面、VIP室墙面、文化长廊墙面、卫生间木门、营销办公室木门、物业办公室木门、储物间木门、更衣间木门
3	WD-03	木饰面	3厚	B1	销售区造型天花
4	WD-04	木饰面	3厚	B1	卫生间隔断
金属					
1	MT-01	穿孔版	600×1 200	A	情景展示区天花
2	MT-02	不锈钢饰面	1厚	A	不锈钢踢脚、收边条、墙面饰面
3	MT-03	金属饰面	1厚	A	电梯垭口
4	MT-04	金属饰面	1厚	A	卫生间隔断饰面
砖					
1	CT-01	地砖	600×600×10	A	储物间地面、更衣室地面、物业办公室地面、营销办公室地面、办公室地面、过廊地面
2	CT-02	瓷砖	600×600×12	A	卫生间墙面、卫生间地面
地毯					
1	CP-01	地毯		B1	会议室地面、情景展示区地面、办公室地面、财务办公室地面、文化长廊地面
2	CP-02	地毯		B1	经理室地面
漆类					
1	PT-01	白色乳胶漆		A	天花、墙面
2	PT-02	白色防水乳胶漆		A	卫生间天花
硬包					
1	FA-01	硬包	30厚	B1	会议室墙面
2	FA-02	硬包	30厚	B1	会议室墙面
3	FA-03	硬包	30厚	B1	经理办公室墙面
壁纸					
1	WP-01	壁纸		B1	情景展示区墙面

续表

序号	材料编号	材料名称	材料规格	燃烧性能	使用部位
玻璃					
1	GL-01	玻璃隔断、玻璃门		A	会议室墙面、经理办公室墙面、财务办公室墙面、会议室墙面、办公室墙面
2	GL-02	花纹玻璃隔断		A	VIP室墙面
3	GL-03	磨砂玻璃隔断、磨砂玻璃门		A	办公室墙面
镜面					
1	MR-01	镜面		A	卫生间墙面
其他					
1	QT-01	矿棉吸音板	600×600	B1	营销办公室天花
2	QT-02	软膜		B1	经理办公室天花、电梯间天花
3	QT-03	亚克力		B1	电梯间饰面

施工图的演化方向一般有两个主线，一个是美观（更具欣赏性）；另一个是实用（方便指导施工），两者本身并不矛盾且同时提升。如墙体材料、地面材料的填充样式更加丰富、更加贴近材料本身，图线本身的粗细、虚实，整体构图的不断优化；完成面（工作面）尺寸的准确度，节点详图和大样详图更加全面等。总之，现阶段的室内装饰施工图经过多年改进，已经呈现出绘制精细，图面效果美观，与现场施工的契合度极高等特点。

室内装饰施工图的制图规范各大公司各有不同，家装行业与工装行业的精细度和图纸内容也都差距甚大，但基本共识是越大的工装企业和设计院图纸质量要求越高，工装企业整体质量要求高于家装企业，有些小型的家装公司甚至忽略施工图的制作。从职业规划的角度来讲，越是大型的企业对施工图的要求就越高；越是小型的企业要求就越低。

第二节　室内装饰施工图的重要性（家装/工装）

目前，有些高校的室内专业和环境（艺术）设计专业的学生存在一种误区，认为将来要成为一名专业的室内设计师必须把效果图学好，而施工图是绘图员做的事情，没必要学习！这个观点是有些狭隘的，因为施工图是室内装饰行业的专业图纸——行业语言，类似于文学家使用的汉字（文言文、成语）、音乐人使用的五线谱等。效果图是与甲方沟通的语言，但是由于甲方并不是专业人士，施工图形式的图纸绝大多数甲方是无法理解的。因此，同学们在职业成长的路上会因为施工图能力的不足而导致两种常见情况的发生，一种是因为能力不足而无法（有的是不敢）进入工装企业成长；另一种是进入了工装企业，但是由于企业规模较大、规范标准较高，由于不能快速适应而导致被淘汰。因此，从未来职业规划的角度来讲，在大学期间把施工图学好是非常重要的。

室内设计的方案一般可分为三部分：一是初期的空间规划方案需要绘制平面布置图+墙体（隔墙）定位图，以空间的组成及规划为主，采光、通风、空间的巧妙利用、道路流线的规划设计等都是空间方案的重点；二是扩初阶段的单体空间方案需要绘制平面图和立面图，该阶段首先是以效果图的形式出现，待与甲方基本确认效果图方案后才进行具体空间的顶面方案、地面方案、墙面方案、包柱方案、门窗方案、楼梯方案等的施工图绘制，其中平面部分的图纸需要细致到完成面（工作面）、具体墙体使用的材料及饰面材料的制约关系（如轻钢龙骨石膏板隔墙不能使用湿贴、干挂等工艺的材料，常规使用乳胶漆和壁纸较多）等，立面图部分的图纸需要深化装饰材料的排缝方案，充分考虑到材料的规格和施工中的材料损耗问题；三是深化阶段则是指工艺方案阶段，将所有的顶面、地面、墙面、包柱、楼梯、门窗的施工工艺进行说明，再针对两种材料交接的位置处理进行工艺说明，还有部分大样详图的绘制等。由此可见，施工图实际是贯穿始终的，是三大类方案的完整体现，而效果图仅是初步方案后扩初阶段与甲方沟通的重要手段。

目前，工装项目体基一般都比较大，需要团队合作完成。方案设计师岗位的主要工作内容是以提出想法为主，效果图和施工图的具体制作都是有专人辅助完成的。设计师后期需要对效果图和施工图进行审核，审核施工图对设计师能力的要求是比较高的，因此很多设计师之前都曾经是一位优秀的深化设计师，工装企业的方案设计师基本上都经历过全套施工图的绘制，施工现场的磨炼，有的设计师现场经验非常丰富也有过驻场的经历，因此，在后期出方案的时候才能更好地把握方案细节（阳角处理、收口、材料交接等）。

第三节　室内装饰施工图的分类

室内装饰施工图一般由原则图和正图两大部分组成。其中，原则图部分包括目录、材料分析表、施工说明、防火说明、门窗表等；正图部分包括平面布置图、墙体（隔墙）定位图、天花布置图（含灯位）、综合天花图、地面铺装图、机电点位图、立面索引图、立面图、节点图等。由于各个公司要求不同，图纸名称的叫法多少也会有差异，图纸的细分也会有差异。家装行业基本以平面图、立面图为主，很少或基本不绘制节点部分图纸，由于大部分项目不涉及消防，因此综合天花等图纸一般也不会出现，对立面图的排缝等也不会太刻意要求。为了让广大学生更好、更深入的学习施工图的内容，本书基本以工装企业标准的施工图进行深度介绍，希望对广大学生入职设计院及工装、家装设计企业有帮助。

小结：

本章节对施工图的基本内容做了介绍，通过与行业的结合来阐述家装行业与工装行业在施工图本身的需求程度和设计深度。

问题1：简述家装行业与工装行业的区别。

问题2：施工图都由哪些部分的图纸组成？

第二章 平面部分图纸详解

第一节 图幅与比例的设定

施工图的图幅可分为（图2.1.1和图2.1.2）A0（1 189 mm×841 mm）、A1（841 mm×594 mm）、A2（594 mm×420 mm）、A3（420 mm×297 mm）、A4（297 mm×210 mm）。图幅是工程制图中对图纸大小的正式叫法，工作中常用的叫法是图框，图框大小的选定是根据项目统一指定，一般是由施工图的负责人或项目的负责人来指定的。工装项目面积较大，所用图幅基本是A2起；家装项目较小，A3的图幅基本就能够满足绘图要求。

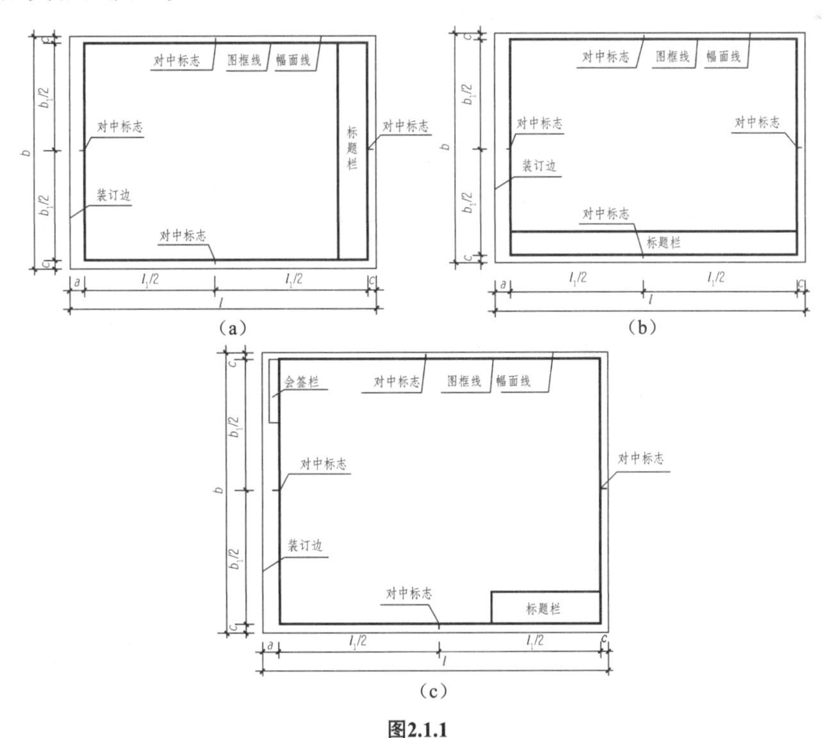

图2.1.1

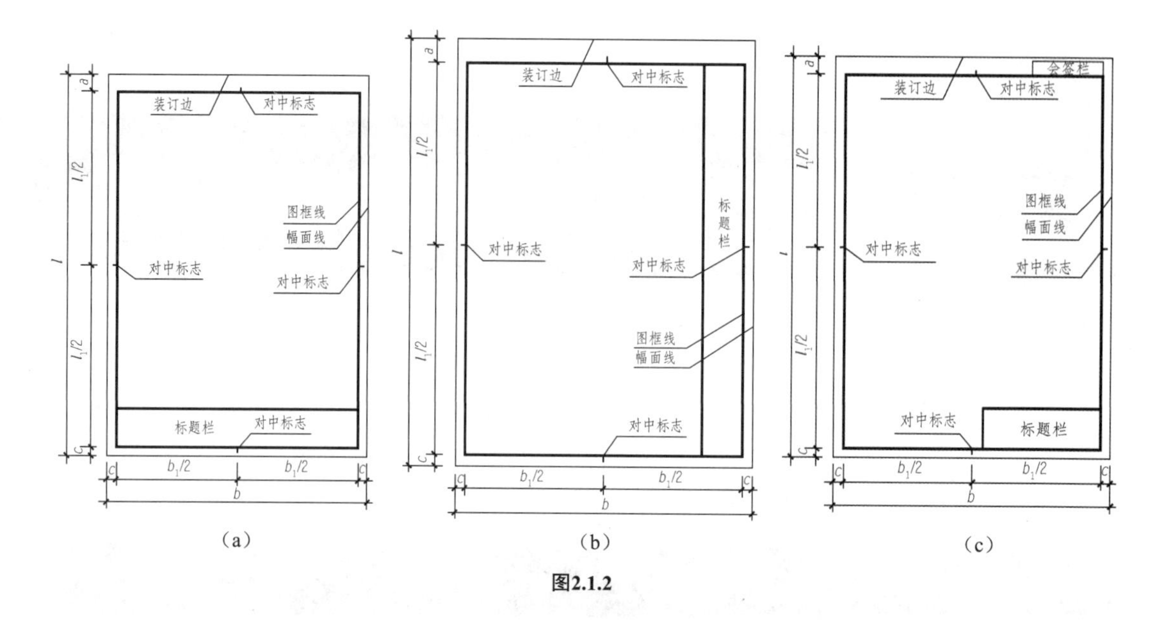

图2.1.2

装饰施工图使用的比例与图幅的大小有一定的关联，而且项目组负责人一般也会指定该项目所使用图纸的图幅标准，故装饰施工图所用比例应根据图纸自身的大小及其与图幅之间的关系来确定。装饰节点详图所用比例一般应根据自身的复杂程度和需要来确定，而且在同一个图框内会出现多种比例的情况。装饰施工图的常用比例可根据实际尺寸与图幅之间的大小关系来确定。比例尺是手绘图纸时使用的便捷比例换算工具（图2.1.3），比例尺自带的比例包括1：100、1：200、1：250、1：300、1：400和1：500，通过去“0”的方法还可以得到1：10或1：1的比例，通过换算的方法可以得到1：400、1：600、1：800、1：900的比例。由此可见，几乎所有的比例都能通过比例尺换算而得到，常规状态下只有1：7系列的比例无法换算。

图2.1.3

第二节　图线的设定

在施工图中，图线有粗有细，有实有虚，丰富的图线变化其实也是更好地让阅图人更容易理解图纸的内容、主次关系等。

（1）线的粗细。一般来讲，图纸中越重要的部分图线越粗，越次要的部分图线越细。以平面布置图为例，首先柱体和墙体线是最粗的；其次是楼梯和窗台这种次要的结构线［属于结构部分但是属于投影面不是截面，也可以理解为墙体和柱体都是被切割的截面（第一投影），而楼梯和窗台都是视线延伸后等到的（第二投影）］，再次是固定的家具和隔断；最后是移动的家具和植物饰品等（图2.2.1）。看线、辅助线和填充线都是最细的而且有些公司还会将打印淡显（喷墨量）适当调低（图2.2.2）。

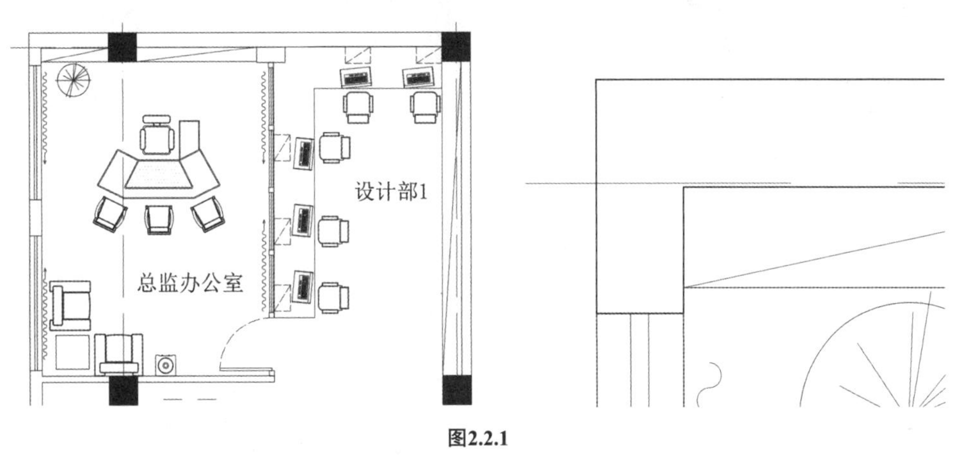

图2.2.1

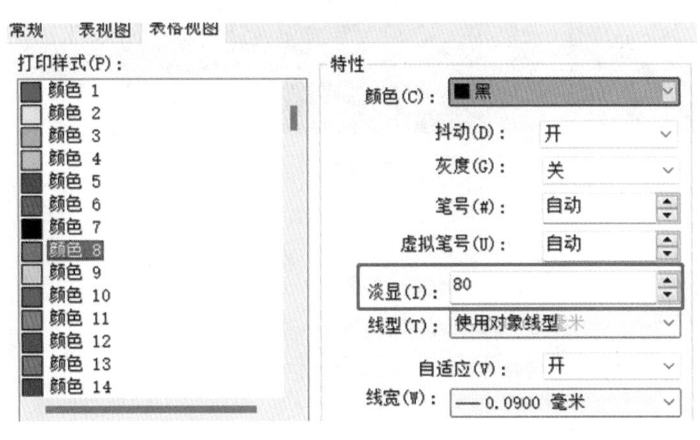

图2.2.2

（2）线的虚实。一般来讲，正常的投影线都是实线，无论是截面轮廓线（一般都是第一投影面的投影线），还是常规投影线或看线（第二投影面且与第一投影面有一定距离的投影线）。如图2.2.3所示，红线切割的位置所呈现的截面视为第一投影面的轮廓线；如图2.2.4所示，视线经过延伸后（中间无遮挡）得到的视为第二投影面的轮廓线（看线）；但是，以下几种情况下会出现虚线：

图2.2.3

图2.2.4

1）被遮挡的物体需要使用虚线表现出来，如图2.2.5所示；

2）不是本图中出现的投影线，但是本图需要做一些辅助参考，会将其他图里的图线以虚线的形式在本图出现，如图2.2.6所示。

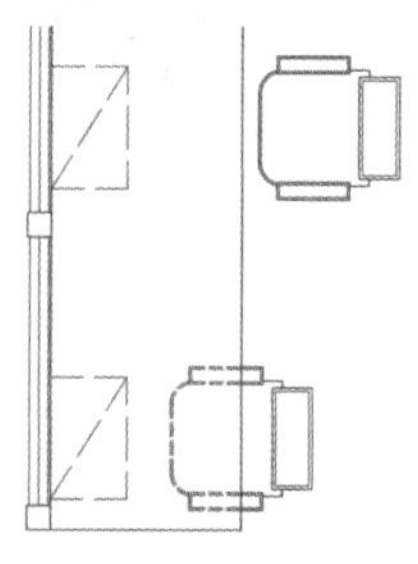

图2.2.5

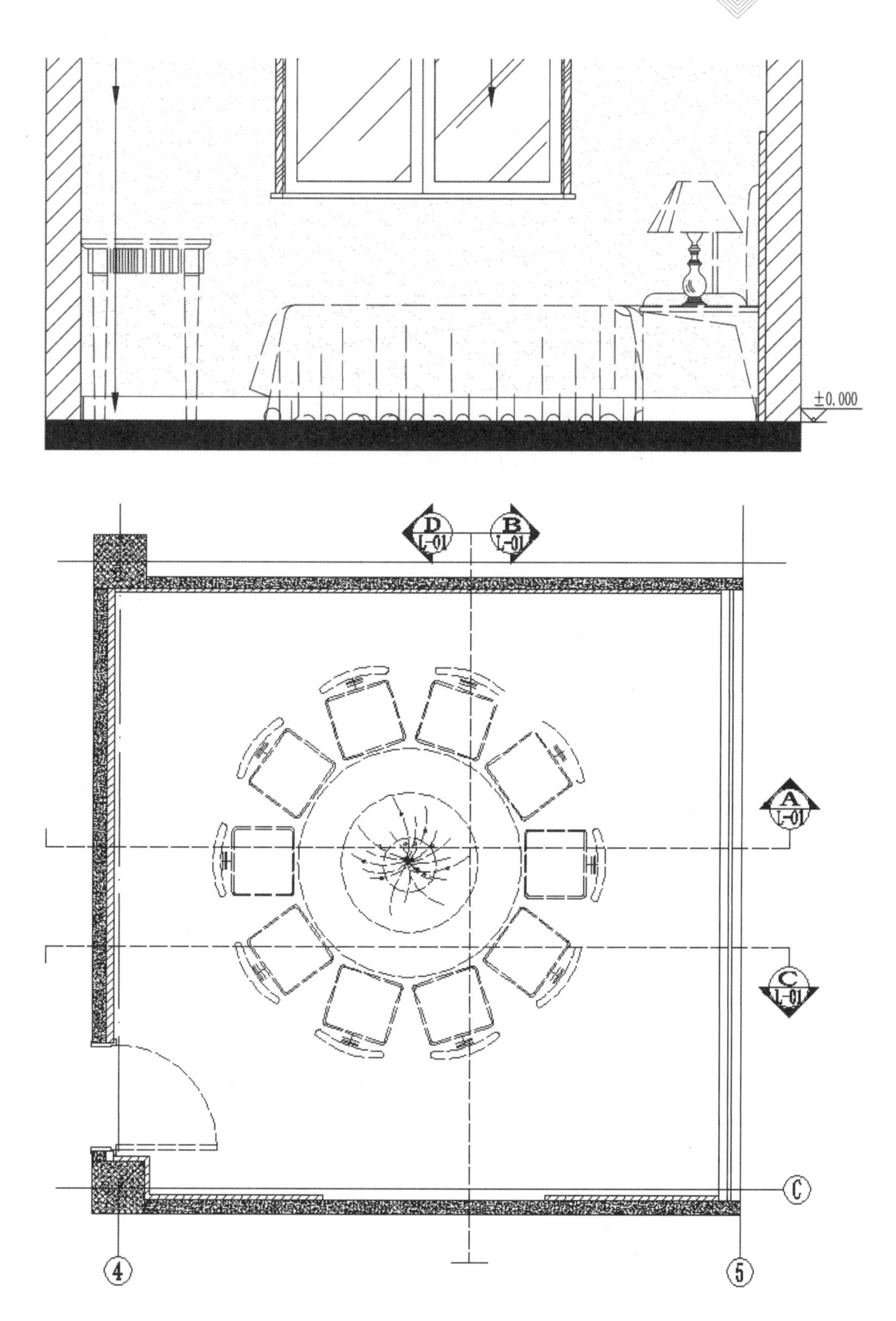

图2.2.6

3）没有实体，起辅助说明作用的线，如图2.2.7所示。

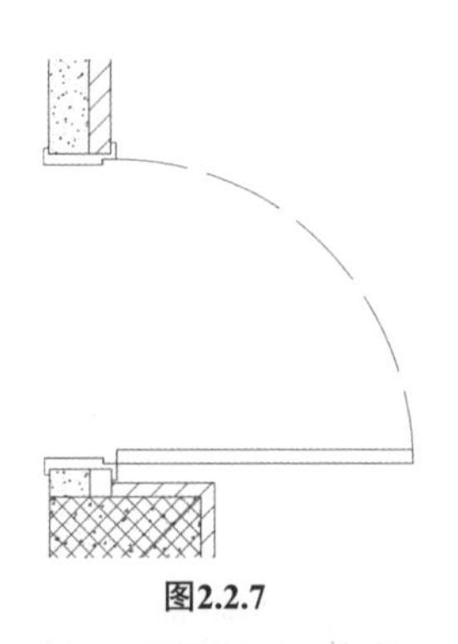

图2.2.7

第三节 标注规范设定

标注规范设定分为两个方面：一个是标注本身的间距规范；另一个是标注的具体内容规范（图2.3.1）。

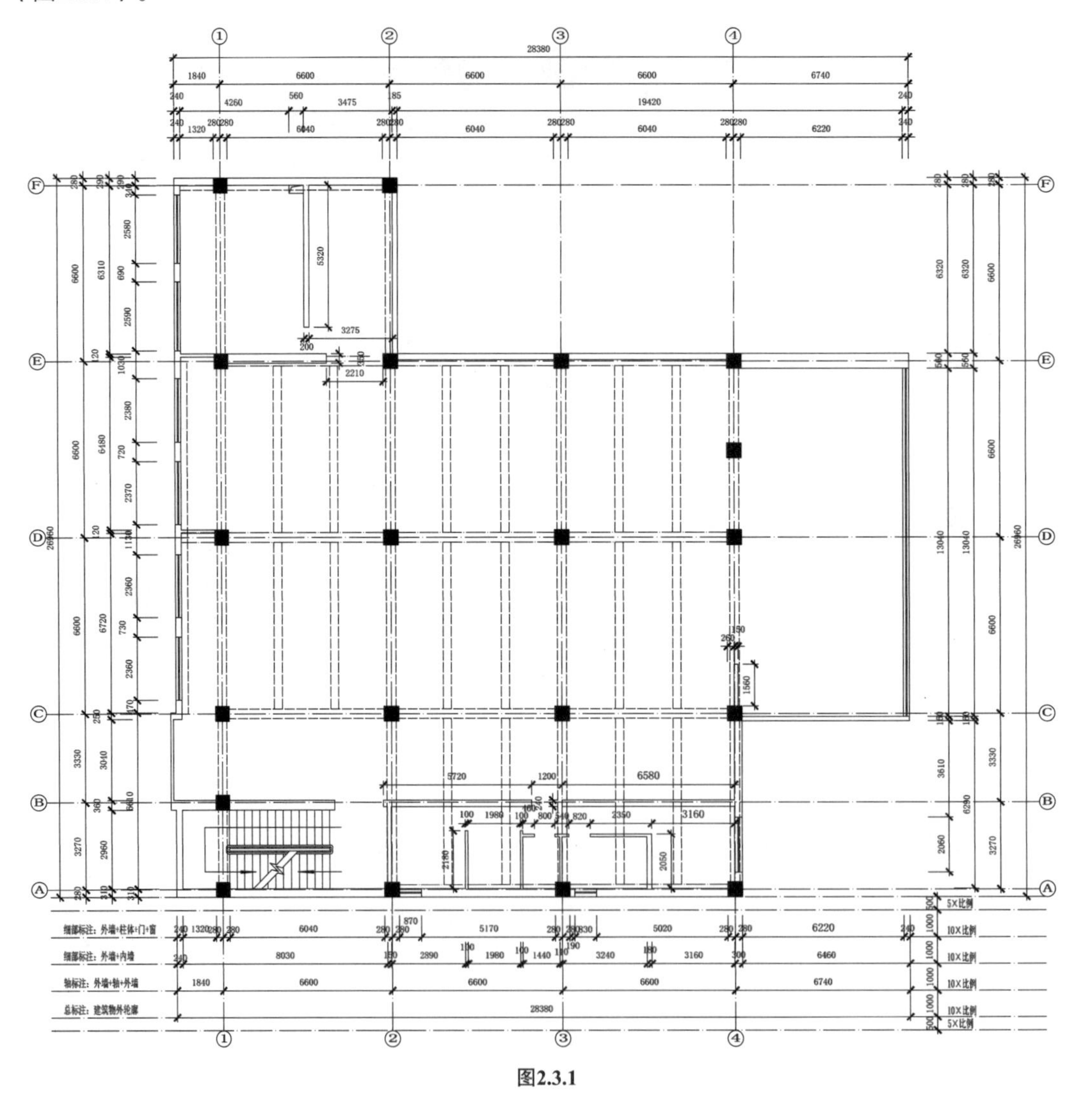

图2.3.1

（1）标注本身的规范，第一层标注与建筑物本体有一个5 mm的间距，第二层、第三层等标注自身的间距都以10 mm间距为标准，最后一层标注与轴号之间的间距为5 mm。以上规范仅为一种列举，可以根据其再进行相应改动。

（2）标注的具体内容规范。第一层标注主要交代外墙与门、窗、柱体的尺寸关系，第二层标注主要交代外墙与内墙的关系，第三层标注主要交代轴的关系，第四层标注为总尺寸。另外，还有其他的一些规范，如只标注轴间尺寸和总尺寸。

第四节　楼梯平面图绘制详解

楼梯平面图的绘制对初学者来说是有一定难度的，一方面是楼梯本身的各种尺寸规范需要掌握；另一方面还涉及符号的理解和使用。

楼梯一般可分为双跑楼梯、多跑楼梯、双跑平行楼梯、双跑转角楼梯（注：每一梯段稳定为一跑）、交叉楼梯、剪刀楼梯、三角楼梯、矩形转角楼梯等。以双跑楼梯为例，其中间会有一个休息平台（也叫作中间平台），如图2.4.1所示。

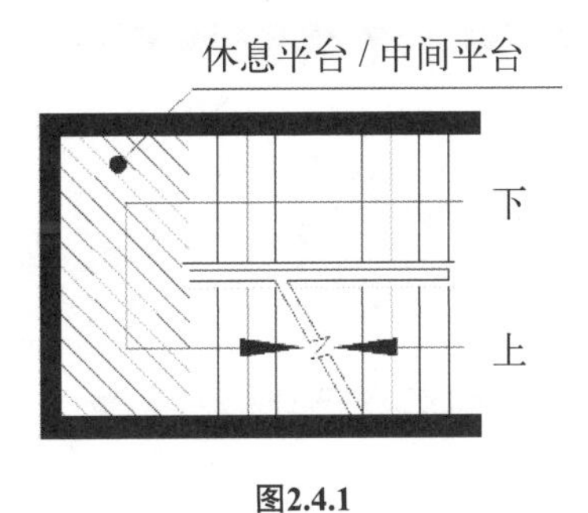

图2.4.1

休息平台宽度一般大于等于梯段宽度，梯段净宽除应符合现行国家标准《建筑设计防火规范》（GB 50016）及国家现行相关专用建筑设计标准的规定外，供日常主要交通用的楼梯的梯段净宽应根据建筑物使用特征，按每股人流宽度为0.55 m +（0～0.15）m的人流股数确定，并不应少于两股人流。（0～0.15）m为人流在行进中人体的摆幅，公共建筑人流众多的场所应取上限值。

当梯段改变方向时，扶手转向端处的平台最小宽度不应小于梯段净宽，并不得小于1.2 m。当有搬运大型物件需要时，应适量加宽。直跑楼梯的中间平台宽度不应小于0.9 m。

室内楼梯扶手高度自踏步前缘线量起不宜小于0.9 m。楼梯水平栏杆或栏板长度大于0.5 m时，其高度不应小于1.05 m，如图2.4.2所示。

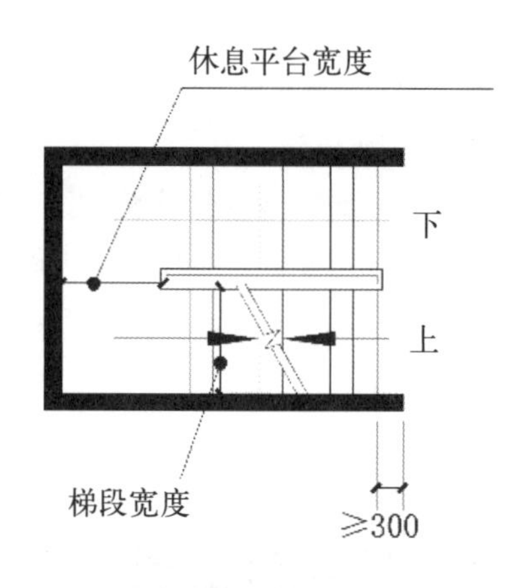

图2.4.2

注：1.图2.4.2中梯段宽度表示栏杆中心线到墙（板、梁）的边缘线之间的净距离，休息平台宽度表示中间平台栏杆中心线到墙（板、梁）的边缘线之间的净距离。

2.梯段净高为自踏步前缘(包括每个梯段最低和最高一级踏步前缘线以外0.3 m范围内)量至上方突出物下缘间的垂直高度。

图2.4.3中的折断线表示楼梯平台的上方，从折断线部位看下去，将看到的是两个梯段，一个是本层往上的梯段；另一个是从本层往下的梯段。有阴影的部分表示的是下一层的第一梯段上的可见踏步，没有阴影的部分表示的是从走廊到上一层楼面的梯段。

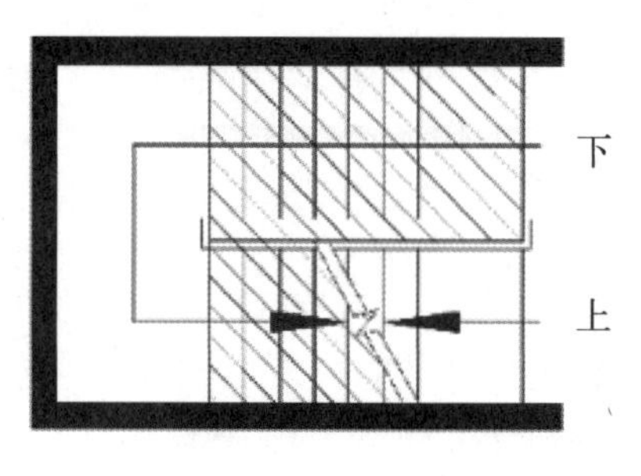

图2.4.3

小结：

施工图与效果图相比，效果图的主要对应人群是客户（非专业人士），所以更注重在色彩、材质、灯光方面的表述；施工图的主要对应人群是设计师、工程部、预算部、采购部及报审的相关部门等（专业人士），所以更注重明确的尺寸、明细的材料、明确的施工工艺等。施工图的标注规范、图线的粗细、比例，可以说是施工图最重要的内容。

问题1：使用虚线的条件有哪些？

问题2：图幅为A2，建筑物体总长为56 000 mm、总宽为48 000 mm，比例定多少合适？

问题3：谈一谈楼梯绘制中两个折断线分别省略的内容是什么？

第五节　原始平面图的绘制要点及规范

范图如图2.5.1所示。

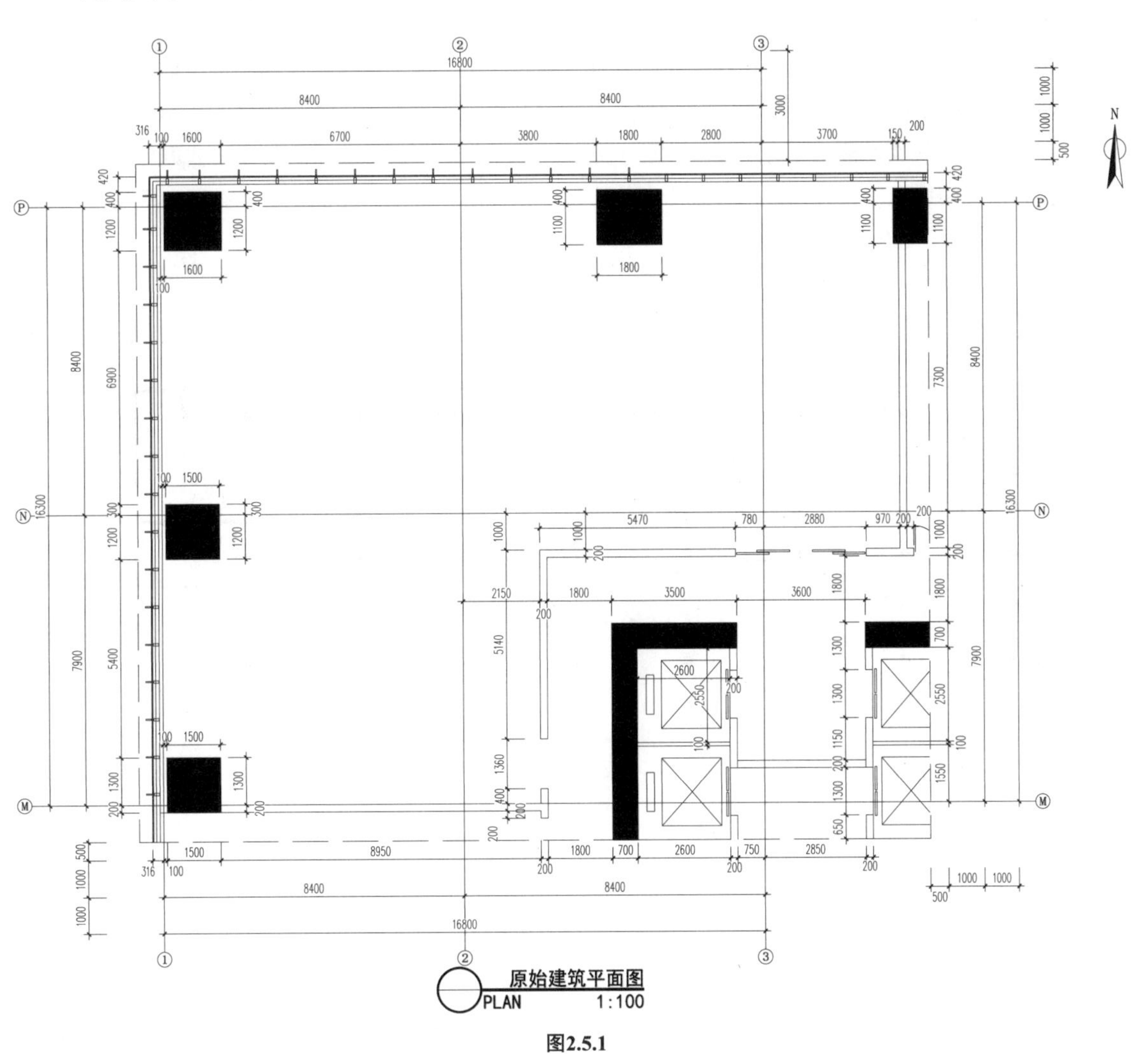

图2.5.1

1．定义及作用

原始的建筑平面图，通常是指建筑设计院出具的建筑图纸，其中包含了建筑的平面图、立面图、剖面图及各种大样图，这些建筑图纸是室内精装（装饰）设计的基础，也是非常重要的原始资料。其中最重要的就是平面图，因此，会将原始的建筑平面图放置在室内精装（装饰）施工图的第一张，用以表达项目的原始信息。

当然，并不是所有的项目都具备原始的建筑图纸，有些项目年代久远或其他的一些原因，原始的建筑图纸早已不知所终，需要到项目现场测量记录，以获取原始的建筑信息。

2．制图方法

在实际工作中，如果有设计院或业主提供原始的建筑设计图纸，是最方便、快捷的，相对得到的原始信息也是最准确的。首先，需要学会阅读原建筑图纸，能分清承重墙和非承重墙，能认得各种管道、设备的图例等内容（图2.5.2），将与室内深化设计无关的信息予以清理，如墙体详图、某些构造索引等；其次，根据室内制图及公司（或设计院）的制图规范要求，使用格式刷工具和图层工具，将建筑图纸上的相关元素调整到相应的图层中；最后，确定出图比例，在布局空间中加上本公司（或设计院）的图框。

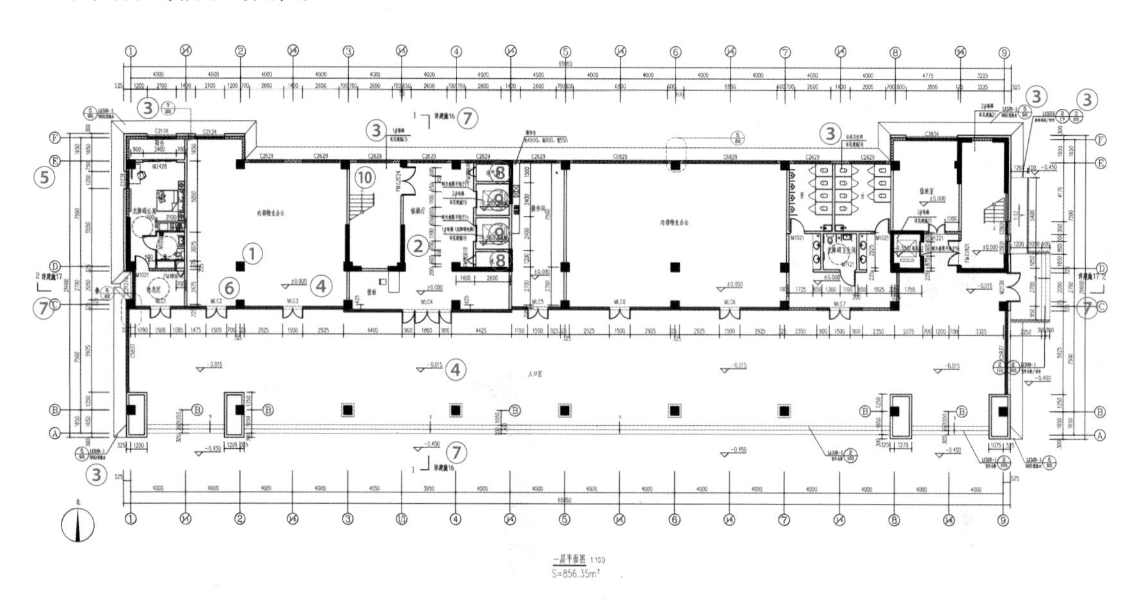

图2.5.2

图2.5.2中相关说明如下：

① 为原建筑结构柱子，不可拆改，对室内空间非常重要。

② 为原建筑结构承重墙体，不可拆改，对室内空间非常重要。

③ 为一些建筑结构的做法参照编号，通过这些编号可以找到该处的做法。此项信息对室内空间几乎没有影响，可删除。

④ 为建筑标高，建筑标高和室内标高完全不同，建筑标高通常以一层地面完成面为±0.000，其他楼层标高以此为基础，按照实际物理高度计算；而室内标高是以本层地面完成面为±0.000。因

此，原建筑图纸上的此项信息，在室内设计过程中可作为参考。

⑤ 为原建筑图纸上的轴号，是建筑图纸中非常重要的信息，要予以保留。在室内平面图纸和立面图纸中，都会有轴号。

⑥ 为建筑门窗编号，通过此编号可以在门窗表中找到对应门窗，对室内图纸没有影响，可删除。

⑦ 为建筑剖切符号，可通过此处编号找到相应的建筑剖面图。此信息对室内图纸没有影响，可删除。

⑧ 为建筑中的管井，不同的管井分别用来走水、走电等不同的设备，绝大多数情况下不可拆改，对室内空间非常重要。

⑨ 为建筑中的电梯，绝大多数情况下不可拆改，对室内空间非常重要。

⑩ 为建筑中的楼梯，绝大多数情况下不可拆改，对室内空间非常重要。

如果需要去项目现场量房，那么要做好现场量房的测绘数据记录，再用CAD软件绘制出现场的平面布置图。绘制时尤其注意不要错、漏，如天花梁结构的信息、现场上下水的信息、空调管道风口等内容，都应该表达在原始图纸上。

3. 包含内容

（1）建筑原始的结构，包括承重墙体、梁、柱、门窗洞口、管井等；

（2）建筑的轴线、轴号、尺寸标注；

（3）建筑标高及楼梯尺寸。

4. 工作中应当注意的关键点

首先，需要调整原先建筑图纸使其符合室内设计公司（或设计院）的制图规范，如图层规范、线型规范等，在实际工作中，这个工作经常被漏做；其次，原来建筑图纸的出图比例与室内出图比例也是不一致的，需要调整其尺寸标注、轴号等的比例大小。

小结：

原始平面图是同学们刚步入企业做的最初的一张图纸，如果有原建筑图纸的情况需要去现场“复尺”，什么都没有的情况下需要去现场“量房”。根据绘制轴网→绘制柱网→绘制墙体、门窗等顺序，依次绘制完成原始平面图。

问题1：量房时都需要测量并标注哪些数据？

问题2：原始平面图绘制的内容有哪些？

第六节 平面布置图的绘制要点及规范

范图如图2.6.1所示。

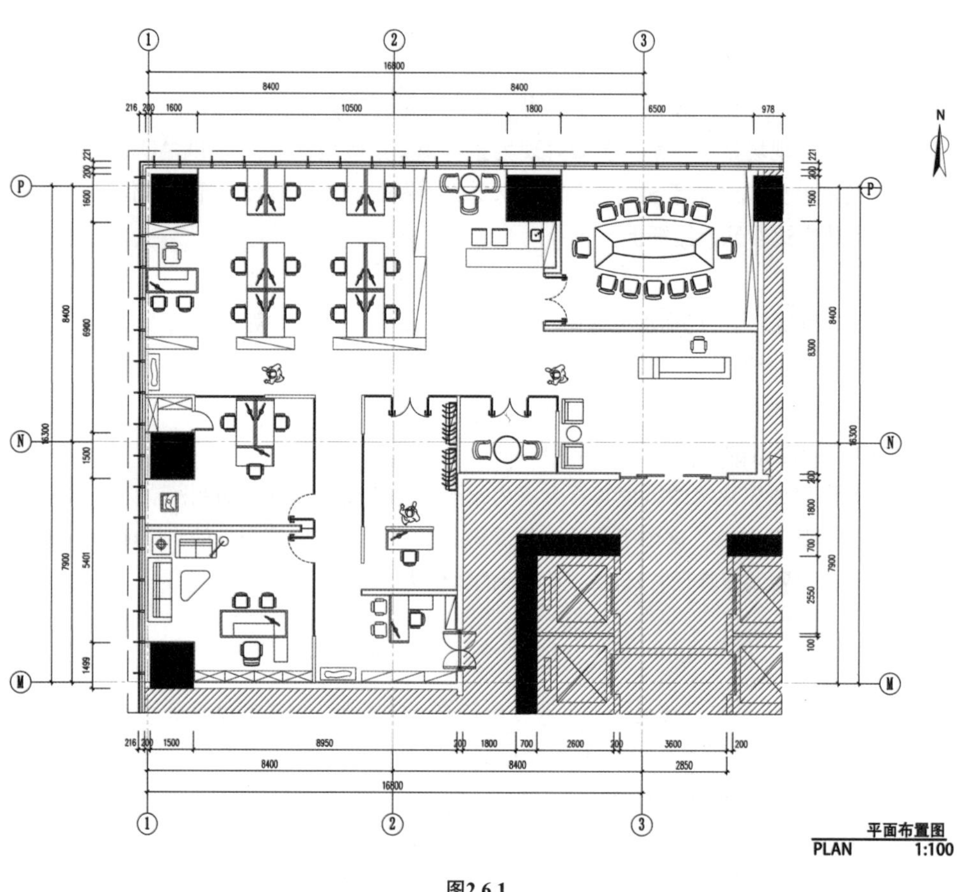

图2.6.1

一、平面布置图的定义

平面布置图是室内深化设计中最重要的基本图。平面图是假想通过一栋房屋的门窗洞口水平剖开（移走房屋的上半部分），将切面以下部分向下投影，所得的水平剖面图（图2.6.2）。

移走房屋的上半部分后，截切面以下部分的正投影就是平面图。

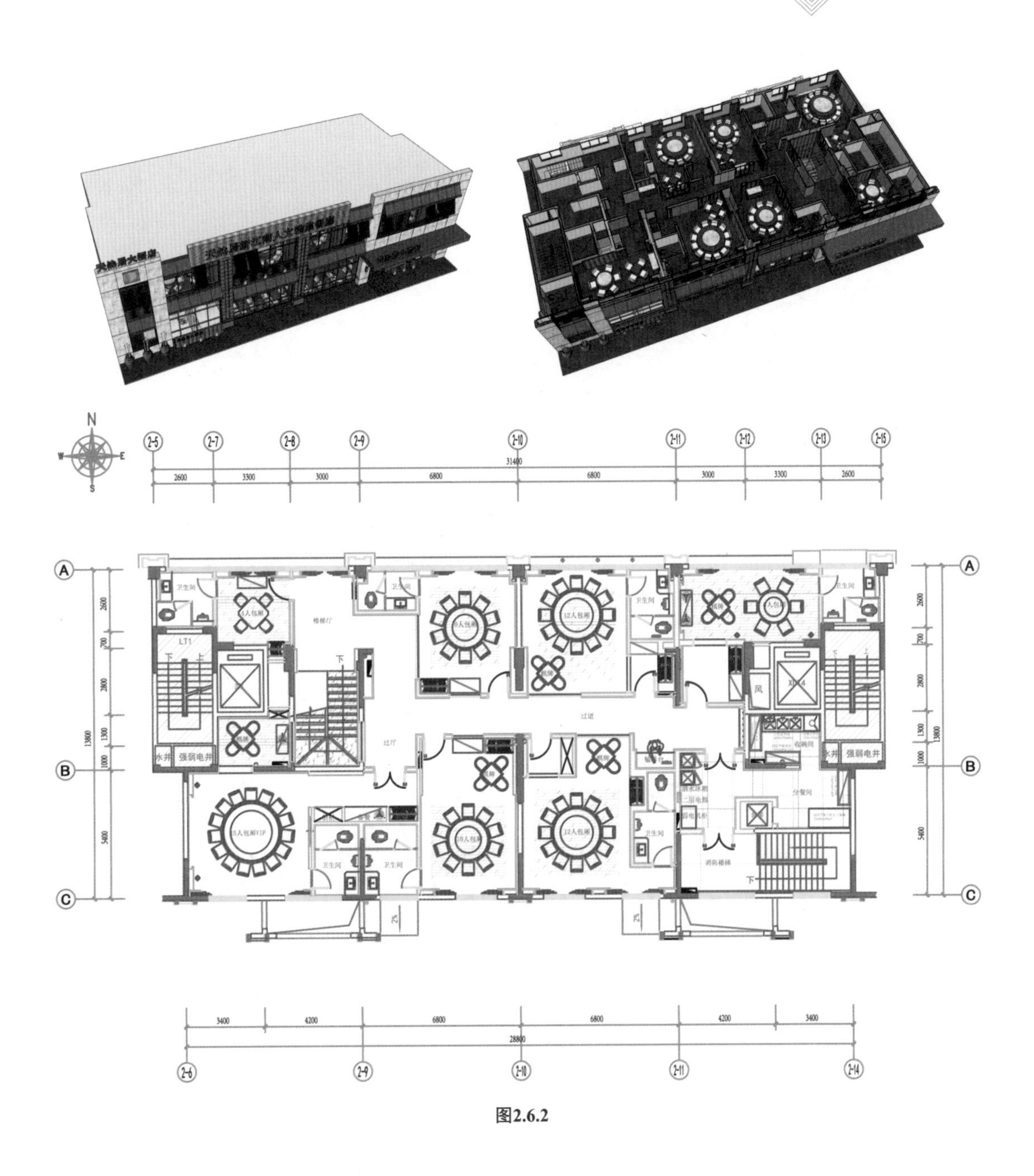

图2.6.2

二、平面布置图的作用

平面布置图是在原建筑平面图的基础上，主要表达室内空间的平面关系，室内主要家具（活动家具和固定家具）的位置等内容。后续绘制的所有图纸都是以平面布置图为基础的，因此平面布置图在整个施工图系统中的是非常重要的。如果平面置图画错了，后续画的所有图纸都是错的，所谓“一步错，步步错”，因此一定要慎重、认真、仔细地对待平面布置图。

三、平面布置图包含的内容

（1）空间布局；

（2）各个空间的名称及面积；

（3）墙体信息；

（4）墙体造型轮廓；

（5）软装洁具的索引信息及对应的物料编号；

（6）门的索引信息及编号。

四、平面布置图的设计方法

平面布置图的设计需要具备相关的方案设计能力，在绝大多数的设计公司中，平面布置图通常是由方案设计师来负责的。而作为施工图设计师，需要能够将方案设计师的手绘草稿或粗略草图绘制成为符合施工图深度要求的深化图纸，施工图设计师看到的平面方案设计可能会是图2.6.3所示的形式。

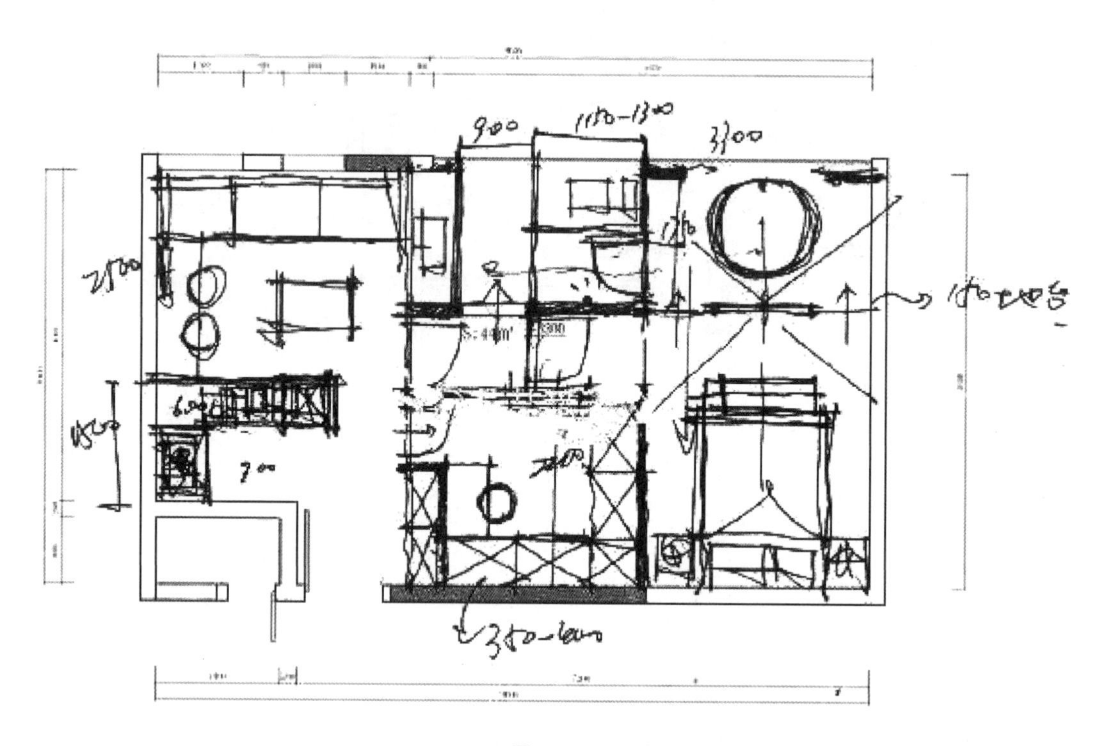

图2.6.3

（1）需要具备一定的人体工程学的知识，了解一些常规家具的尺寸，了解单人行通道尺寸、双人行通道尺寸、人在何种情况下进行什么操作需要的空间尺度等，如图2.6.4~图2.6.13所示。人体尺寸应用方法见表2.6.1。

表2.6.1

人体尺寸	应用举例	百分位数的选择	注意事项
身高	确定通道和门的最小高度。对于确定人头顶上的障碍物高度更为重要	主要功能是确定净空高，所以应选用高百分位数据，设计者应考虑尽可能适应100%的人	设计选用时应加上穿鞋修正量：男加25 mm，女加45 mm
立姿眼高	确定在剧院、礼堂、会议室等处人的视线高度，用于布置广告和其他展品，用于确定屏风和开敞式大办公室内隔断的高度	百分位的选择取决于关键因素的变化。为满足可视性，应选用第5百分位数据；为满足隔绝性，应选用第95百分位数据	设计选用时应加上穿鞋修正量：男加25 mm，女加45 mm。结合脖子的弯曲和旋转及视线角度，以确定不同状态、不同头部角度的视觉范围
肘高	确定站着使用的工作表面的舒适高度是低于人的肘部高度约75 mm。另外，休息平面的高度大约应该低于肘部高度30~50 mm	选用男性的第95百分位作为上限值、女性的第5百分位为下限值	确定上述高度时必须考虑活动的性质
坐高	确定座椅上方障碍物的允许高度。确定办公室、餐厅、酒吧里的隔断高度	涉及间距问题，应选用第95百分位数据	设计选用时考虑放松状态，减去姿势修正量：44 mm。加上着衣修正量：10 mm。还需考虑座椅的倾斜度、座椅垫的弹性、衣服的厚度及人起坐时的活动
坐姿眼高	确定诸如剧院礼堂教室和其他需要有良好视听条件室内空间设计对象的视线和最佳视区	假如有适当的可调节性，就能适应从第5百分位到第95百分位，或者更大的范围	需考虑头部与眼睛的转动范围、坐垫弹性、座面高度和可调整座椅的高度范围
肩宽	确定环绕桌子的座椅间距和影剧院、礼堂中的排椅座位间距，公用和专用空间的通道间距	涉及间距问题，应选用第95百分位数据	选用时应加上着衣修正量：轻便衣服加10 mm，适中衣服加25 mm，厚重衣服加50 mm。由于躯干和肩的活动，两肩之间所需要的空间会加大
两肘间宽	确定会议桌、餐桌、柜台和牌桌周围座椅的位置	涉及间距问题，应选用第95百分位数据	与肩宽尺寸结合使用
臀部宽度	对确定座椅内测尺寸和设计酒吧、柜台、办公座椅极为有用	涉及间距问题，应选用第95百分位数据	根据具体条件，与两肘宽度和肩宽数据结合使用
坐姿肘高	与其他一些数据和考虑因素联系在一起，用于确定椅子扶手、工作台、书桌、餐桌等设备的高度	不涉及间距问题也不涉及伸手够物的问题，宜选择第50百分位左右的数据	选用时坐垫的弹性、座椅表面的倾斜及身体姿势都应予以注意

续表

人体尺寸	应用举例	百分位数的选择	注意事项
大腿厚度	确定带抽屉的柜台、书桌、会议桌等的容膝高度	涉及间距问题，应选用第95百分位数据	设计选用时应加上着衣修正量：35 mm。同时须考虑膝腘高度和坐垫弹性
坐姿膝高	确定从地面到书桌、餐桌、柜台、会议桌底面距离，抽屉下方与地面间的最适宜高度及容膝高度	要保证适当的间距，故应选用第95百分位数据	设计选用时应加上穿鞋修正量：男加25 mm，女加45 mm。同时需考虑座椅高度和坐垫的弹性
小腿加足高	确定座椅面高度的关键尺寸，尤其对于确定座椅前缘的最大高度更为重要	座椅高应选用第5百分位数据，若座椅太高，大腿受到压力会感到不舒服	设计选用时应加上穿鞋修正量：男加25 mm，女加45 mm。同时需考虑坐垫的弹性
坐深	用于座椅的设计中确定腿的位置，确定长凳和靠背椅等前面的垂直面及确定椅座面的深度	应选用第5百分位数据，这样能适应最多使用者——臀胸部长度较长和较短的人	设计选用时应加上穿鞋修正量：男加25 mm，女加45 mm。同时需考虑坐垫的弹性
臀膝距	确定椅背到膝盖前方的障碍物之间的适当距离，例如，用于影剧院、礼堂和做礼拜的固定排椅设计中	应选用第5百分位数据，这样能适应最多使用者——臀胸部长度较长和较短的人	要考虑椅面的倾斜度
坐姿上举手功能高	确定头顶上方的控制装置和开关等的位置，所以较多地被设备专业的设计人员所使用	选用第5百分位数据，以适应大多数人	设计选用时需考虑座椅的倾斜度、座椅垫的弹性、衣服的厚度
双臂功能上举高	确定书架、装饰柜、衣帽架等家具及开关、控制器、拉杆、把手的最大高度	涉及伸手够东西问题、应选用第5百分位数据	设计选用时应加上穿鞋修正量：男加25 mm，女加45 mm
两臂功能展开宽	确定办公家具、书柜、书桌等家具侧面位置，也用于设备设计人员确定控制开关等装置的位置	选用第5百分位数据，以适应大多数人	如果涉及的活动需要使用专门的手动装置、手套或其他某种特殊设备，这些都会延长使用者的一般手握距离
上肢功能前伸长	确定工作台上方搁板位置，也用于确定平开窗开至最远处手够得到的把手距离	选用第5百分位数据，以适应大多数人	要考虑操作或工作的特点
人体最大厚度	用于设计紧张空间里的间隙及人们排队所需空间	应该选用第95百分位数据	衣服的厚薄、使用者的性别应予以考虑
人体最大宽度	用于设计通道宽度、走廊宽度、门和出入口宽度及公共集会场所	应该选用第95百分位数据	衣服的厚薄、人走路或做其他事情时的影响因素都应予以考虑

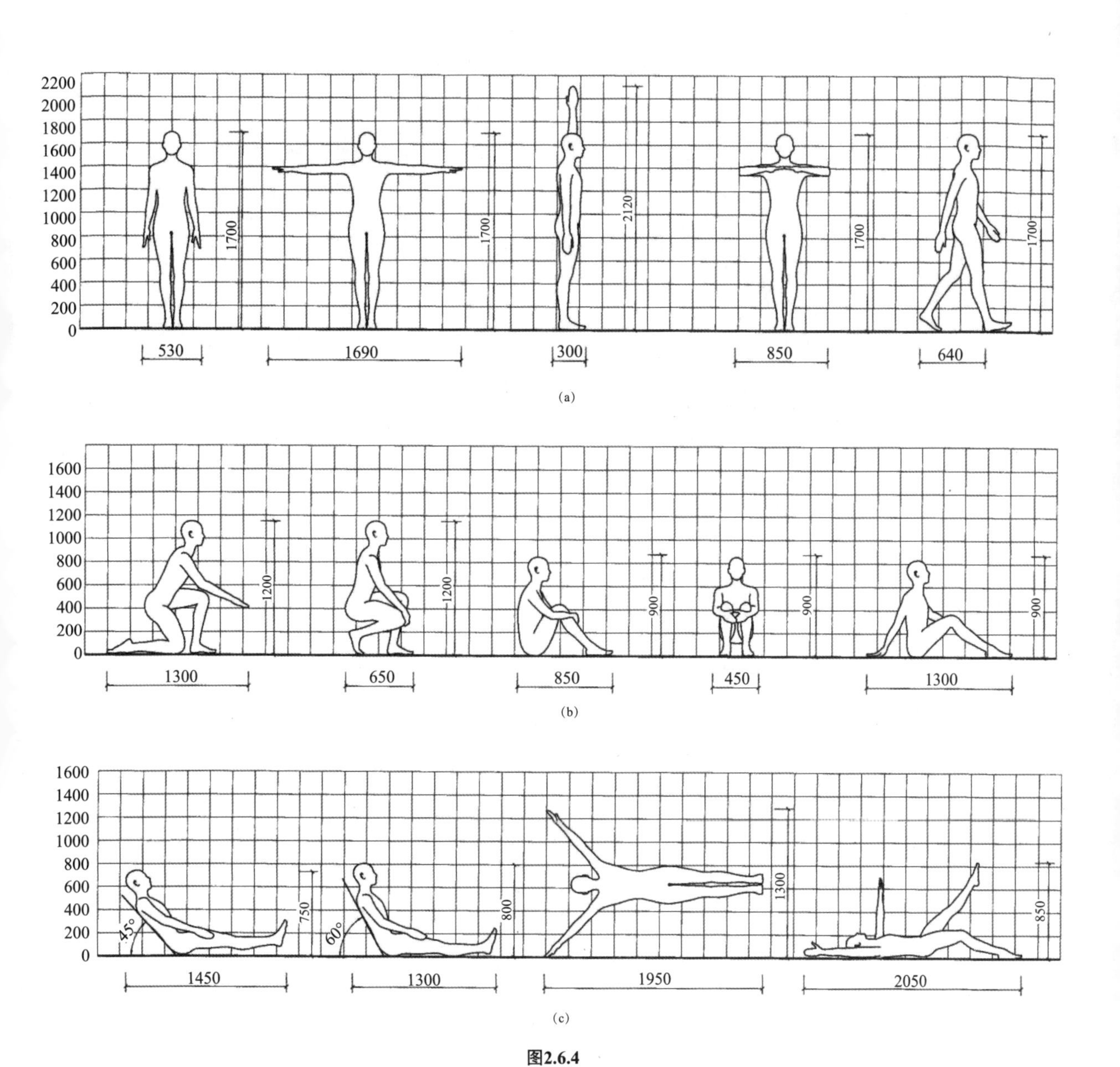

图2.6.4

（a）人体基本动作1；（b）人体基本动作2；（c）人体基本动作3

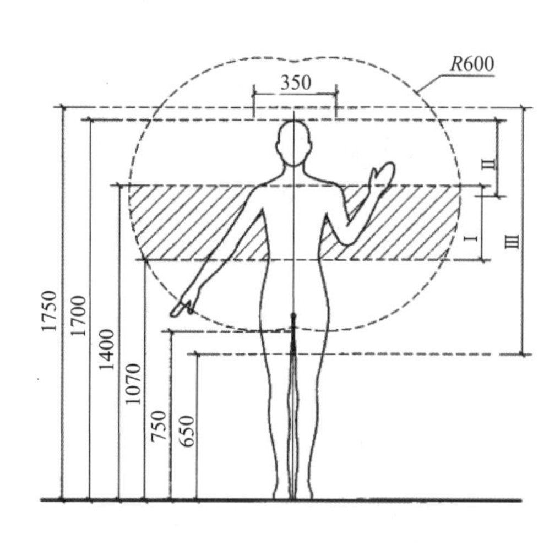

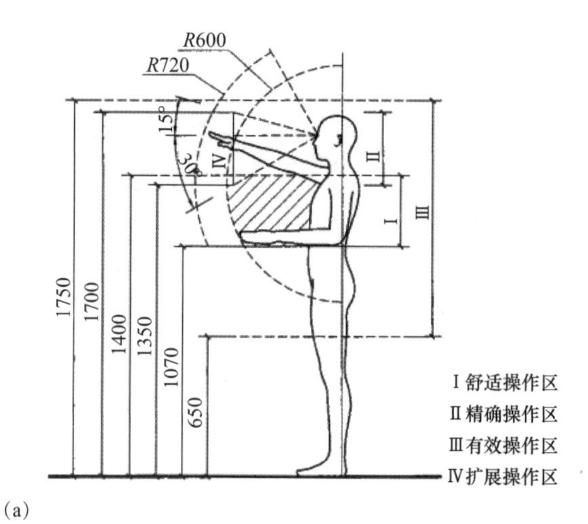

(a)

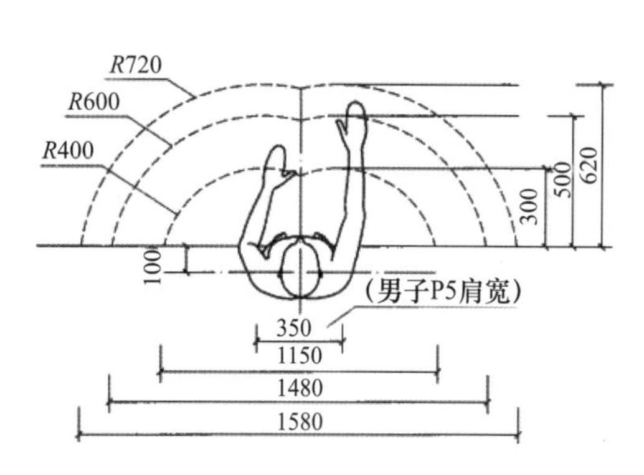

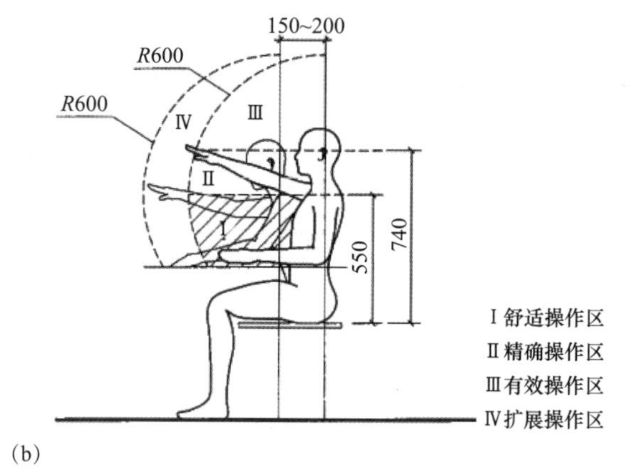

(b)

图2.6.5

(a)立姿手操作域;(b)坐姿手操作域

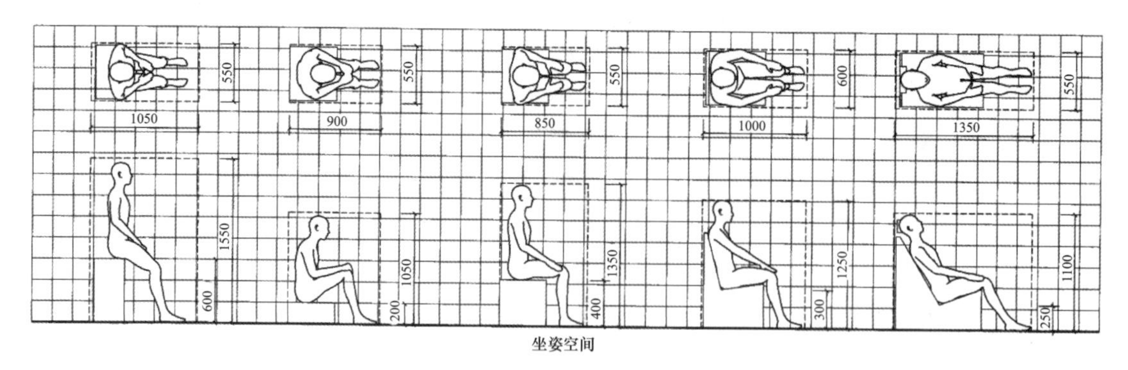

坐姿空间

图2.6.6

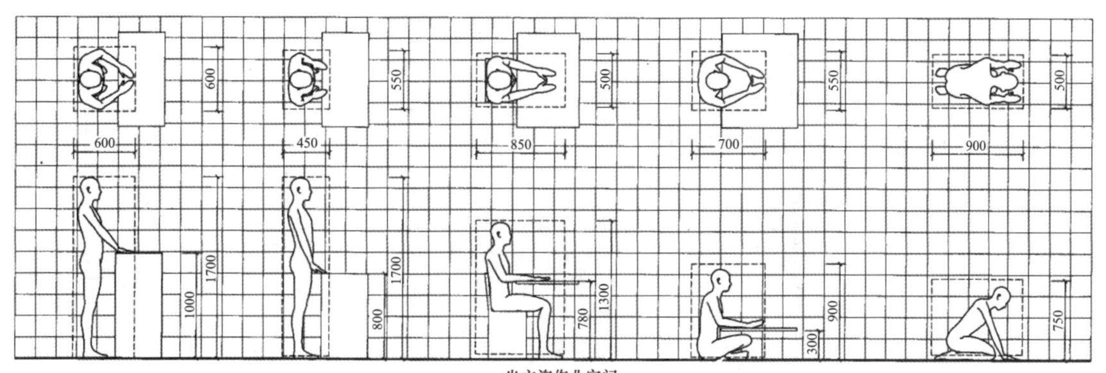

图2.6.7

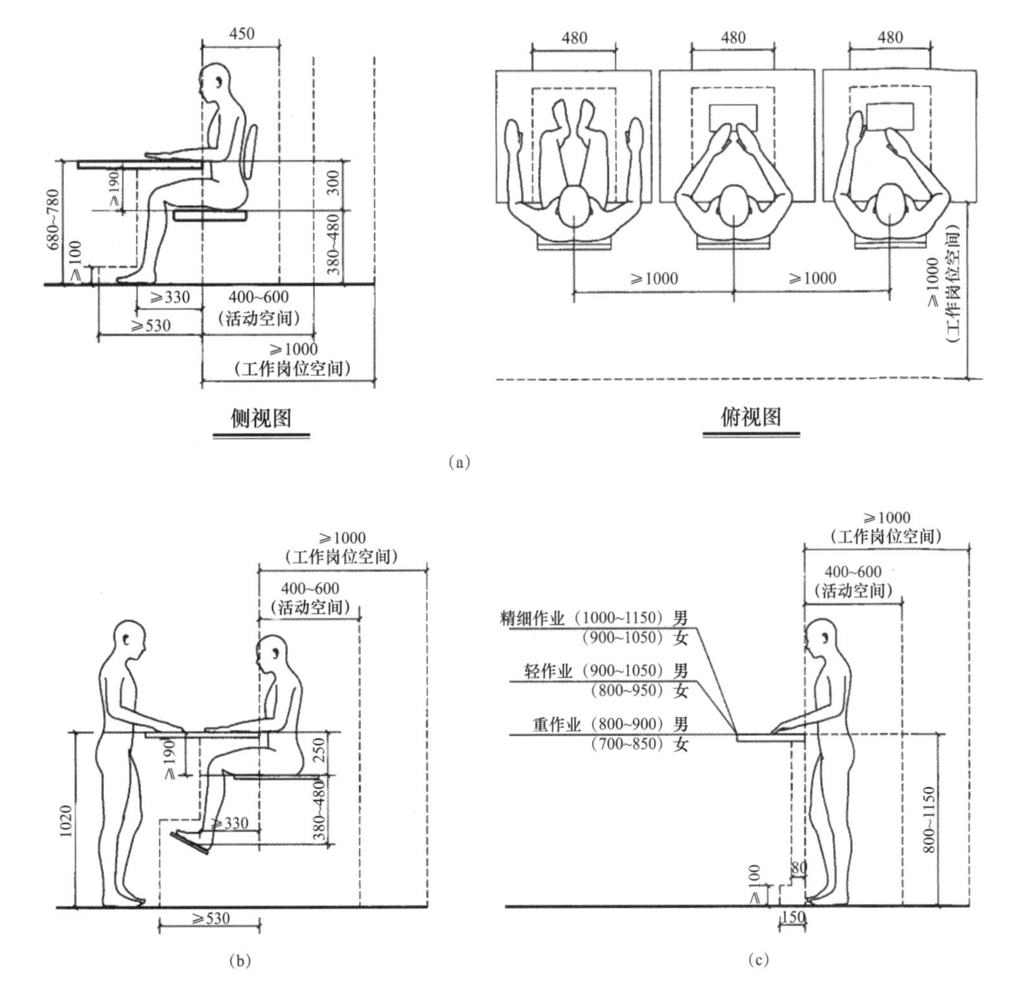

图2.6.8

（a）坐姿工作位（如阅读、书写等工作）；（b）立姿-坐姿工作位；（c）立姿工作位

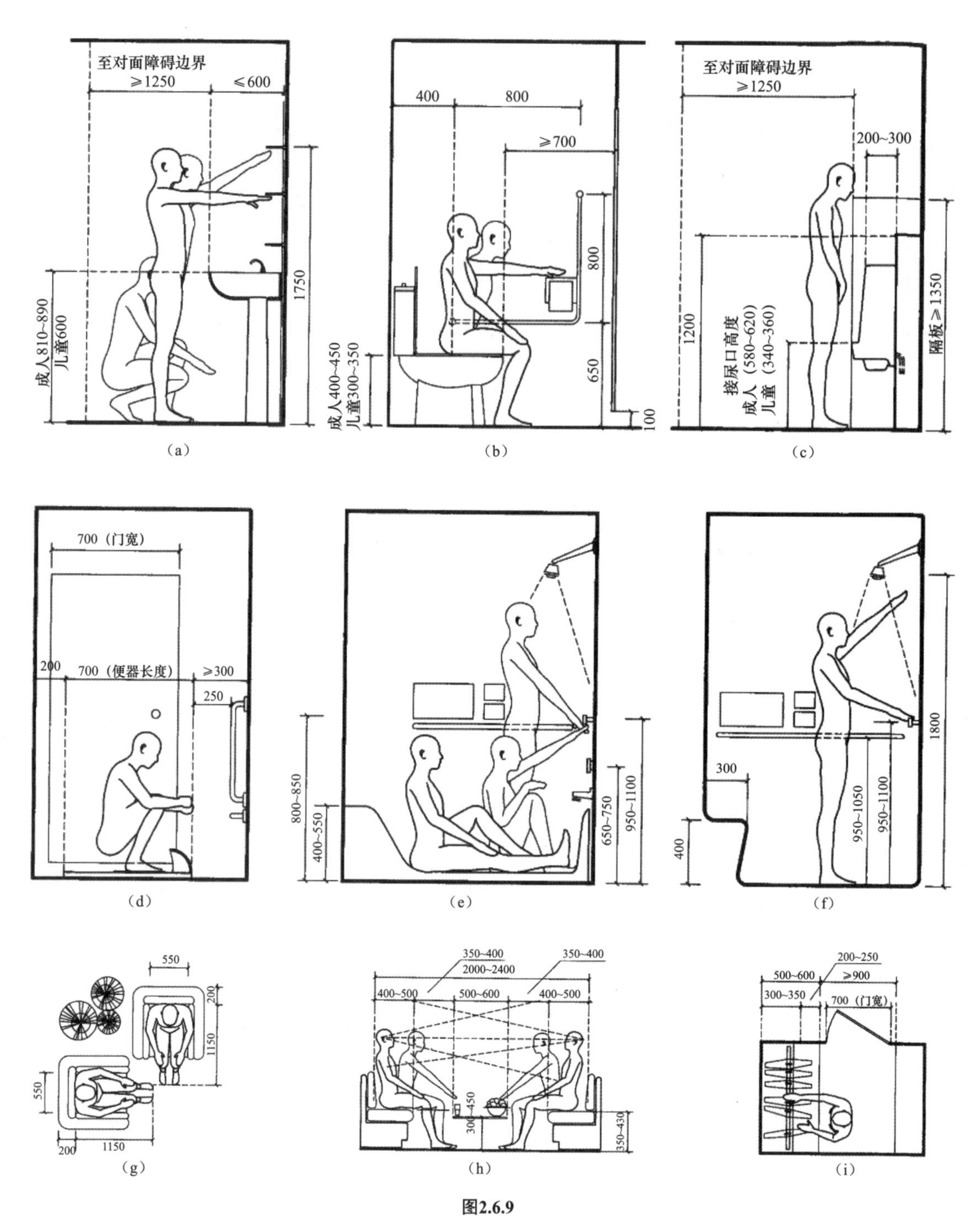

图2.6.9

（a）洗漱尺度；（b）坐便尺度；（c）小便尺度；（d）蹲便尺度；（e）洗浴尺度；（f）淋浴尺度；（g）交往空间1；（h）交往空间2；（i）存储空间

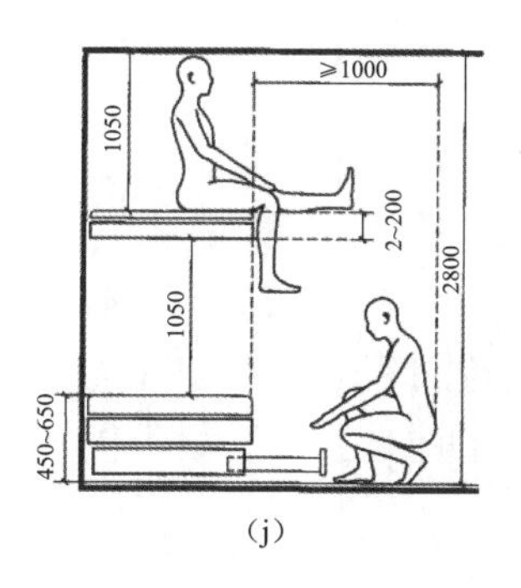

(j)

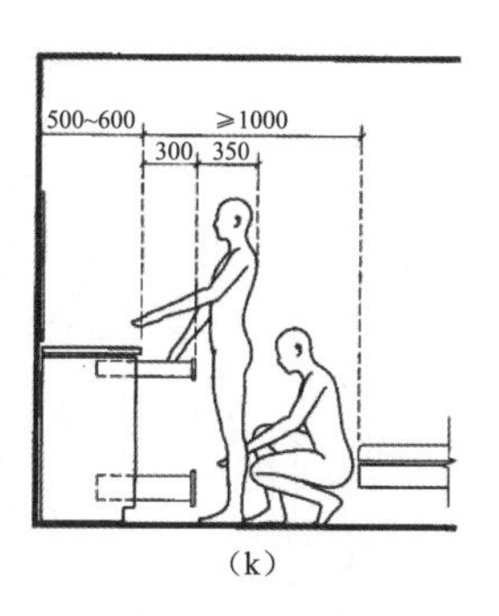

(k)

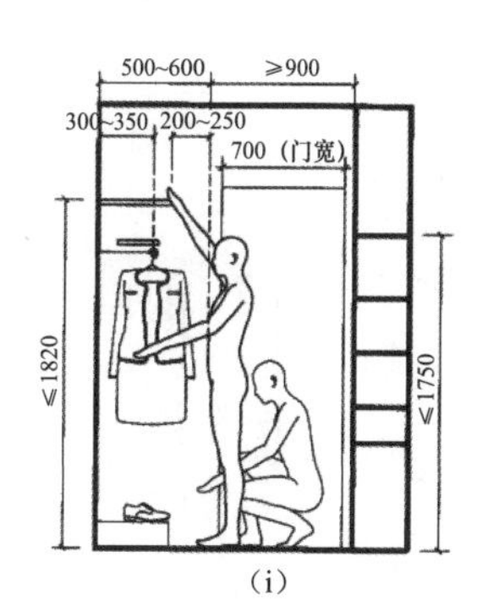

(i)

图2.6.9（续）

(j) 就寝空间1；(k) 就寝空间2；(l) 就寝空间3

表1　就餐空间尺寸推荐

宽度/mm	A	B	C	
最小	250	800	2400	
推荐	300	850	2550	
长度L	使用人数			
	2	4	6	8
最小	800	1200	1700	2300
推荐	800	1200	1800	2400
通道	600	—	—	—

注:数据来源于Grandjean. Ergonomics of the Home. Taylor & Francis. 1973.

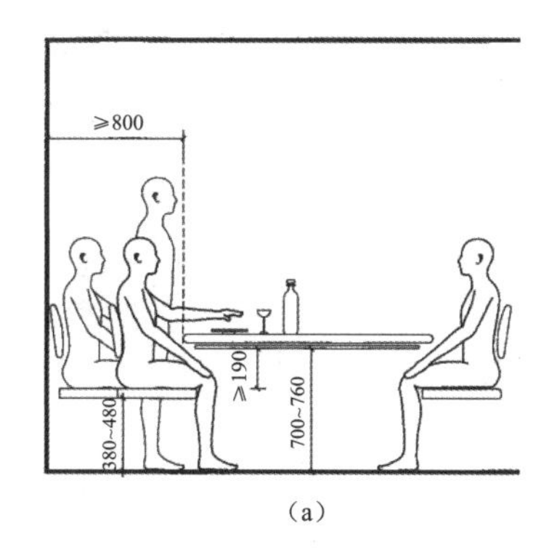

(a)

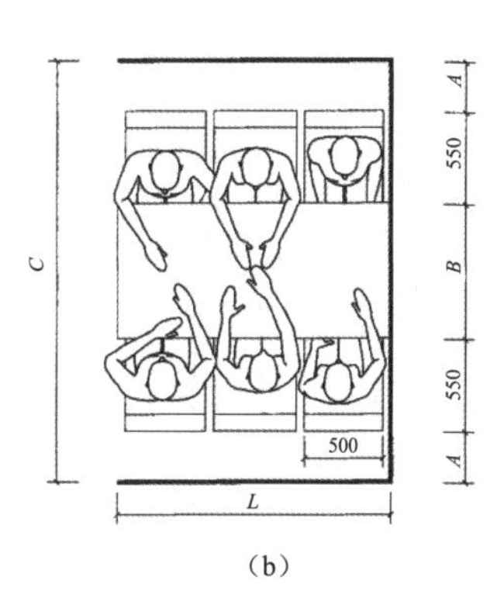

(b)

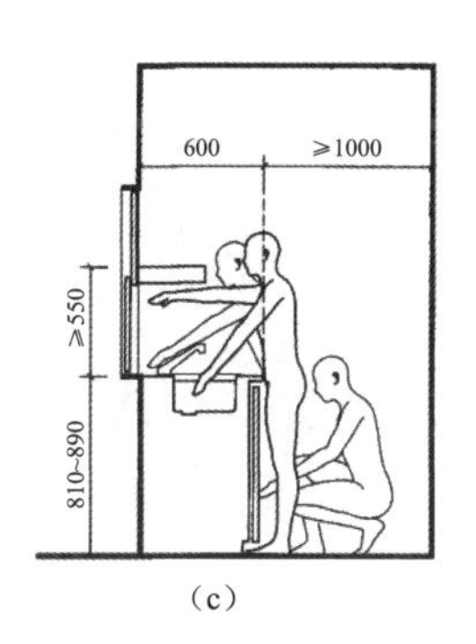

(c)

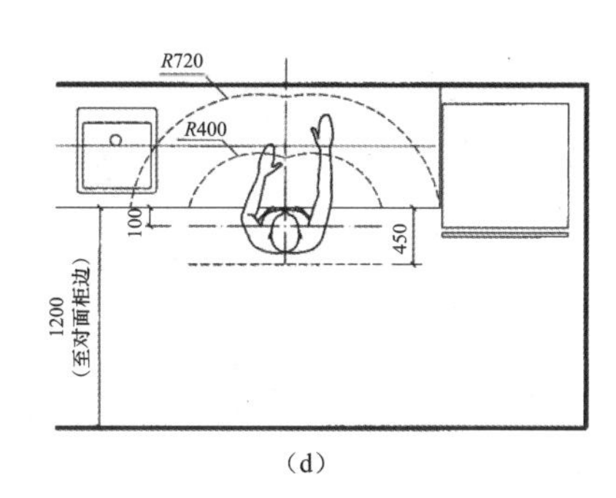

(d)

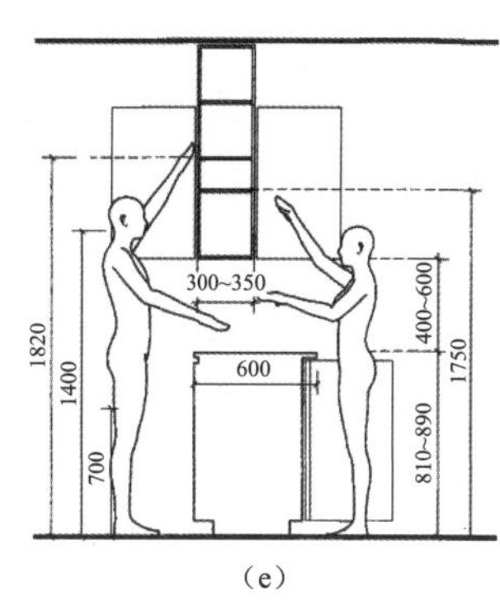

(e)

图2.6.10

(a) 就餐空间1；(b) 就餐空间2；(c) 厨房空间1；(d) 厨房空间2；(e) 厨房空间3

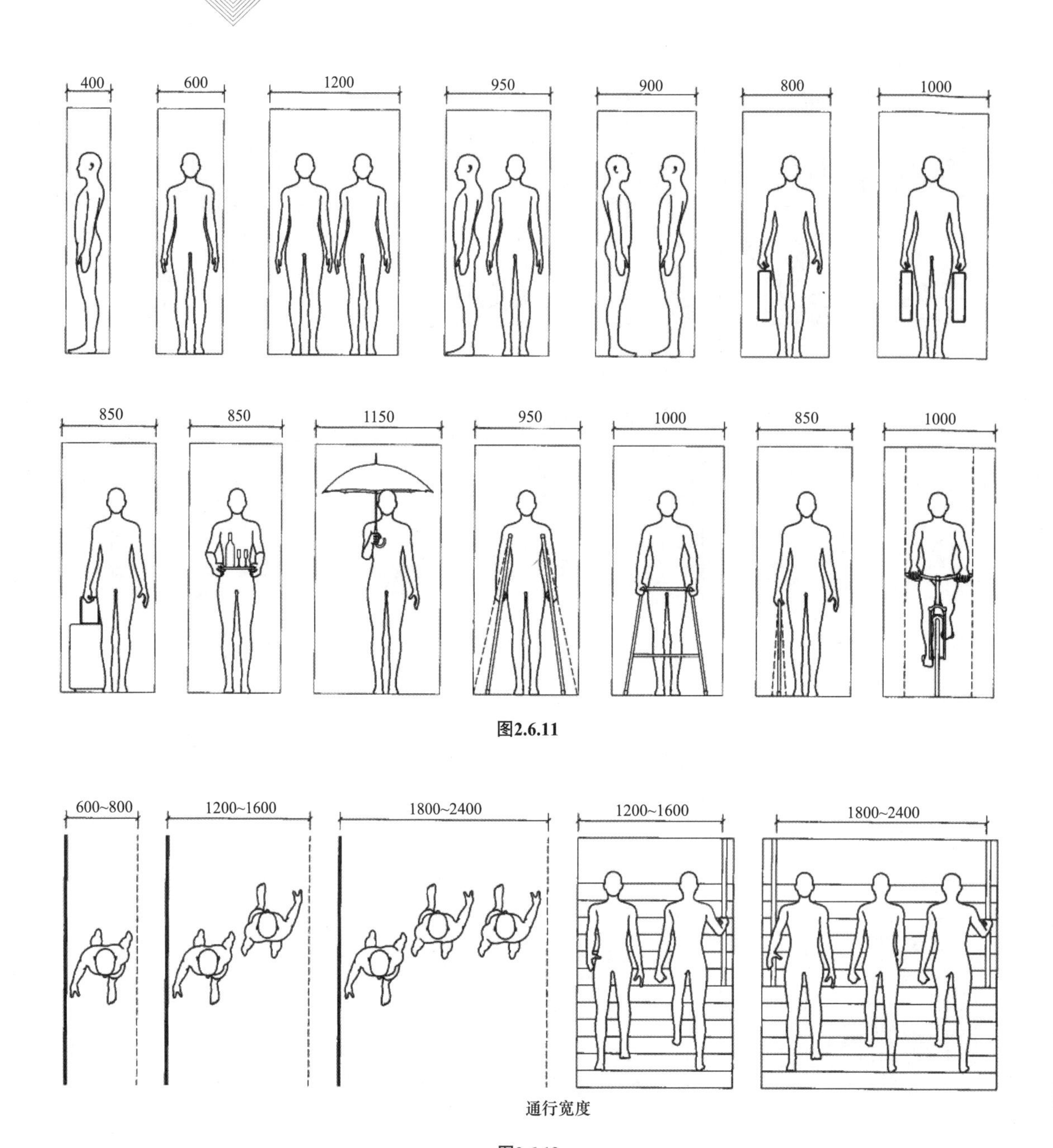

图2.6.11

通行宽度

图2.6.12

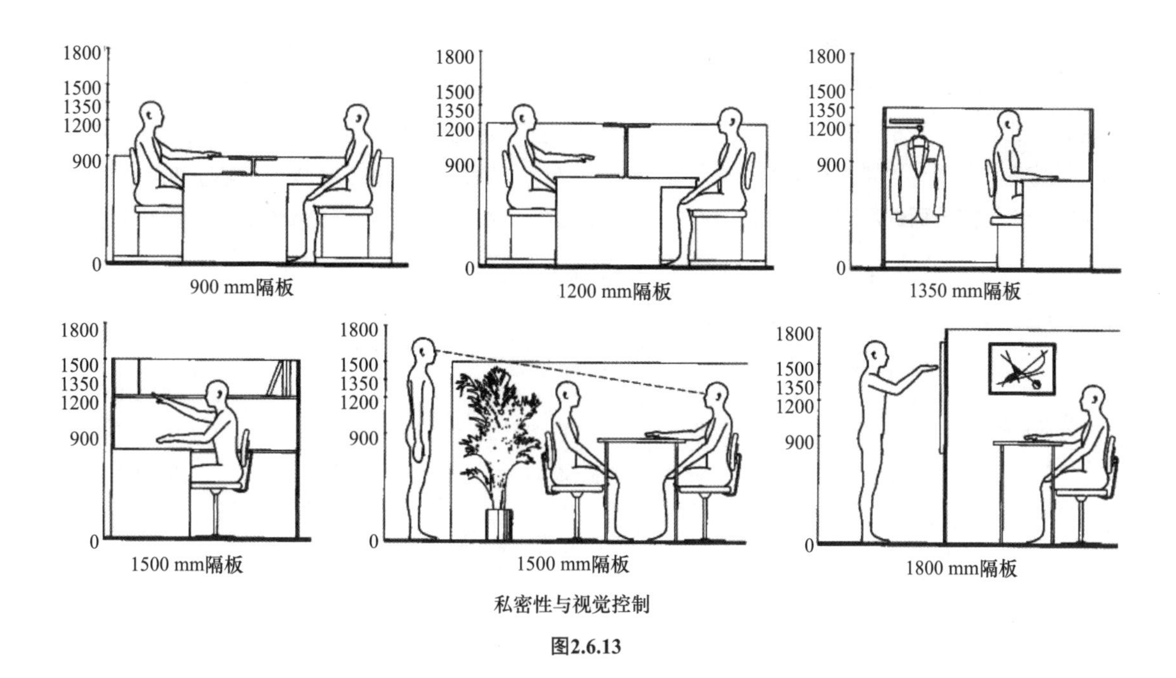

私密性与视觉控制

图2.6.13

（2）在知道常规尺寸的情况下，依照方案设计师的草图来进行布置家具设备等。一是需要平时注重积累家具设备的CAD素材，要放置符合设计风格的图块；二是注意一些家具在平面图上的表示图例，例如，到顶家具的表示图例、悬空家具的表示图例、楼梯的图例等如图2.6.14所示。

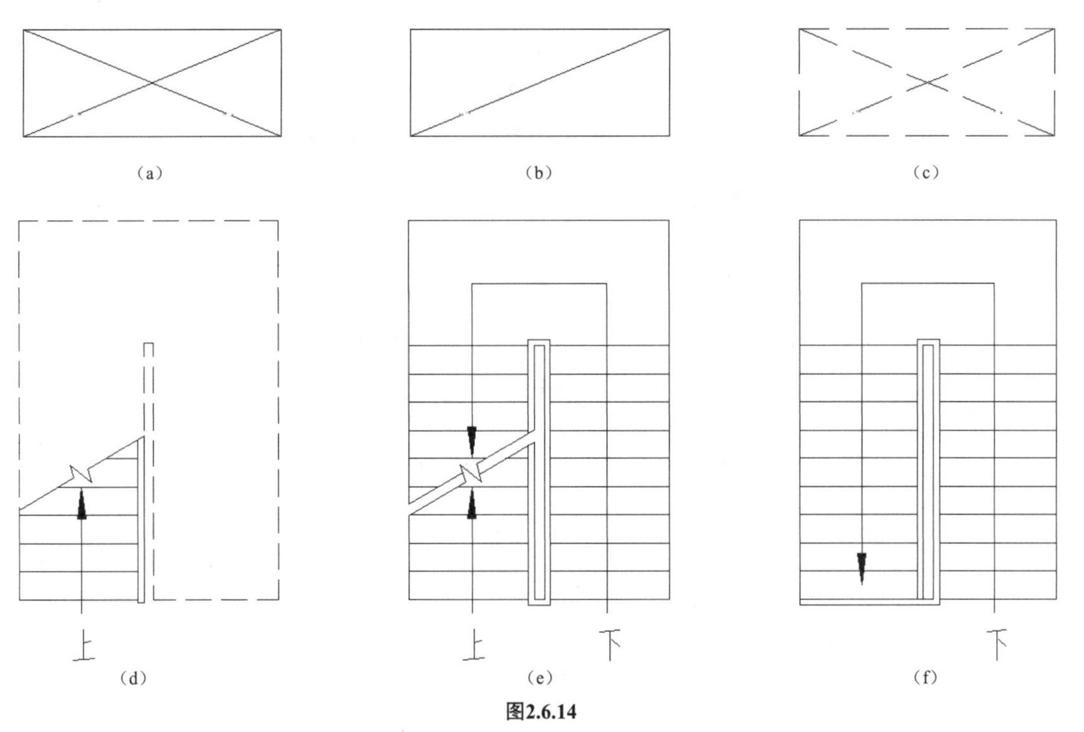

图2.6.14

（a）到顶家具（交叉线）；（b）半高家具（单斜线）；（c）悬空家具（虚线）；
（d）首层楼梯；（e）中间层楼梯；（f）顶层楼梯

（3）要特别注意的是关于绘制墙面完成面。完成面是指墙面做完装饰后所需要的厚度，通常是指材料本身的厚度加上施工工艺需要的厚度，同时还需要考虑造型的厚度要求。这是刚刚从事施工图设计的新生们容易犯的错误，因为要求熟练掌握各种施工材料及工艺才能明白完成面的尺寸应该取多大。通常要先了解一些常用材料的工艺尺寸（表2.6.2），待后期需要施工材料及工艺详细尺寸后，再补充完善修订完成面的尺寸（具体施工工艺节点做法参见本书第四章剖面部分图纸详解与设计）。

表2.6.2

材料	工艺	完成面厚度	材料	工艺	完成面厚度
天然石材	墙面干挂	80~100 mm	木饰面	干挂	50 mm
	墙面湿贴	50~80 mm		胶粘	30 mm
	墙面胶粘	30~50 mm	壁纸、乳胶漆、硅藻泥等	喷涂、滚涂	通常不画
瓷砖	墙面加背条干挂	80~100 mm	墙面抹灰找平		20~30 mm
	墙面湿贴	50~80 mm			
	墙面胶粘	30~50 mm			

（4）需要在图纸上进行文字标注和尺寸标注。文字标注通常是放置空间名称与面积尺寸，以及各类家具软装洁具的物料名称及编号，最后要记得加注图名比例。此处文字标注的大小及使用的字体应符合公司的制图规范要求。尺寸标注主要是建筑原先包含的轴线、轴间尺寸、总尺寸的信息，如图2.6.15所示。

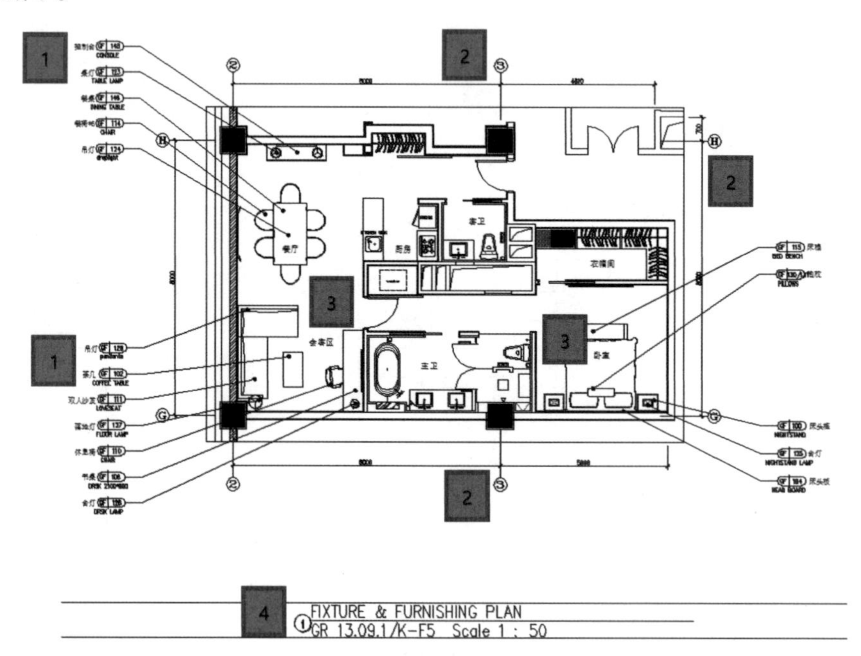

图2.6.15

1—家具软装洁具等物料编号及名称（可选）；2—轴线尺寸标注；3—空间名称标注；4—图纸编号、图名、比例编号

以图2.6.15所示的平面布置图为例，讲解如何一步步完成平面布置图的绘制。

（1）在图2.6.16所示的原始建筑平面图的基础上，开始布置家具。

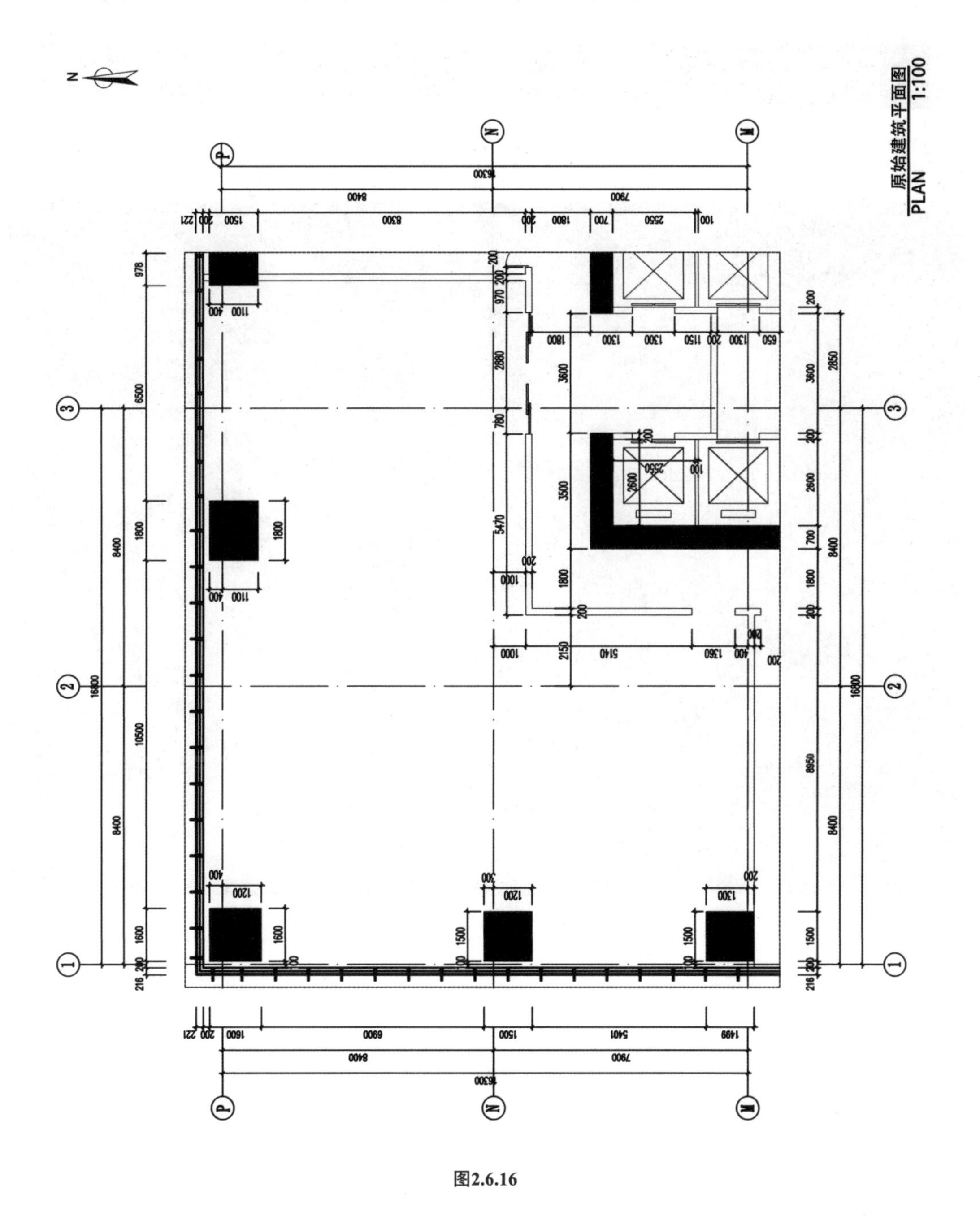

图2.6.16

（2）在布局空间中，选择整个图框和布局，复制出来一个完全相同的图纸。将复制出来的图名更改为“平面布置图”，然后双击绘图区域进入模型空间，将墙体尺寸标注的图层进行冻结，使其在此不被看到。

单击红色箭头所指图标（图2.6.17），冻结原建筑尺寸标注。图纸如图2.6.18所示。

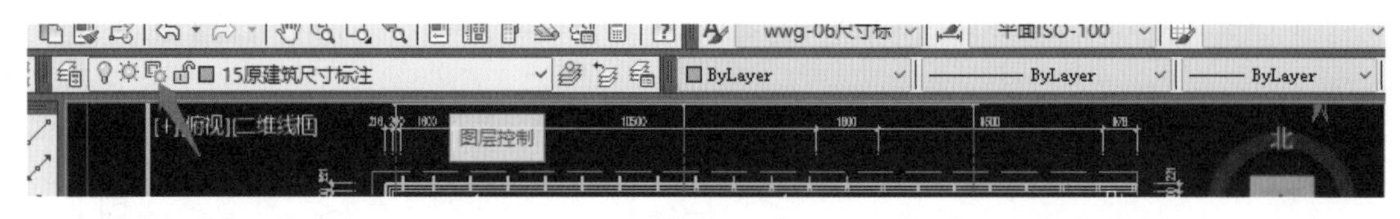

图2.6.17

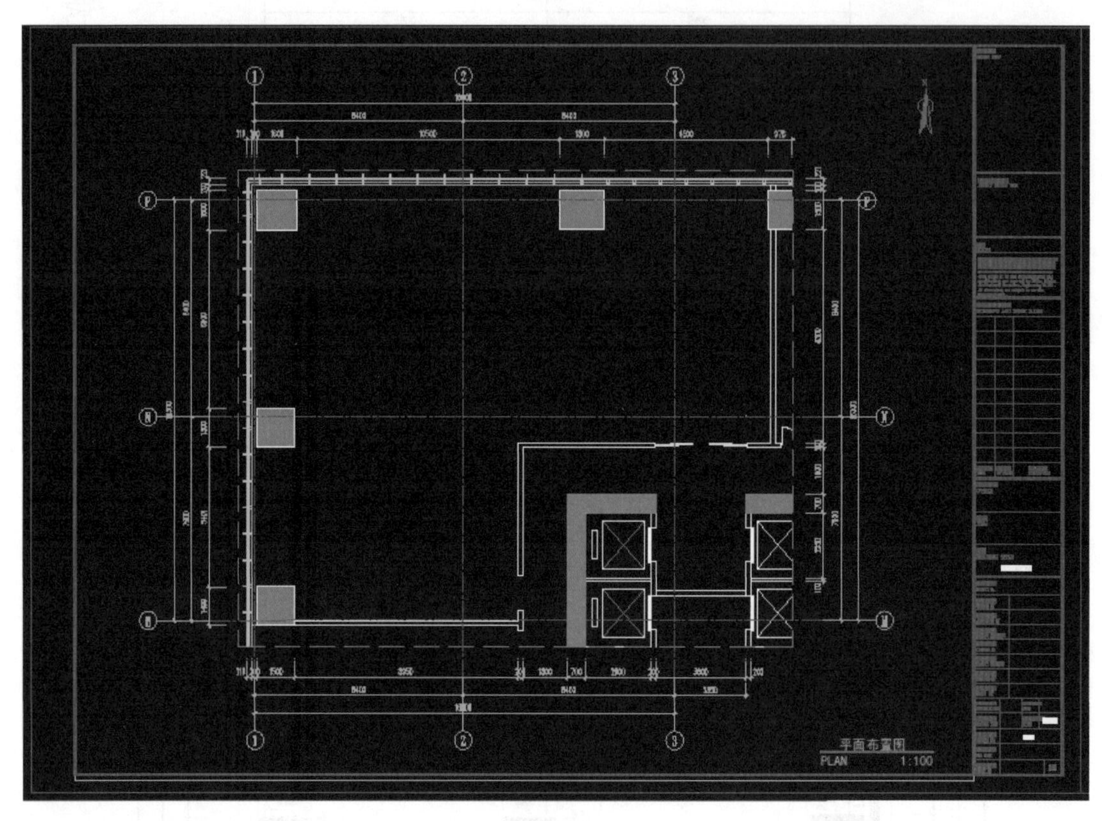

图2.6.18

（3）要开始关注关于该项目的方案设计。通常，在一个常规的办公室设计中，需要前台、接待、会议、财务室、行政办公室、领导办公室、开敞办公区、茶水间、打印区等几个功能模块。在与甲方对接时，要询问清楚公司目前的规模，有多少员工，需要多少领导办公室，会议室需要多大且需要几间，接待区的要求等内容，以及根据公司的具体业务需求，有没有其他额外的功能需求，如在此项目中，就需要一个展示区域。

在确定了功能模块的相关内容后，需要考虑用户行动线。例如，前台一定是在正对着大门，或者是侧对着大门的位置；接待区域一定是在前台附近；茶水间和打印区与开敞办公区的距离不能太远，要保证员工去茶水间或打印区的流线不能太远或过于迂回；而开敞办公区虽然名为开敞，在布置其中的办公桌椅时，同样要考虑到每位员工在此区域工作时的隐私性，不能让员工背对着大门或走廊；另外，像财务室、领导办公室等相对需要安全和隐私的空间，要放置在整个空间相对靠里面的位置。所有这些功能模块和人行动线的考虑，都是基于人在这个空间中的实际活动为出发点，要保证人在其中的路线便捷，从而能更高效地完成工作。

（4）在确定了功能和动线等大的设计方案后，需要在平面图上把相应的图块放置上去，如图2.6.19所示。

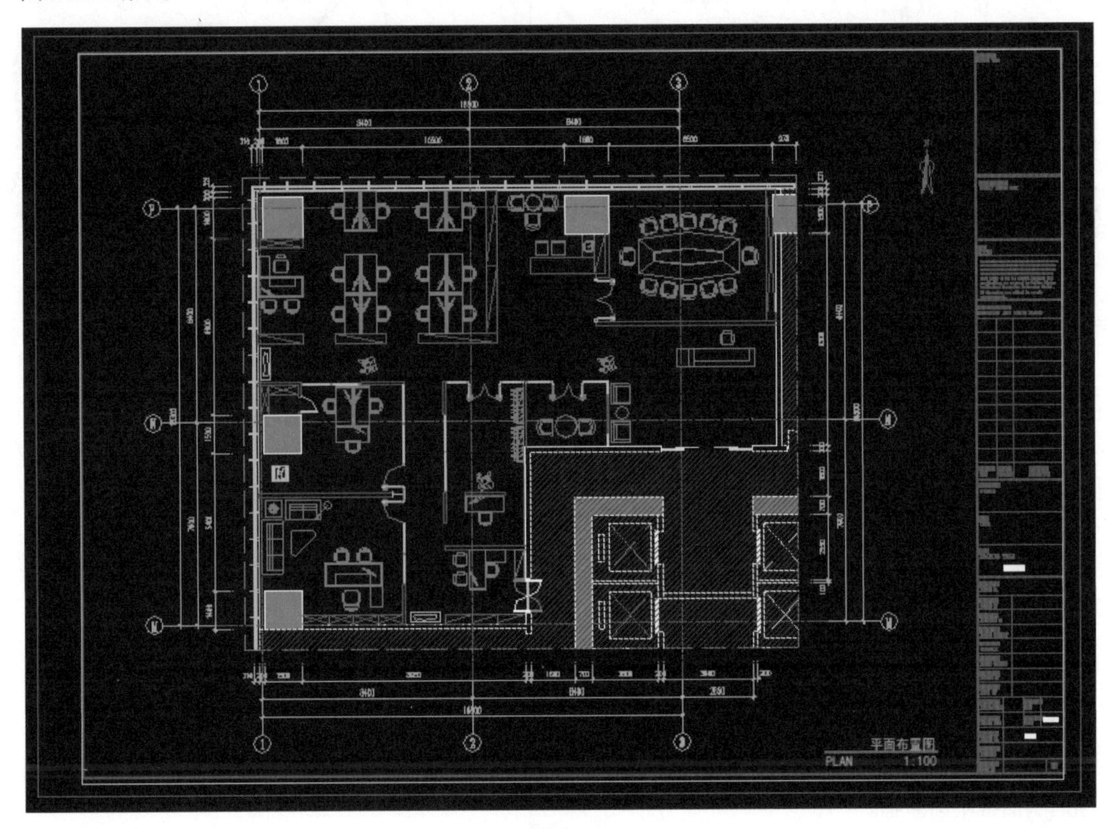

图2.6.19

然后，要考虑一些人体工程学的相关知识。例如，在此空间中的主通道尺寸，要至少能保证两个成年男子并行通过毫无阻力，本例设定为1 500 mm的宽度；次通道要保证单人通行无阻力，本例设定为900 mm的宽度。人体工程学方面的要求可参考前文所学知识的内容。

（5）绘制墙体的装饰完成面。在前文所学的知识点中学到，完成面要同时考虑材料厚度、施工工艺的厚度及造型需要的厚度，这里只画墙面做完造型后的外轮廓线，至于里面的结构在目前的这个阶段不需要绘制，后期在节点图中绘制。绘制方法是使用PL多段线命令，在完成面图层中，绘制完成造型轮廓线即可。如图2.6.20所示，箭头所指线条即装饰完成面。

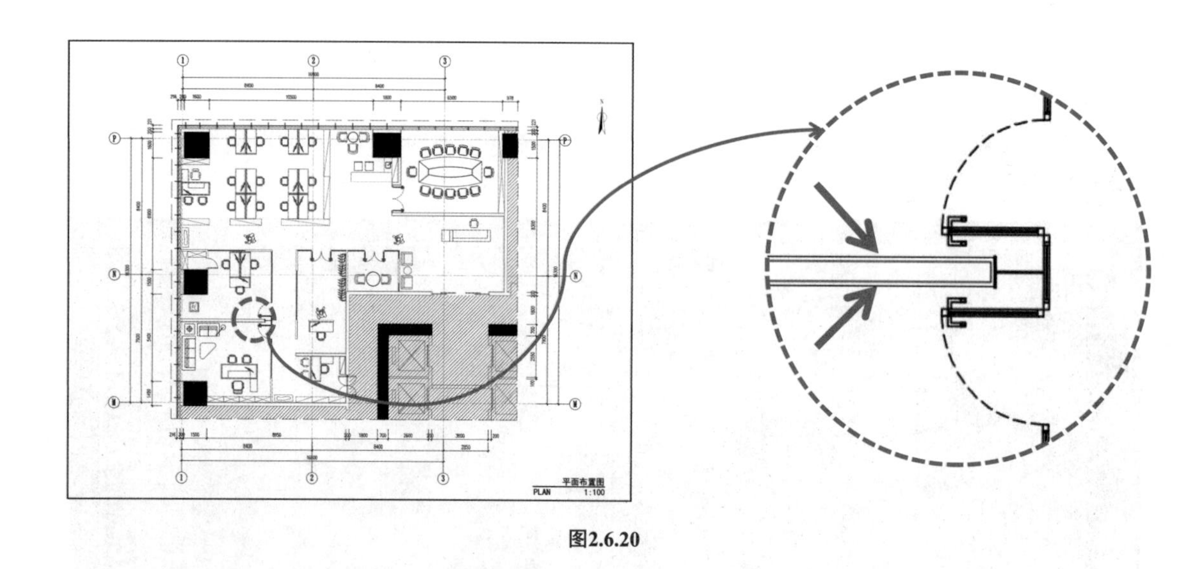

图2.6.20

（6）放置每个空间的名称及图名比例。空间名称如会议室、开敞办公区、前台等。这里的文字放置同样要符合公司的制图要求，建议此处的字体高度设置为3 mm，字体可以选择雅黑或宋体。建议空间名称放置在布局空间中，所在图层为平面文字图层。

五、工作中应当注意的关键点

在放置平面图块时，容易忽略的问题是放错图层。由于后期绘制其他图，如天花布置图、强弱电点位图等，都是以平面图为基础，需要在CAD的布局空间，通过图层的打开和关闭的操作，来完成不同图纸显示不同元素的操作。因此，需要注意墙体、家具等要放置在相应的图层中，才能保证之后的图纸不出差错。

另一个容易犯错误的是对各种材料的交接处的处理，如玻璃墙面与石材的交接、木饰面与镜子的交接等。这些问题的处理会在装饰完成面上有初步的体现。通常情况下，当两种材料交接时，要让两种材料的完成厚度有所区别，尽量一个完成厚度大一点，另一个完成厚度小一点。如果方案设计中要求两种材料的完成面的厚度一样，是平接过去的，那么两个材料之间尽量要留一个凹槽，避免两种材料直接对接到一起。图2.6.21列举出几种常见材料交接的方式，方便理解。但是切记，在目前的平面布置图纸阶段，只需要绘制出墙面完成面（造型）的外轮廓线即可。

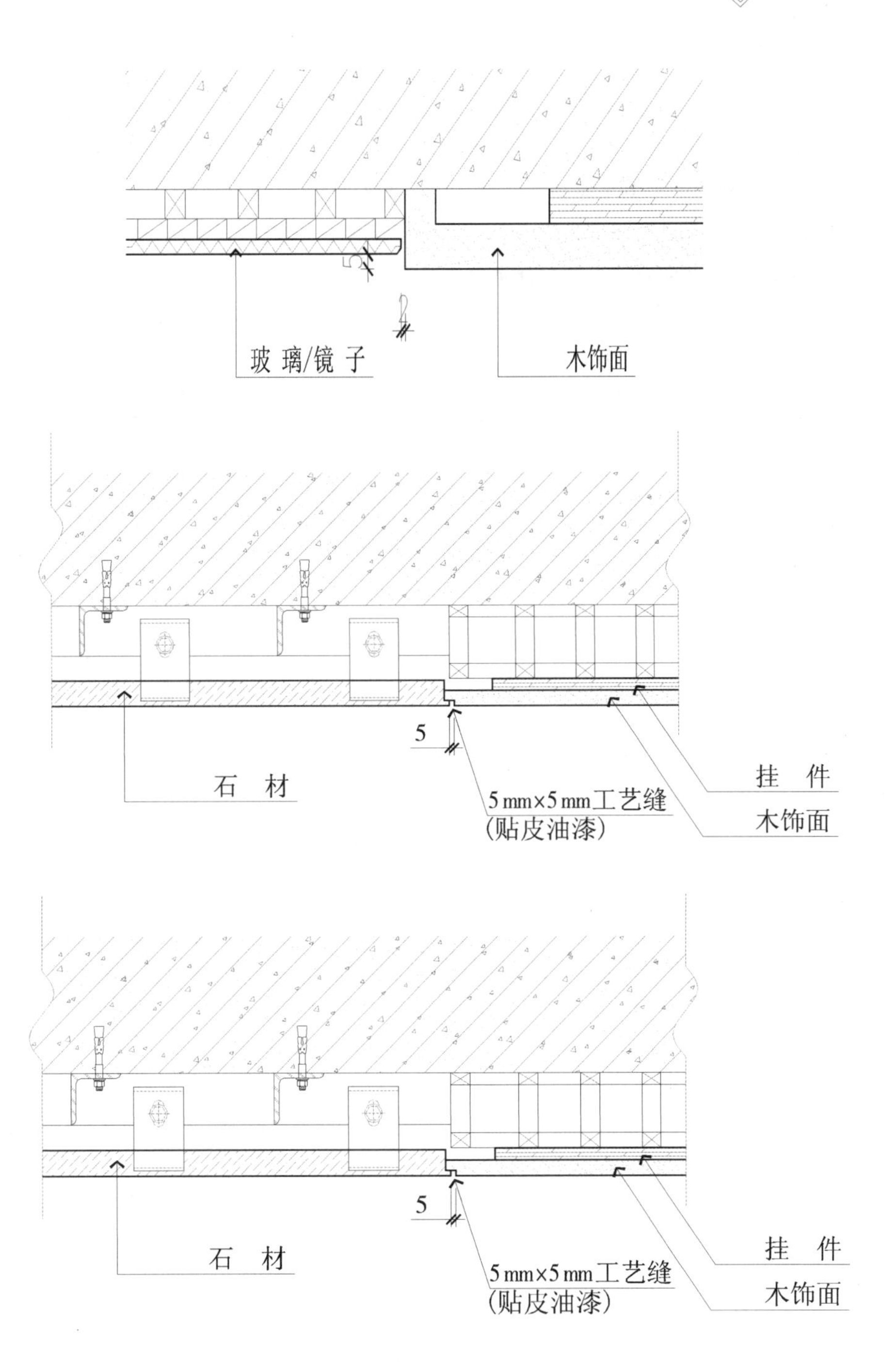

图2.6.21

小结：

平面布置图是室内深化设计中最重要的基本图，在实际工作中需要设计师极其严谨、认真地绘制本图，本章重点讲述了平面布置图的绘制方法及难点、易错点；期望同学们在日后的学习工作中多加练习，达到完全掌握绘制平面布置图的能力。

问题1：石材干挂所需要的完成面的尺寸有哪些？

问题2：两个成年男子通行的通道宽度是多少？

第七节　墙体（隔墙）定位图的绘制要点及规范

范图如图2.7.1所示。

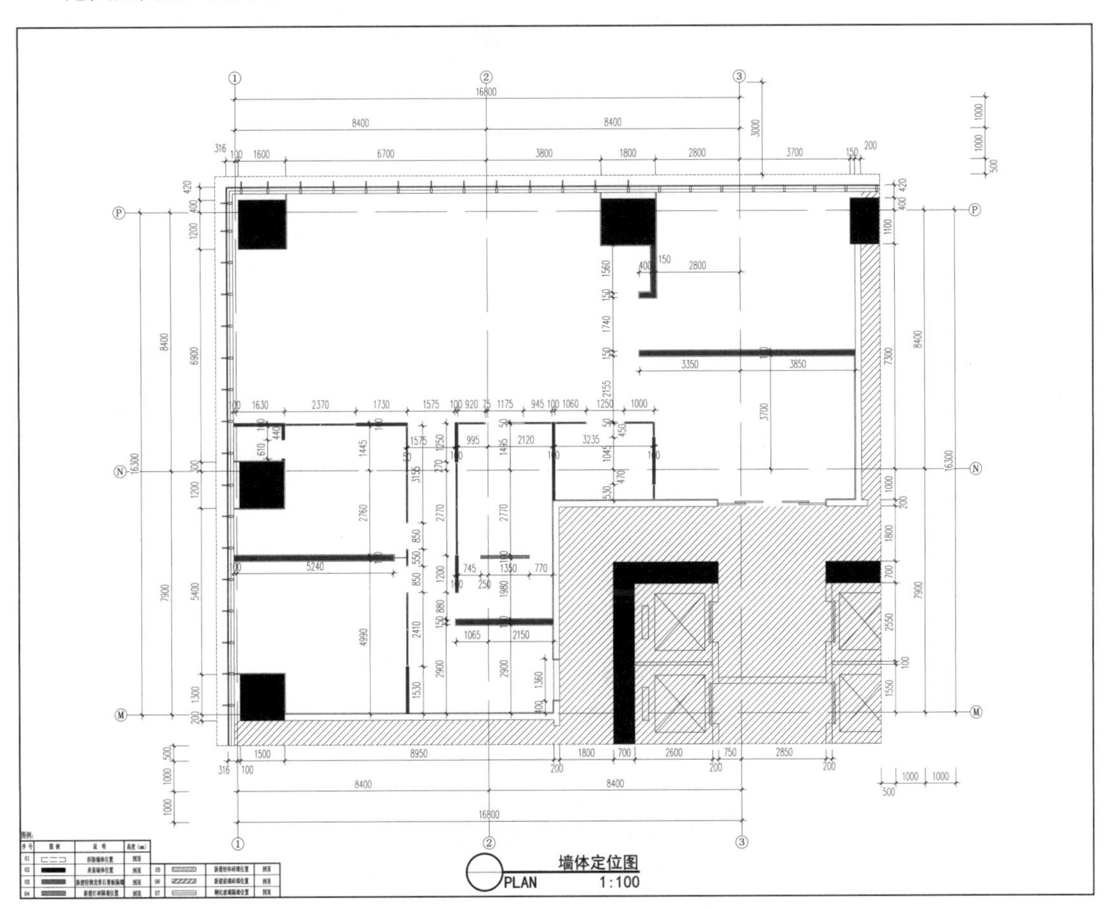

图2.7.1

一、墙体定位图的作用

（1）对空间尺度的把控，可以了解某一个空间的具体尺寸，是否符合人体工程学尺寸。

（2）对于现场可以依据图纸的尺寸进行砌墙，是对墙体位置的基本定位，是放线的依据，施工现场有指导作用（图2.7.2）。

图2.7.2

（3）预算核算工程量参考的依据。

二、墙体定位图的构成要素

墙体定位图包括墙体类型（拆除墙体和新建墙体）、墙面完成面、尺寸标注、墙体图例。

（一）结构类型——可拆除墙体（柱体）的判断

通常，墙体定位图是在给各空间功能及墙面材料确定好后绘制。在划分空间时，或多或少会对现有墙体进行拆改，所以，有必要先简单了解原始结构墙体的一些类型及它们的拆改范围。

1．砖混结构（不可拆除）

砖混结构是指建筑物中竖向承重结构的墙、柱等采用砖或砌块砌筑，横向承重的梁、楼板、屋面板等采用钢筋混凝土结构。也就是说，砖混结构是以小部分钢筋混凝土及大部分砖墙承重的结构。砖混结构是混合结构的一种，是采用砖墙来承重，钢筋混凝土梁、柱、板等构件构成的混合结构体系。砖混结构中的柱体、过梁、圈梁、搭接预制板的240 mm厚墙体一般是绝对不能够拆除的，如图2.7.3和图2.7.4所示。其中，过梁、圈梁、预制板等后文会陆续介绍。

图2.7.3

图2.7.4

2．框架结构

框架结构是指由梁和柱以钢筋相连接而成，构成承重体系的结构，即由梁和柱组成框架共同抵抗使用过程中出现的水平荷载和竖向荷载。框架结构的房屋墙体不承重，仅起到围护和分隔作用，一般用预制的加气混凝土、膨胀珍珠岩、空心砖或多孔砖、浮石、蛭石、陶粒等轻质板材砌筑或装配而成。

房屋的框架结构特点如下：

（1）优点：框架结构的相关建筑一般都是空间分隔比较灵活，而且其自重更轻，更有利于抗震、省料，可以更灵活地来配合建筑的平面布置，更利于较大空间的建筑结构建造。

（2）缺点：框架的节点应力集中显著，从而其侧向刚度比较小，结构所产生的水平位移较大，水泥和钢材的用量会很大，施工容易受到环境及季节的影响会比较大。一般适用于建造不超过15层的房屋，超高建筑建议采用框架–剪力墙结构（以下简称框–剪结构）。

框架结构中的梁与柱体是不能拆除的，如需要拆除，需要和专业的加固公司合作，如图2.7.5~图2.7.7所示。

图2.7.5

图2.7.6

图2.7.7

3．剪力墙结构（不可拆除）

（1）剪力墙结构的优缺点如下：

1）剪力墙结构的优点：整体性好；侧向刚度大，水平力作用下侧移小；由于没有梁、柱等外露与凸出，便于房间内部布置。

2）剪力墙结构的缺点：不能提供大空间房屋；结构延性较差。

（2）剪力墙结构适用范围：剪力墙结构由于承受竖向力、水平力的能力均较大，横向刚度大，因此可以建造比框架结构更高、更多层数的建筑。但是只能建造以小房间为主的房屋，如住宅、宾馆、单身宿舍。而宾馆中需要大空间的门厅、餐厅、商场等，往往设置在另外的建筑单元中。一般在30 m高度范围内都适用。

剪力墙结构中的承重墙体一般不可拆除，仅可拆除后砌筑或封堵墙体部分，如图2.7.8和图2.7.9所示。

图2.7.8

图2.7.9

4. 钢结构不可拆除

钢结构是以钢材为主的结构，是主要的建筑结构类型之一，如图2.7.10所示。

图2.7.10

钢材的特点是强度高、自重轻、整体刚性好、变形能力强，多用于建造大跨度和超高、超重型的建筑物；材料匀质性和各向同性好，属理想弹性体，最符合一般工程力学的基本假定；材料塑性、韧性好，可有较大变形，能很好地承受动力荷载；建筑工期短；其工业化程度高，可进行机械化程度高的专业化生产。

5. 过梁（砖混结构常见，不可拆除）

如图2.7.11和图2.7.12所示，过梁是砌体结构房屋墙体门窗洞上常用的构件，它用来承受洞口顶面以上砌体的自重及上层楼盖梁板传来的荷载，并将这些荷载传给洞口两边的墙。因此，过梁不可随意拆除。

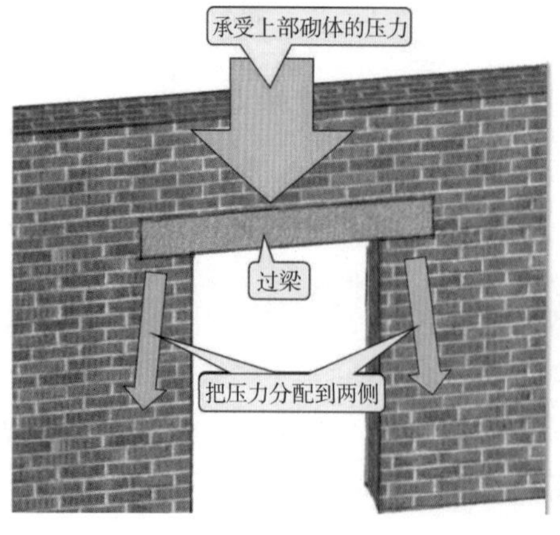

图2.7.11

图2.7.12

6．圈梁（砖混结构常见，不可拆除）

圈梁的作用是配合楼板和构造柱，增加房屋的整体刚度和稳定性，减轻地基不均匀沉降对房屋的破坏，抵抗地震作用影响，如图2.7.13~图2.7.15所示。

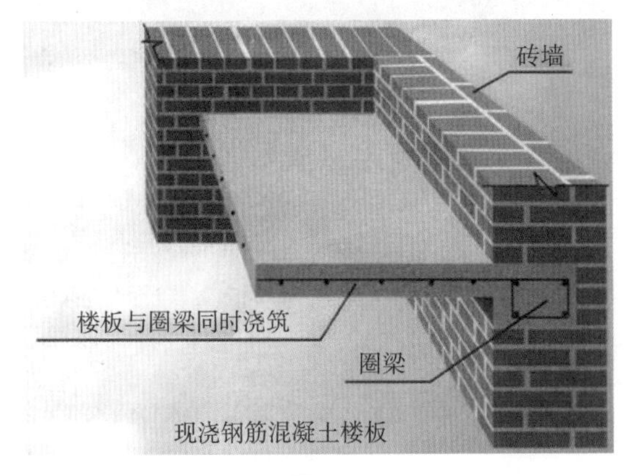

图2.7.13

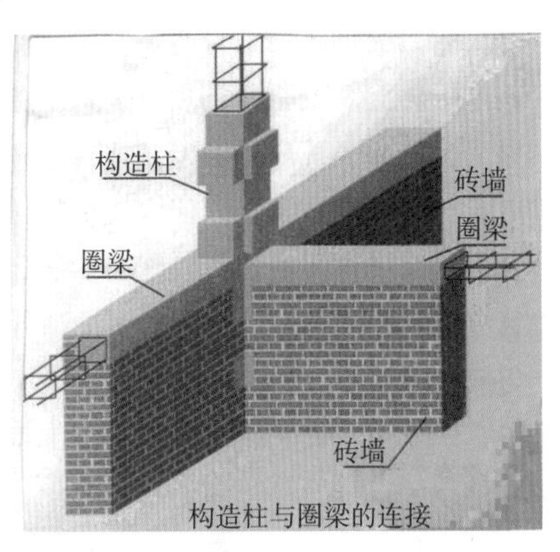

图2.7.14

图2.7.15

7．井字梁（框架结构、框－剪结构常见，不可拆除）

如图2.7.16所示，井字梁又称交叉梁或格形梁，即不分主次，高度相当的梁，同位相交，呈井字形。这种一般用在楼板是正方形或长宽比小于1.5的矩形楼板，大厅比较多见，梁间距为3 m左右。由同一平面内相互正交或斜交的梁所组成的结构构件。井字梁梁系布置很关键，它不仅体现井字梁楼盖体系在两个方向的传力关系，也影响周边结构的受力大小。

图2.7.16

8. 主次梁

主次梁如图2.7.17所示。梁支座在柱上的就是主梁；支座在主梁或次梁上的就是次梁。

可以从受力的特点和结构两个方面来考虑：荷载从板传到次梁再传到主梁，再由主梁传到柱子。所以，一般主梁是搭接在柱子上，而次梁是搭接在主梁上。因此，在楼板上开洞口要尽量避开梁的位置，同时要经过结构核算方能实施。

图2.7.17

9. 预制板（砖混结构常见，可拆除）

如图2.7.18~图2.7.20所示，预制板即早期建筑中使用的楼板，是工程要用到的模件或板块。因为是在预制场生产加工成型的混凝土预制件，直接运输到施工现场进行安装，所以叫作预制板 。

预制板在建筑上的用处很多，如公路旁边的水沟上盖住的水泥板；房顶上做隔热层的水泥板都是预制板。

预制板的尺寸包括以下内容：

（1）跨度：住宅用最长的为4.2 m，不讲模数，超过了需要定做；

（2）宽度：以500 mm和600 mm居多；

（3）厚度：常见的有120 mm、150 mm；

（4）承受活荷载等级：一般住宅就用两种级别规格的板即可，即所说的一级板和二级板，一级板就是说可以承受的活荷载是1 kN/m^2，二级板可以承受的活荷载是2 kN/m^2。西南地区已经规定了最小为四级板，即可以承受活荷载是4 kN/m^2。

长度一般是按300 mm的模数，如3 000 mm、3 300 mm、3 600 mm、3 900 mm、4 200 mm，但也有特殊的如3 800 mm、4 000 mm，但普通板最长是4 200 mm的。宽度一般是四孔400 mm、五孔500 mm。

图2.7.18

图2.7.19

预制板的结构和抗震性能都要差些，做楼板不宜开洞，目前建筑上也基本不再采用。

图2.7.20

（二）墙体类型——新建墙体的材料类型

1. 烧结普通砖

如图2.7.21和图2.7.22所示为烧结普通砖。

图2.7.21

图2.7.22

烧结普通砖是以黏土、页岩、煤矸石等为原料，经粉碎、混合捏练后以人工或机械压制成型，经干燥后在900 ℃左右的温度下以氧化焰烧制而成的烧结型建筑砖块。烧结普通砖强度等级一般为MU7.5和MU10。普通烧结砖（红砖）标准砖的尺寸是240 mm × 115 mm × 53 mm，色泽红艳，有时则为暗黑色。烧结普通砖既有一定的强度和耐久性，又因其多孔而具有一定的保温绝热、隔声等优点，因此适用于作墙体材料，也可用于砌筑柱、拱、烟囱、地面及基础等。老式建筑多用作建筑材料。墙体厚度依据砖的不同组成形式一般有120 mm × 240 mm × 370 mm。

2. 轻体砖墙

轻体砖墙有烧结空心砖、烧结多孔砖、混凝土空心砖、陶粒砖、膨胀加气混凝土砖等。

轻体砖墙如图2.7.23和图2.7.24所示。轻体砖的品种多，常用为陶粒空心砖，普通规格为240 mm×200 mm×200 mm。最小规格为240 mm×200 mm×100 mm。其他规格有600 mm×250 mm×50 mm、600 mm×250 mm×80 mm、600 mm×250 mm×100 mm、600 mm×250 mm×150 mm、600 mm×250 mm×200 mm，因体积大，需错缝砌筑。轻体砖通过减少材料占用体积，增加孔洞和缝隙，提高材料的硬度，实现减轻材料自重的特殊需要。

轻体砖的用途非常广泛，可用于非承重结构的多数墙体；具有保温、隔音要求的墙体；框架结构的填充墙等。

图2.7.23

图2.7.24

3. 轻钢龙骨隔墙

轻钢龙骨隔墙如图2.7.25和图2.7.26所示。轻钢龙骨隔墙具有重量轻、强度较高、耐火性好、通用性强且安装简易的特性，有适应防震、防尘、隔声、吸声、恒温等功效，同时，还具有工期短、施工简便、不易变形等优点。为避免隔墙根部易受潮、变形、霉变等质量问题，隔墙底部需制作地枕基。

图2.7.25

图2.7.26

做隔墙所常用的轻钢龙骨的规格一般有75 mm、100 mm两种，这个规格是确定隔墙的墙体厚度，长度一般为3 m、4 m。石膏板的规格厚度通常有9.5 mm、12 mm、15 mm，长度有2 400 mm、3 000 mm，宽度多为1 200 mm。

一般轻钢龙骨两边石膏板隔墙的完成厚度有100 mm、120 mm、150 mm等。

4. 玻璃隔墙

玻璃隔墙如图2.7.27所示。玻璃隔墙主要作用就是使用玻璃作为隔墙将空间根据需求划分，更加合理地利用好空间，满足各种家装和工装用途。玻璃隔墙通常采用钢化玻璃，具有抗风压性、寒暑性、冲击性等优点，所以更加安全、固牢和耐用，而且玻璃打碎后对人体的伤害比普通玻璃小很多。玻璃隔断墙在设计上可以更多的将阳光资源引入到室内，对于大型空间的采光有极大的帮助。

玻璃隔断墙的厚度一般是由它两边的立柱决定，常规情况下可以做100 mm厚。

图2.7.27

5. 玻璃砖

玻璃砖如图2.7.28和图2.7.29所示。玻璃砖是用透明或颜色玻璃料压制成型的块状，或空心盒状，体形较大的玻璃制品。其品种主要有玻璃空心砖、玻璃实心砖，马赛克不包括在内。多数情况下，玻璃砖并不作为饰面材料使用，而是作为结构材料、墙体、屏风、隔断等类似功能使用。

（1）玻璃砖常用厚度（规格）：80 mm厚、100 mm厚；

（2）常规砖：190 mm × 190 mm × 80 mm；

（3）小砖：145 mm × 145 mm × 80 mm；

（4）厚砖：190 mm × 190 mm × 95 mm，145 mm × 145 mm × 95 mm；

（5）特殊规格砖：240 mm × 240 mm × 80 mm，190 mm × 90 mm × 80 mm。

图2.7.28

图2.7.29

（三）墙面完成面

墙面完成面前文有提到过，是指施工结束后装饰材料外表面的轮廓线，一般乳胶漆和壁纸饰面的材料是没有完成面的，其他材料由于工艺做法的不同完成面尺寸也不同。常见的完成面有木饰面、大理石、瓷砖、金属、软包、硬包等饰面。

1. 木饰面

木饰面如图2.7.30所示。常规尺寸预留是50 mm，基层都是用龙骨卡件+防火阻燃板找平。

2. 大理石

大理石如图2.7.31所示，高度不超过3 m时可以湿贴，湿贴的完成面厚度为50 mm。

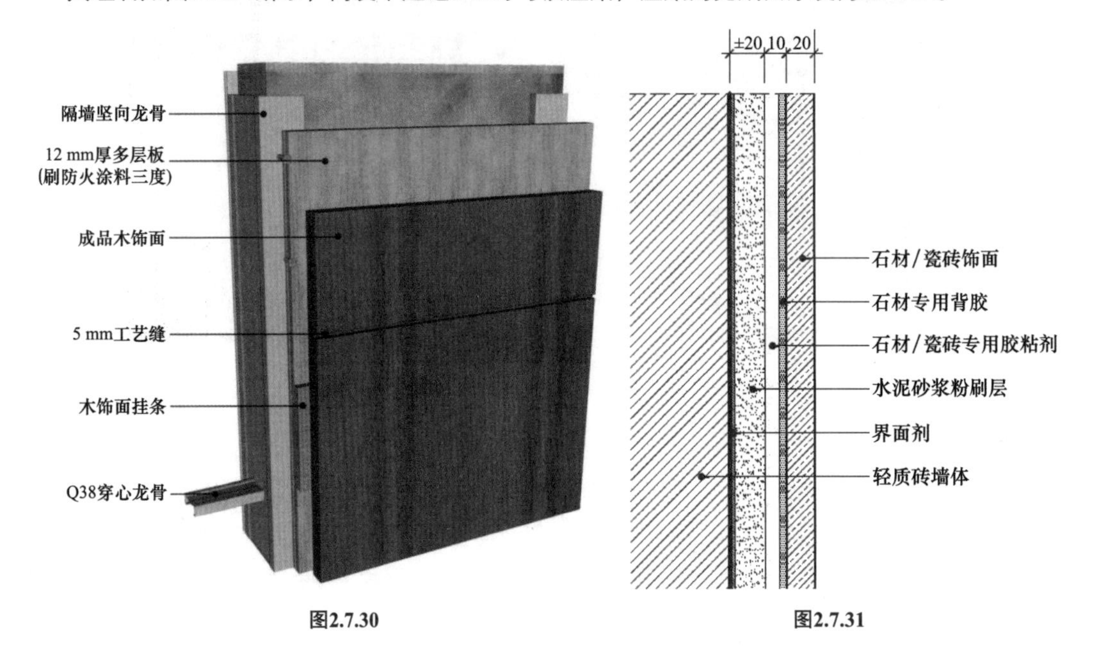

图2.7.30

图2.7.31

如图2.7.32和图2.7.33所示，墙面高度高于3 m，需要做干挂，高度越高，留的完成面越多，而且石材干挂的情况，石材厚度为20 mm。通常，完成面离结构墙面厚度为100~150 mm。

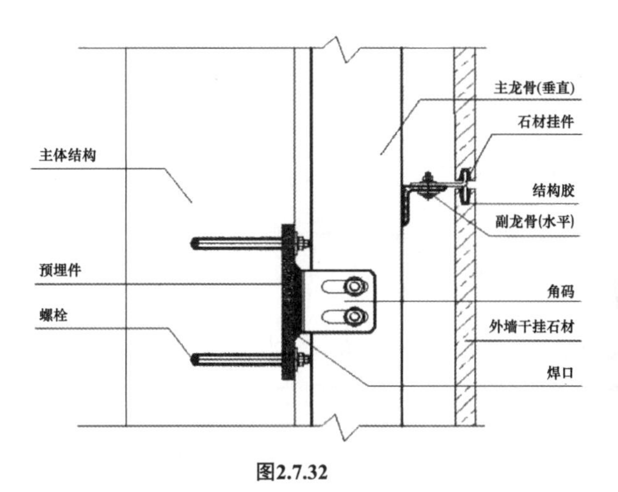

图2.7.32

图2.7.33

3．瓷砖

如图2.7.34和图2.7.35所示，瓷砖完成面预留30 mm或50 mm都可以，具体看情况而定。

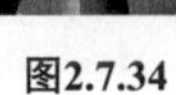

图2.7.34

图2.7.35

4．金属

如图2.7.36所示，金属完成面则需要预留50 mm，做法是龙骨卡件+防火阻燃板找平，然后直接胶粘或干挂。

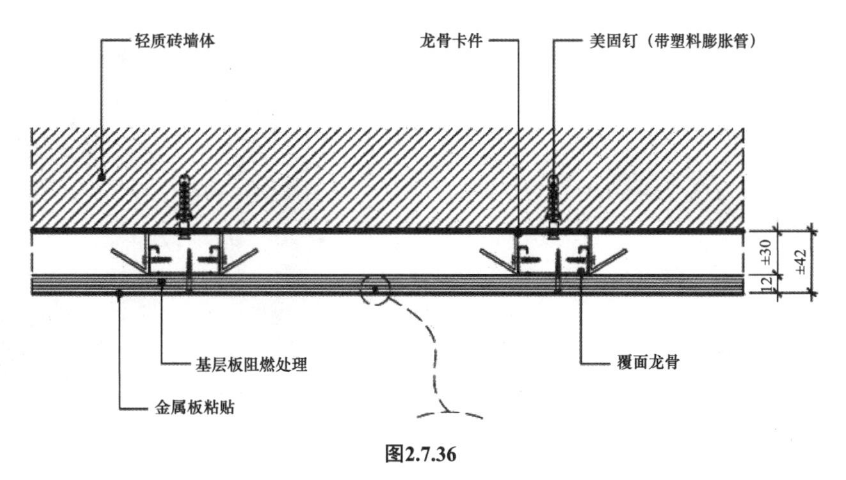

图2.7.36

5. 软包、硬包

如图2.7.37~图2.7.39所示，软包和硬包的完成面预留50 mm，做法是龙骨卡件+防火阻燃板找平，然后直接贴软包或硬包的板饰面。

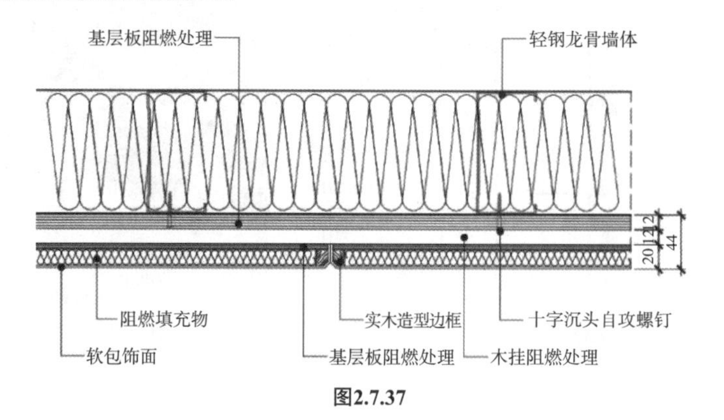

图2.7.37

图2.7.38

图2.7.39

6. 壁纸、软胶漆

如图2.7.40和图2.7.41所示，壁纸、软胶漆的完成面可以忽略为0。

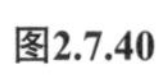

图2.7.40

图2.7.41

由于不同材料的墙面完成面各有差异，因此在画墙体定位图时，有时会把完成面也画出来。如有造型的部分包括造型的完成面也会一并画出来，如图2.7.42所示。

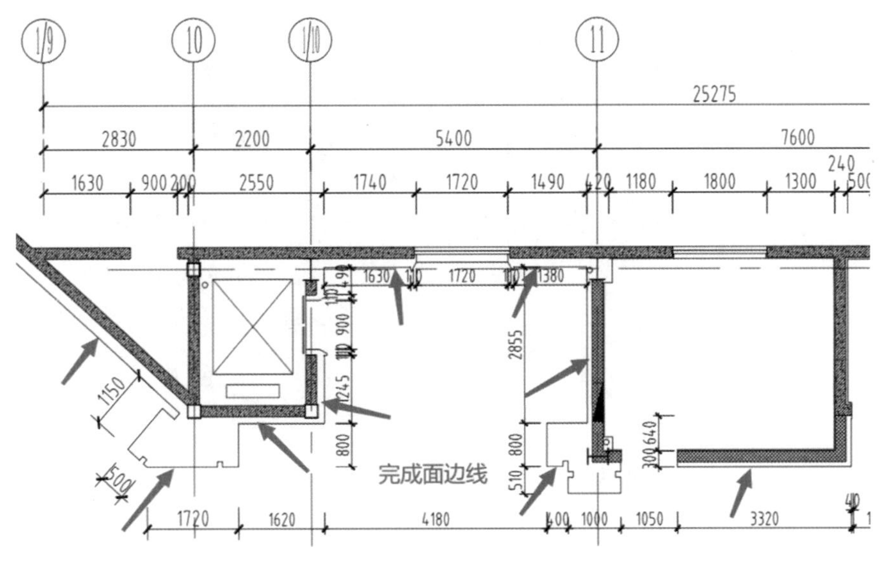

图2.7.42

（四）尺寸标注

（1）标注样式及图层的设置，如图2.7.43所示

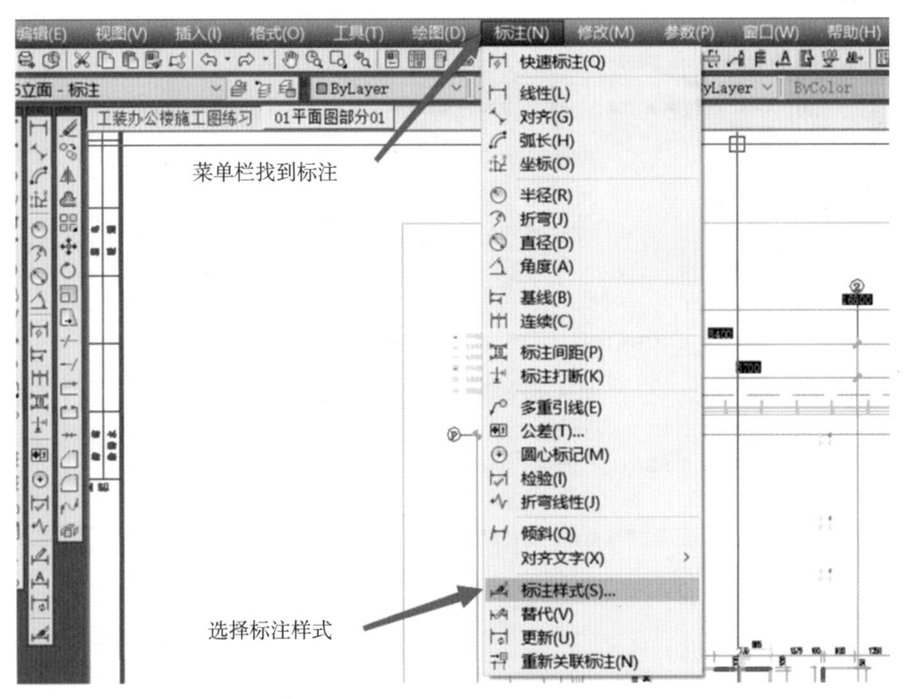

图2.7.43

弹出面板如图2.7.44所示。

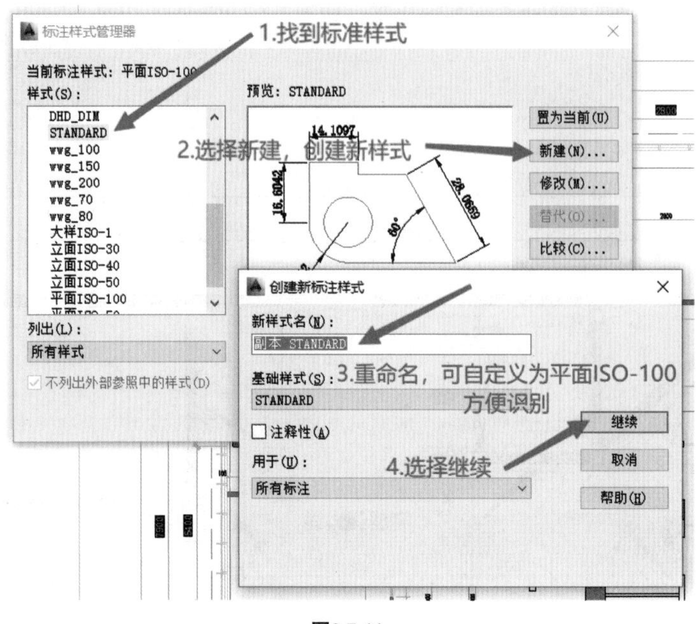

图2.7.44

继续设置新建标注样式，如图2.7.45~图2.7.51所示。

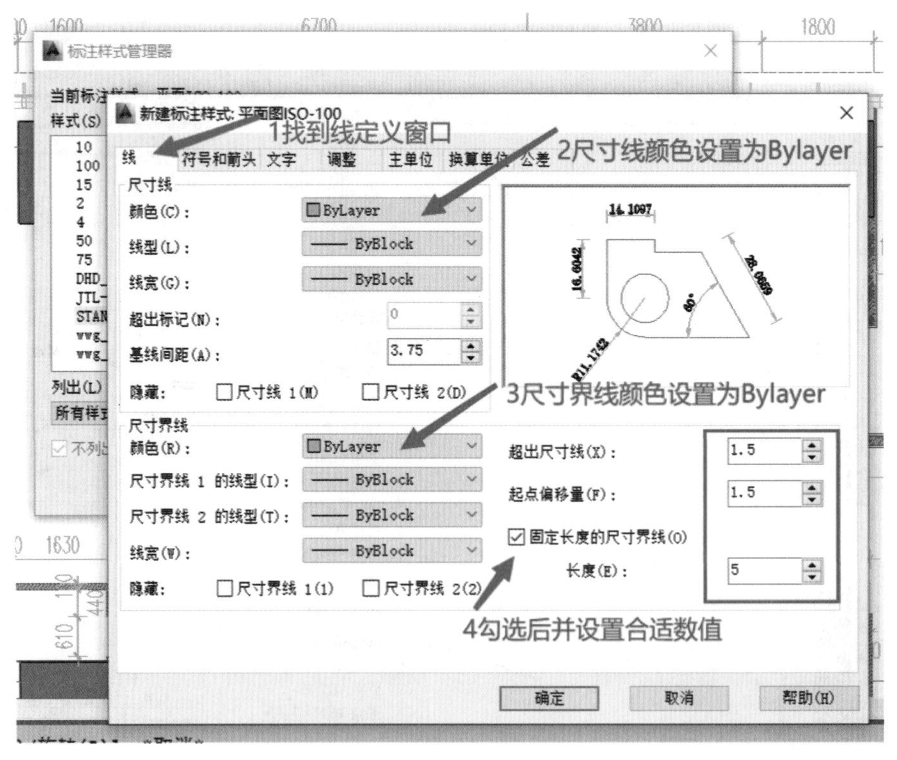

图2.7.45

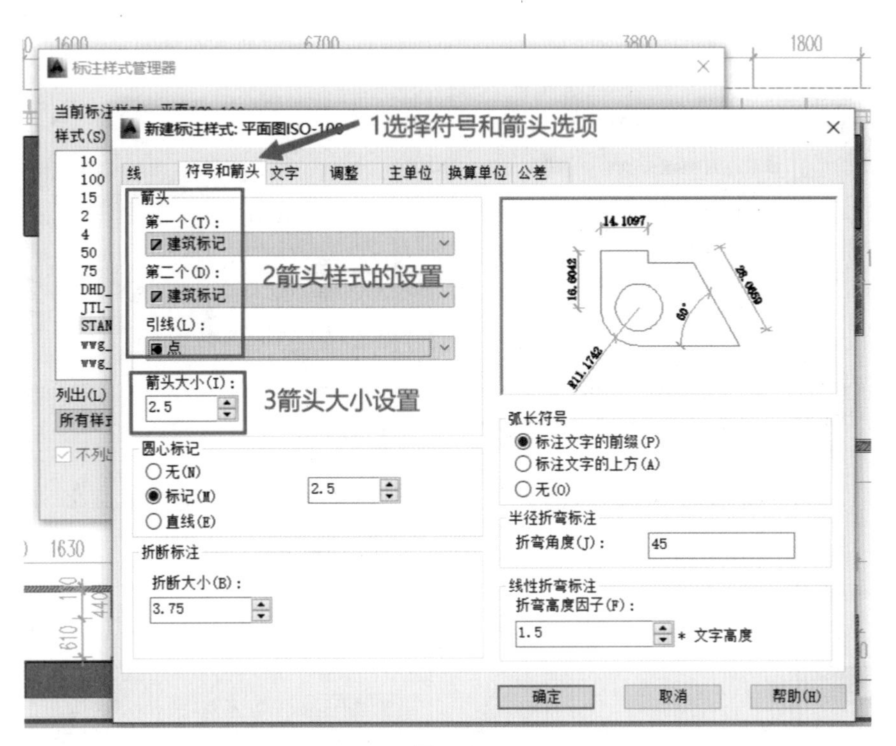
标注样式管理器
新建标注样式: 平面图ISO-100
1选择符号和箭头选项
线
符号和箭头
文字
调整
主单位
换算单位
公差
箭头
第一个(T):
建筑标记
第二个(D):
建筑标记
2箭头样式的设置
引线(L):
点
箭头大小(I):
2.5
3箭头大小设置
圆心标记
无(N)
标记(M)
直线(E)
折断标注
折断大小(B):
3.75
弧长符号
标注文字的前缀(P)
标注文字的上方(A)
无(O)
半径折弯标注
折弯角度(J):
45
线性折弯标注
折弯高度因子(F):
1.5
* 文字高度
确定
取消
帮助(H)

图2.7.46

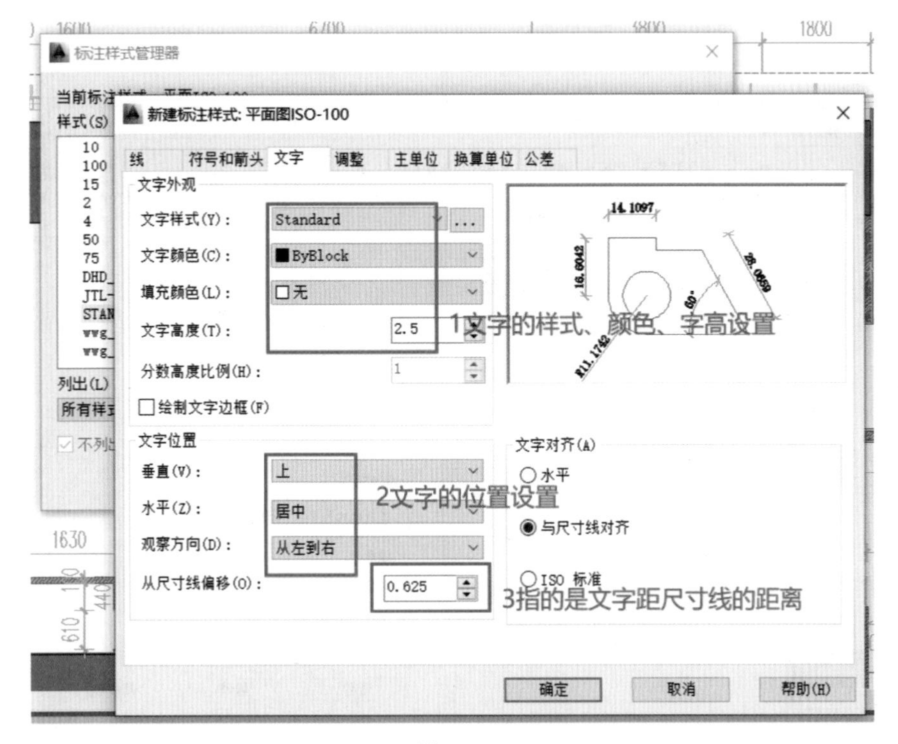
标注样式管理器
新建标注样式: 平面图ISO-100
线
符号和箭头
文字
调整
主单位
换算单位
公差
文字外观
文字样式(Y):
Standard
文字颜色(C):
ByBlock
填充颜色(L):
无
文字高度(T):
2.5
1文字的样式、颜色、字高设置
分数高度比例(H):
绘制文字边框(F)
文字位置
垂直(V):
上
水平(Z):
居中
观察方向(D):
从左到右
2文字的位置设置
从尺寸线偏移(O):
0.625
3指的是文字距尺寸线的距离
文字对齐(A)
水平
与尺寸线对齐
ISO 标准
确定
取消
帮助(H)

图2.7.47

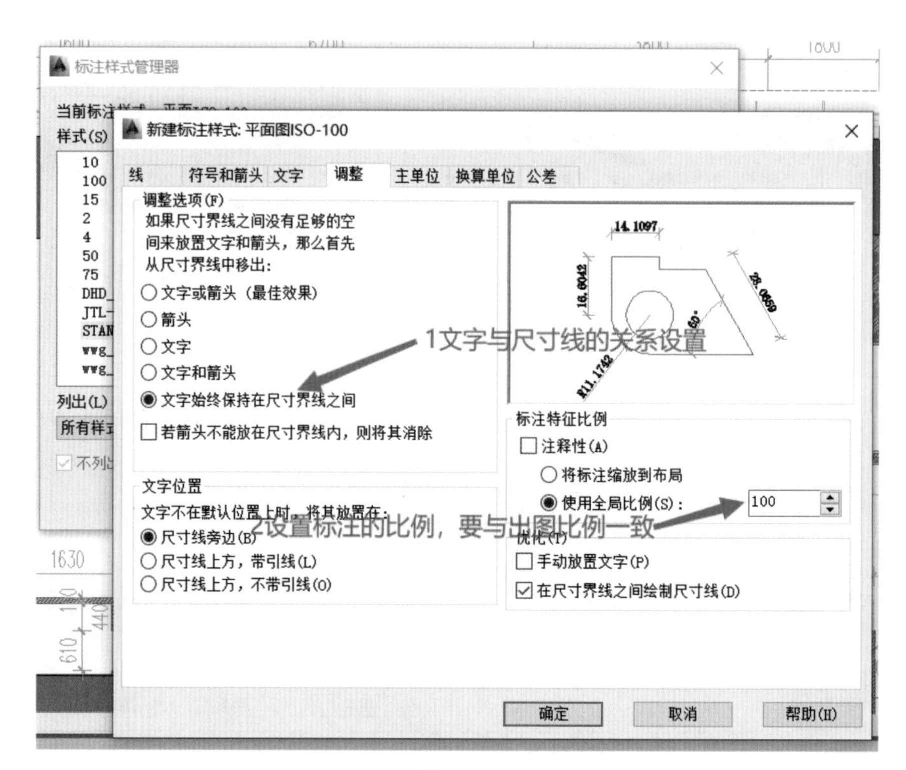
标注样式管理器
新建标注样式: 平面图ISO-100
线
符号和箭头
文字
调整
主单位
换算单位
公差
调整选项(F)
如果尺寸界线之间没有足够的空间来放置文字和箭头，那么首先从尺寸界线中移出:
文字或箭头（最佳效果）
箭头
文字
文字和箭头
文字始终保持在尺寸界线之间
若箭头不能放在尺寸界线内，则将其消除
1文字与尺寸线的关系设置
文字位置
文字不在默认位置上时，将其放置在:
尺寸线旁边(B)
尺寸线上方，带引线(L)
尺寸线上方，不带引线(O)
2设置标注的比例，要与出图比例一致
标注特征比例
注释性(A)
将标注缩放到布局
使用全局比例(S):
100
优化(T)
手动放置文字(P)
在尺寸界线之间绘制尺寸线(D)
确定
取消
帮助(H)

图2.7.48

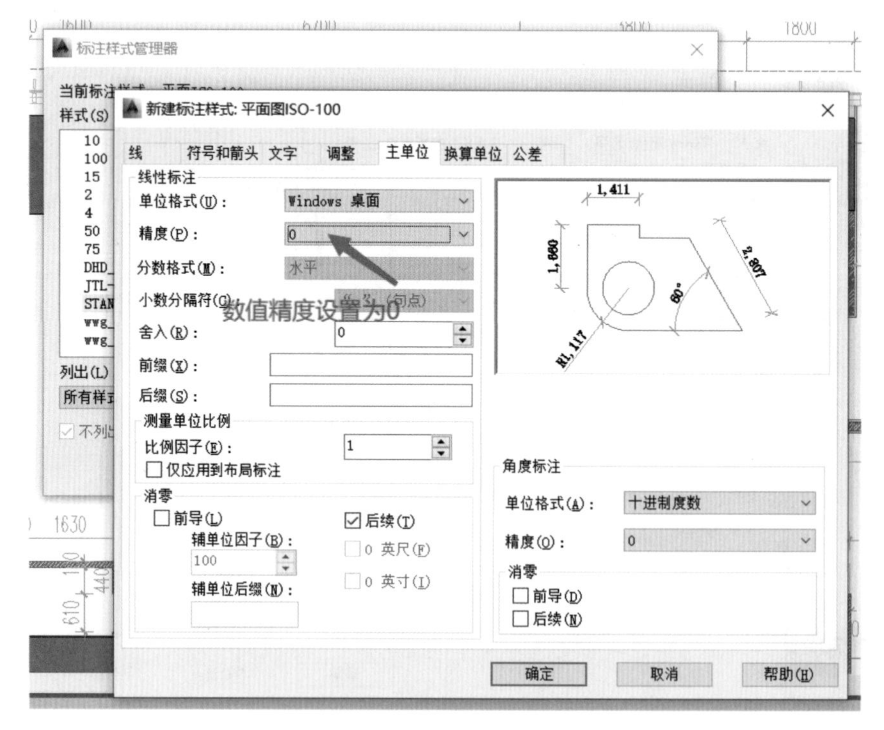
标注样式管理器
新建标注样式: 平面图ISO-100
线
符号和箭头
文字
调整
主单位
换算单位
公差
线性标注
单位格式(U):
Windows 桌面
精度(P):
0
分数格式(M):
水平
小数分隔符(C):
数值精度设置为0
舍入(R):
前缀(X):
后缀(S):
测量单位比例
比例因子(E):
1
仅应用到布局标注
消零
前导(L)
后续(T)
辅单位因子(B):
100
辅单位后缀(N):
0 英尺(F)
0 英寸(I)
角度标注
单位格式(A):
十进制度数
精度(O):
0
消零
前导(D)
后续(N)
确定
取消
帮助(H)

图2.7.49

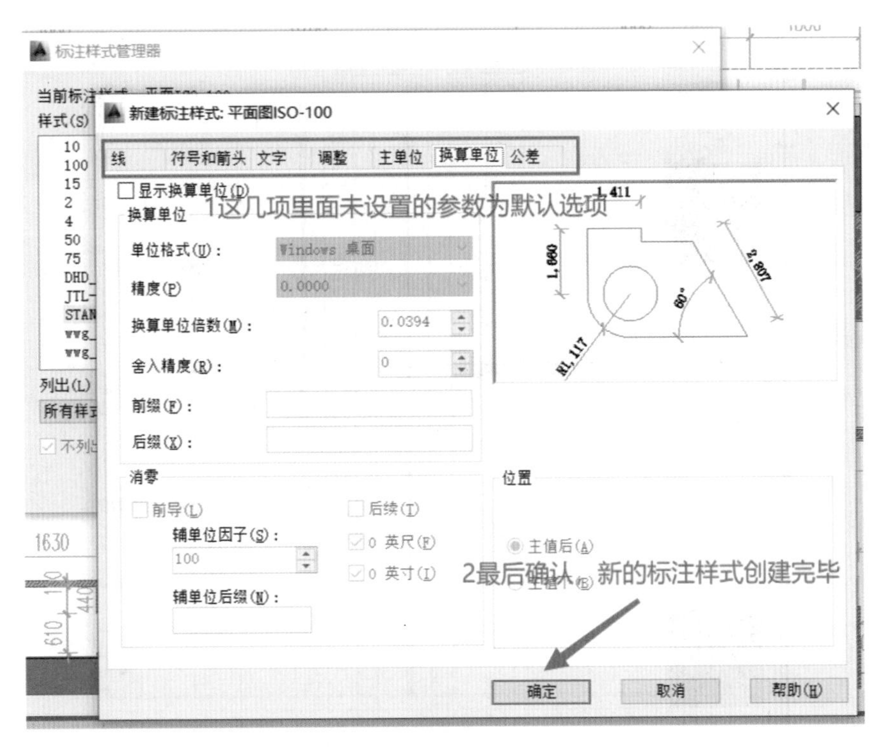

图2.7.50

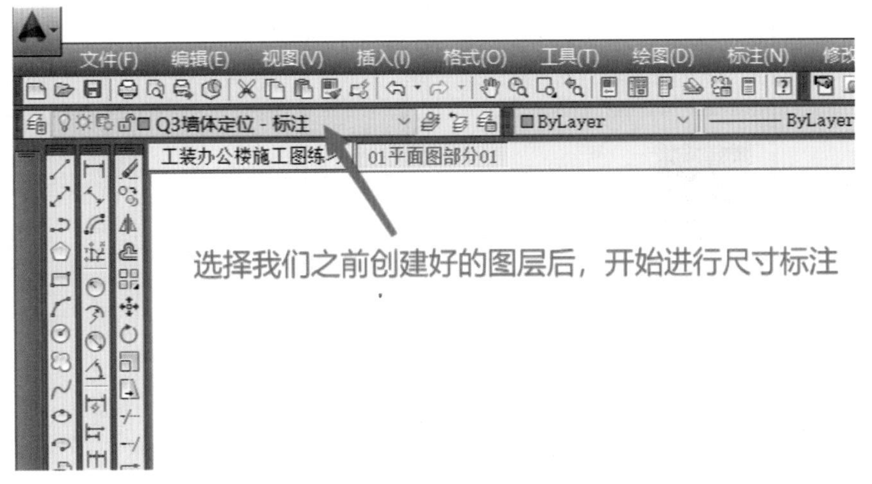

图2.7.51

开始标注前，需要把平面布置图里面的家具配饰等图形隐藏，仅保留墙体部分进行尺寸标注。

（2）常规直线墙体标注，如图2.7.52~图2.7.54所示。

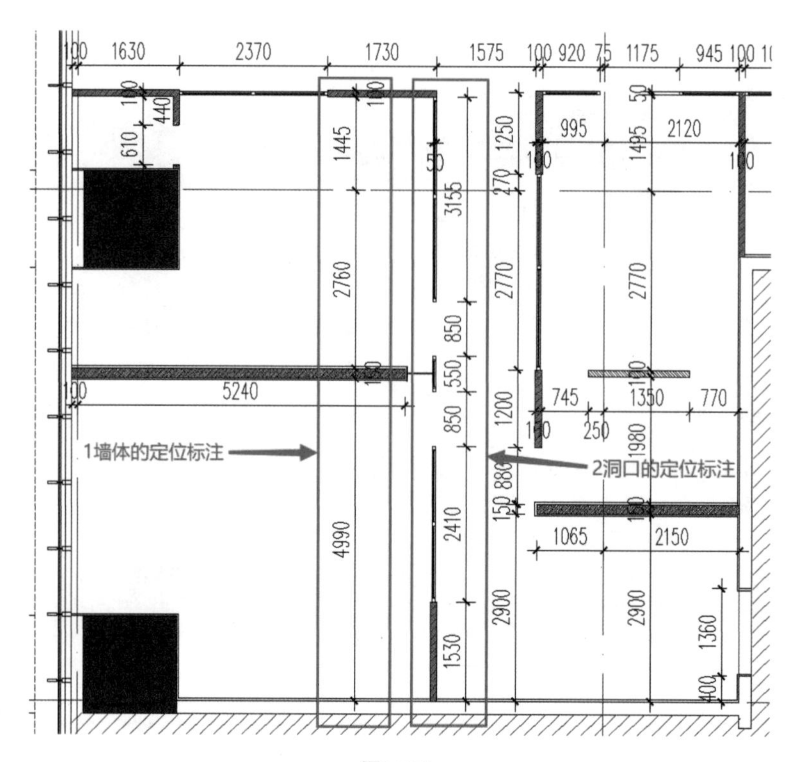

图2.7.52

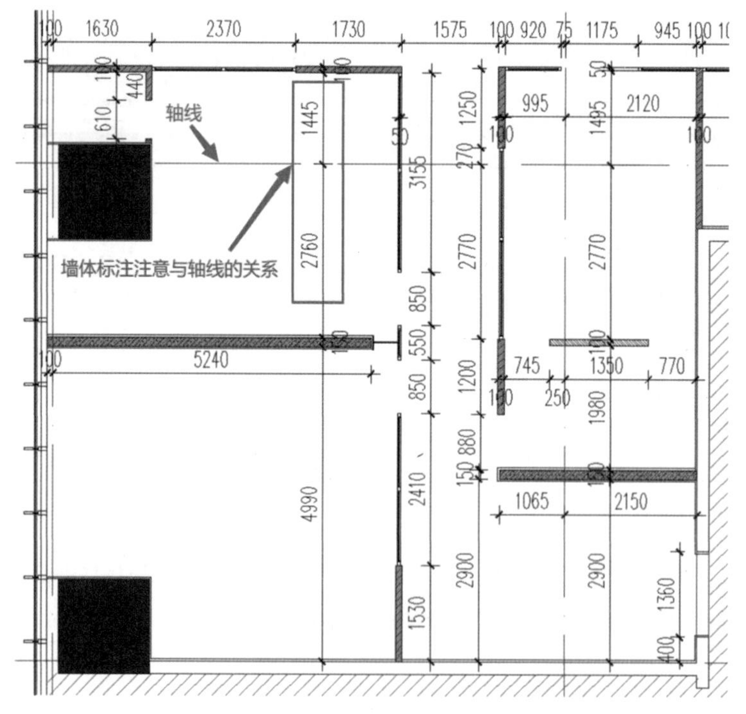

图2.7.53

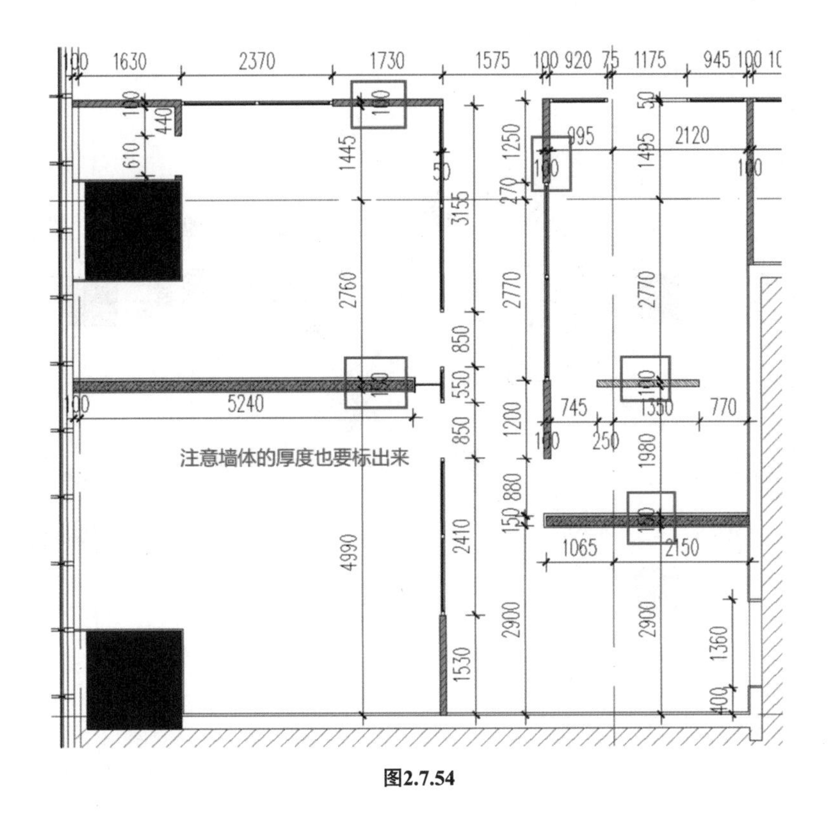

图2.7.54

（3）正圆的墙体标注，如图2.7.55所示。

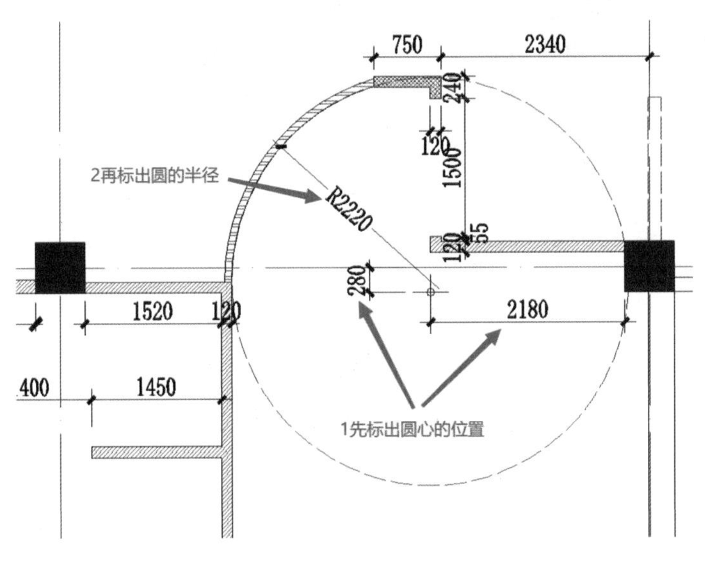

图2.7.55

（4）椭圆墙体标注，如图2.7.56所示。

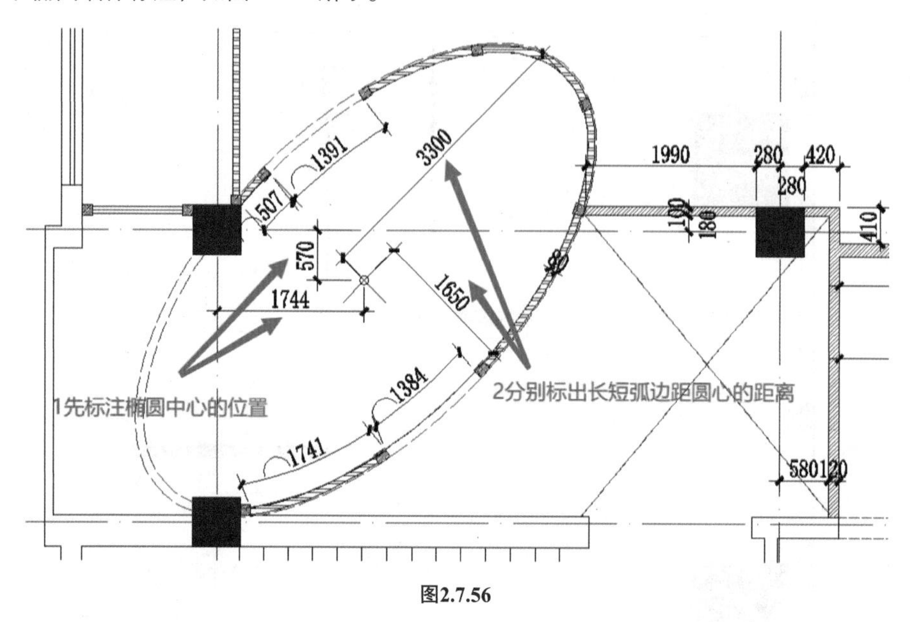

图2.7.56

（5）斜面墙体标注，如图2.7.57所示。

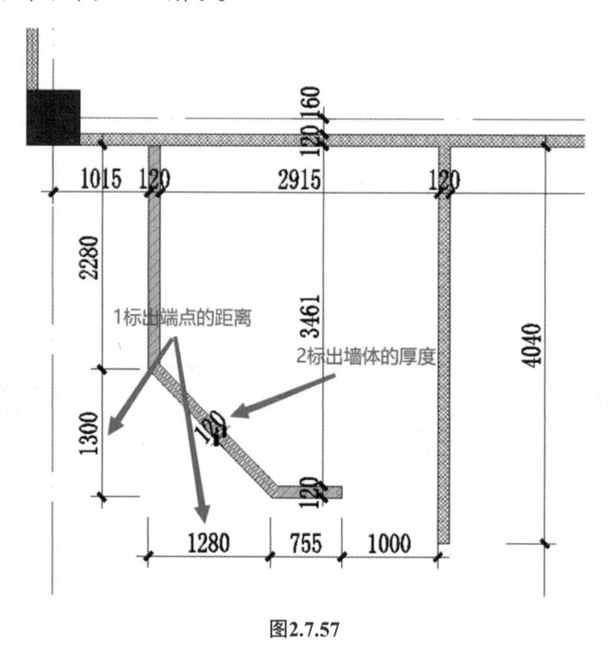

图2.7.57

（五）墙体图例

不同企业，图纸的规范也不同，但是只要有明确的图例就不会产生沟通不畅通的问题，图2.7.58中不同的隔墙所使用的材料不同，因此填充的图案也有变化，通过这个图例可以明确图纸中的各种填充图案所代表的材料。

图例:

序号	图例	说明	高度(mm)
01		拆除墙体位置	到顶
02		承重墙体位置	到顶
03		新建轻钢龙骨石膏板隔墙	到顶
04		新建红砖隔墙位置	到顶
05		新建轻体砖墙位置	到顶
06		新建玻璃砖墙位置	到顶
07		钢化玻璃隔墙位置	到顶

图2.7.58

（六）绘制图纸常见问题

（1）数字尺寸标注凌乱、随意，如图2.7.59所示。

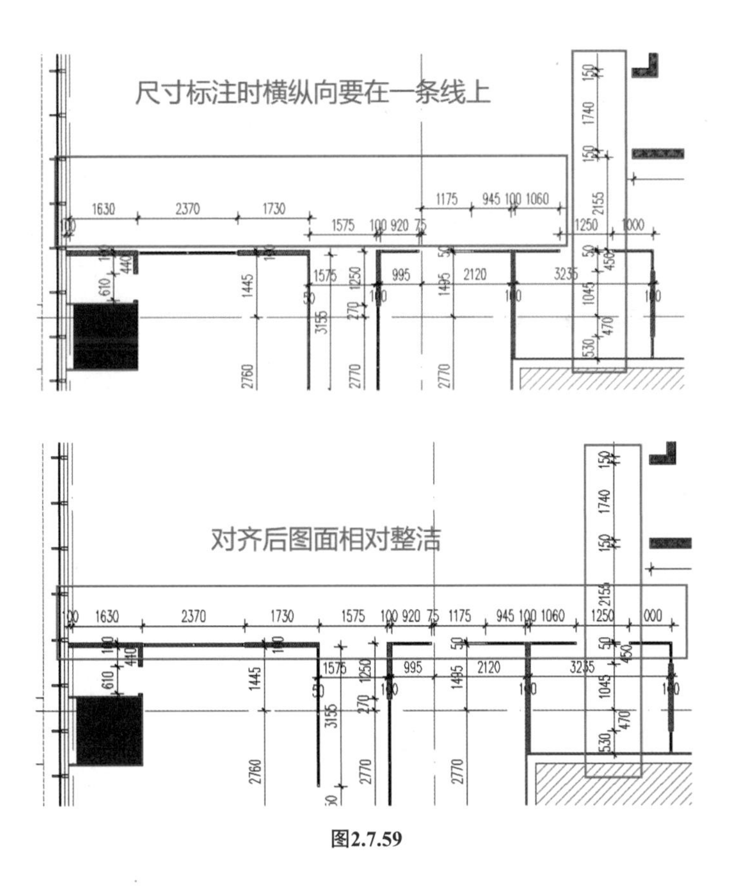

图2.7.59

（2）重复标注，如图2.7.60所示。

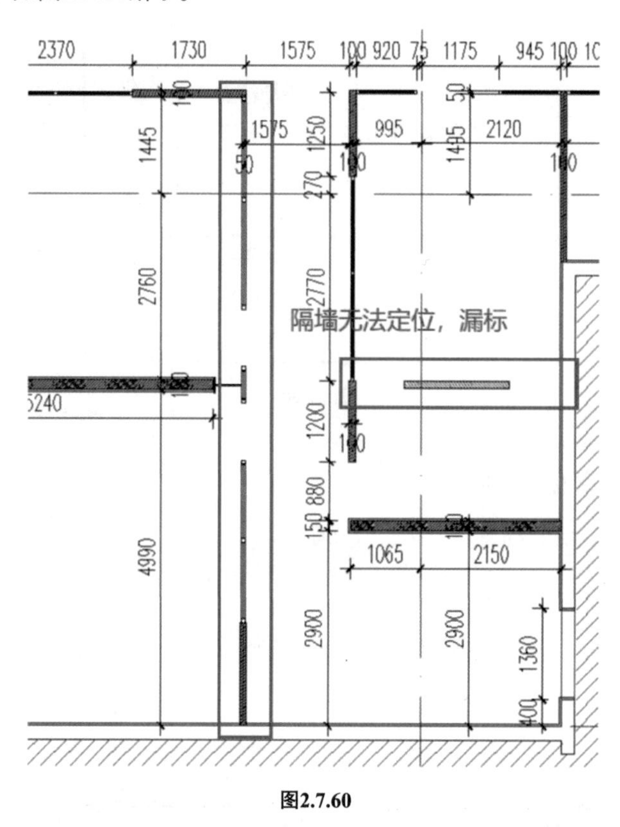

图2.7.60

（3）相同材质墙体相接处理，如图2.7.61所示。

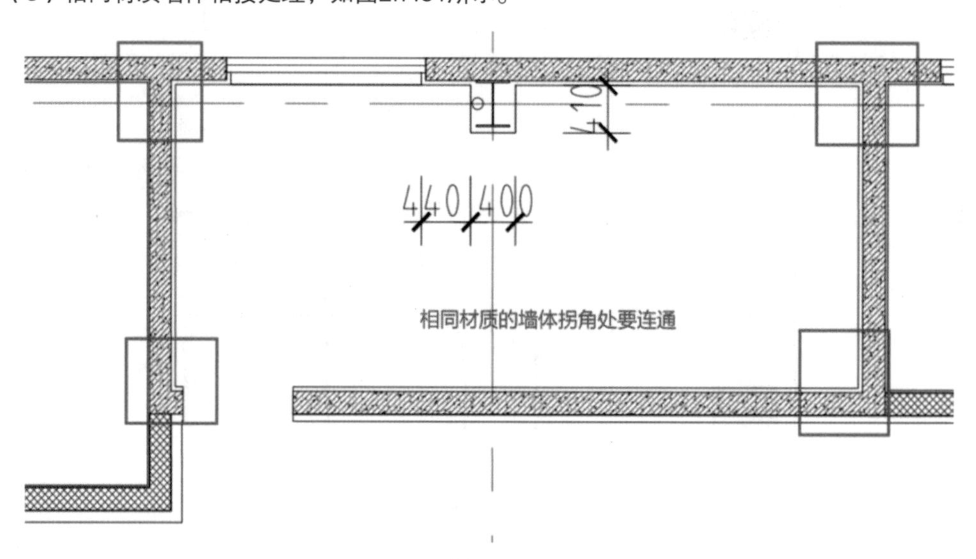

图2.7.61

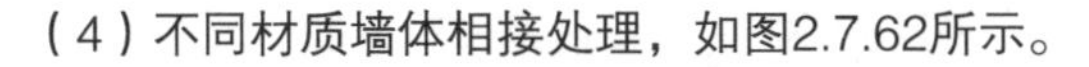

（4）不同材质墙体相接处理，如图2.7.62所示。

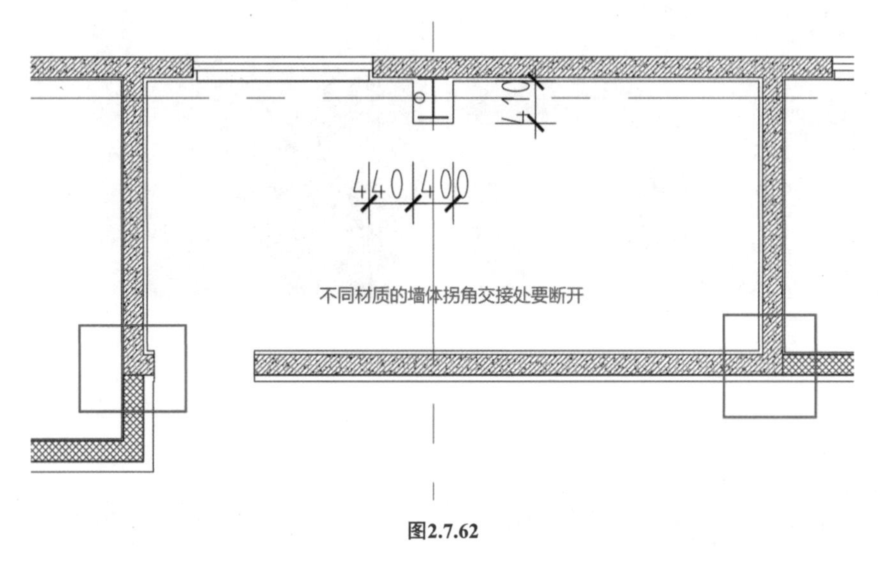

图2.7.62

小结：

本节通过对建筑的原始结构墙体了解，让我们认识到哪些墙体可以拆除，哪些不可随意拆除，同时又认识了常见的装修新建墙体，让我们能够区分不同墙体的使用范围。最后介绍了绘制墙体定位图的标注方法与规范，以及经常发生的错误。

问题1：不同墙体的常用厚度有哪些？

问题2：常见的不同材料装修完成面的厚度是多少？

第八节　隔墙的种类与特点

空间方案表述的图纸基本上就是平面布置图和墙体定位图，除可以用各种实墙来分隔空间之外，分隔空间的方法还有很多种类，依据空间私密性级别要求的高低，分隔空间大致可分为以下四种类型：

（1）实墙。实墙如图2.8.1和图2.8.2所示，具有隔人、隔声、隔光的特点。实墙可分为轻钢龙骨纸面石膏板隔墙、轻体砖隔墙、红砖隔墙等。

图2.8.1

图2.8.2

（2）玻璃墙。玻璃墙如图2.8.3和图2.8.4所示，具有隔人、隔声的特点。其可分为玻璃隔断墙、玻璃砖墙等。

图2.8.3

图2.8.4

（3）隔断类。隔断如图2.8.5~图2.8.8所示，可分为木格栅、铁艺、矮墙、家具等。

图2.8.5

图2.8.6

图2.8.7

图2.8.8

（4）心理暗示类。心理暗示类如图2.8.9所示，通过高度差、材料差异、色彩或手法效果等实现效果。

图2.8.9所示为下沉空间，利用起台的方式也可以造成空间高差的不同，以此来区别空间。

图2.8.9

图2.8.10所示的空间以天花材料和色彩的不同，来形成暗示效果，起到分隔空间的感觉。

图2.8.10

第九节　天花（吊顶）布置图的绘制要点及规范

范图如图2.9.1所示。

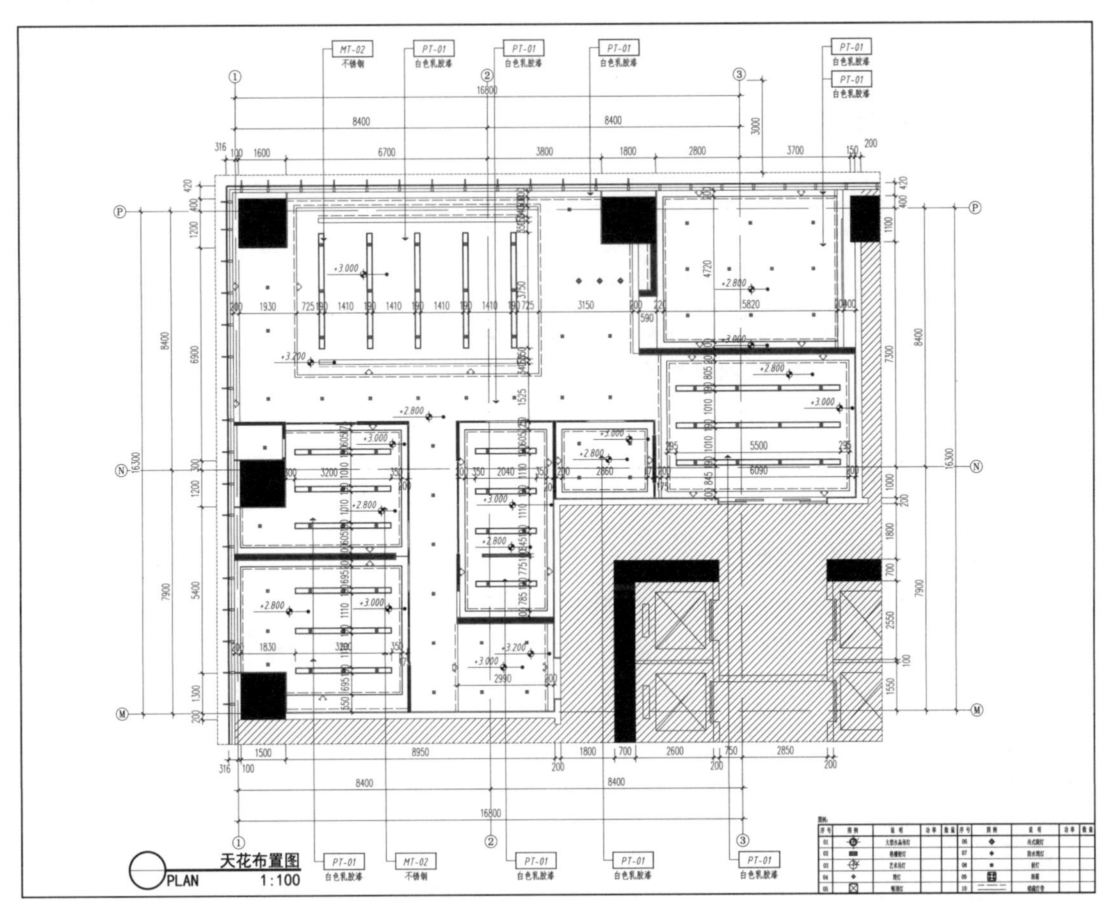

图2.9.1

一、天花施工图的形成原理

天花是室内设计的重要部位，其设计是否合理对人的精神感受影响非常大。天花布置图剖切面与平面图一致，但投影方向刚好相反。天花施工图在图纸深化过程中也是整套深化图纸的重点和难点，难点在于它所使用的材料多变，造型多变，高度多变；重点是需要结合设备、灯具、消防、电气等分包图纸一起绘制。绘制的天花图纸类型较为丰富，不仅只有天花布置图，一般来说完整的天花图还包含：天花布置图；天花灯位图；天花灯具连线图；综合天花图。

二、天花图纸的作用

（1）更好地表现天花造型高度和造型尺寸。

（2）对隐藏的管道和设施设备进行位置表示。

（3）对消防要求的设施设备进行排布。

（4）同时还是预算核算工程量参考的依据。

三、天花吊顶的类型

（1）平板吊顶：安排在卫生间、厨房、阳台和玄关等部位。

（2）异型吊顶：采用的云型波浪线或不规则弧线，不超过整体顶面面积的三分之一。

（3）局部吊顶：为了遮蔽居室顶部的水、暖、气管道。

（4）格栅式吊顶：先用木材做成框架，镶嵌上透光或磨砂玻璃，光源在玻璃上面。

（5）藻井式吊顶：在房间的四周进行局部吊顶，可设计成一层或多层。

四、天花常用材料

（一）轻钢龙骨石膏板

轻钢龙骨石膏板在装修中比较常见，石膏板是以熟石膏为主要原料掺入添加剂与纤维制成，具有质轻、绝热、吸声、不燃和可锯性等性能。石膏板与轻钢龙骨（由镀锌薄钢压制而成）相结合，便构成轻钢龙骨石膏板。轻钢龙骨石膏板天花有纸面石膏板、装饰石膏板、纤维石膏板、空心石膏板条等类型，如图2.9.2和图2.9.3所示。

图2.9.2

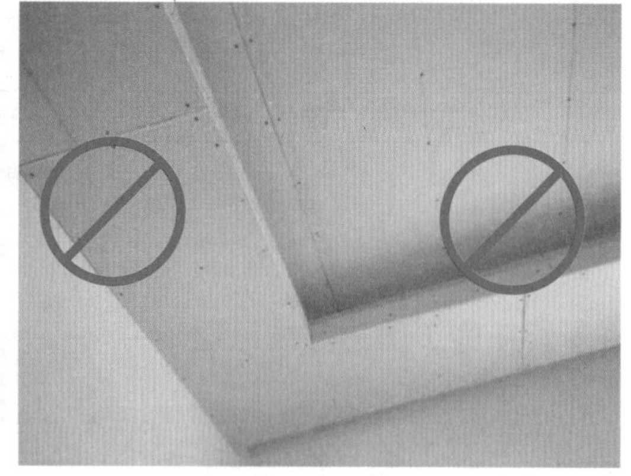

图2.9.3

（二）方块天花

方块天花多用于商业空间，普遍使用600 mm × 600 mm规格，有明骨和暗骨之分。龙骨常用铝或铁。主板材可分为石膏板、硅钙板和矿棉板三类，石膏板前文已介绍，此处不再赘述。

（1）硅钙板的全称是纤维增强硅酸钙板，它是以硅质材料（硅藻土、膨润土、石英粉等）、钙质材料、增强纤维等为主要原料，经过制浆、成坯、蒸养、表面砂光等工序制成的轻质板材。硅钙板具有质轻、强度高、防潮、防腐蚀、防火等特点，另一个显著的特点是它再加工方便，不像石膏板那样再加工容易粉状碎裂。

（2）矿棉板由矿渣经过高温、高压、高速旋转、去除杂质、洗涤成为矿棉。矿棉板主要由矿棉、胶粘剂、纸浆、珍珠岩组成。矿棉板具有硅钙板类似的特征，但吸声性能要比石膏板和硅钙板更加优胜，如图2.9.4~图2.9.6所示。

图2.9.4

图2.9.5

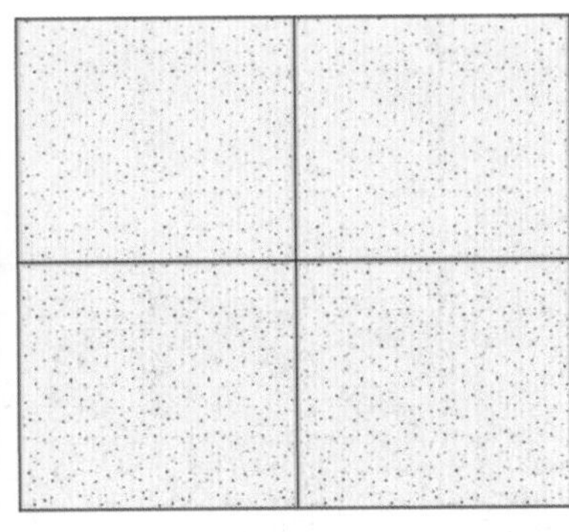

图2.9.6

（三）金属天花

金属材料可分为黑色金属和有色金属两大类。黑色金属包括铸铁、钢材，其中的钢材主要是作房屋、桥梁等的结构材料，只有钢材中的不锈钢用作装饰使用；有色金属包括有铝及铝合金、铜及铜合金，现代常用的金属装饰材料包括铝单板、铝扣板、铝格栅、铝蜂窝板、铝塑板、铝方通、铝垂片等，如图2.9.7~图2.9.14所示。

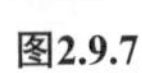

图2.9.7

图2.9.8

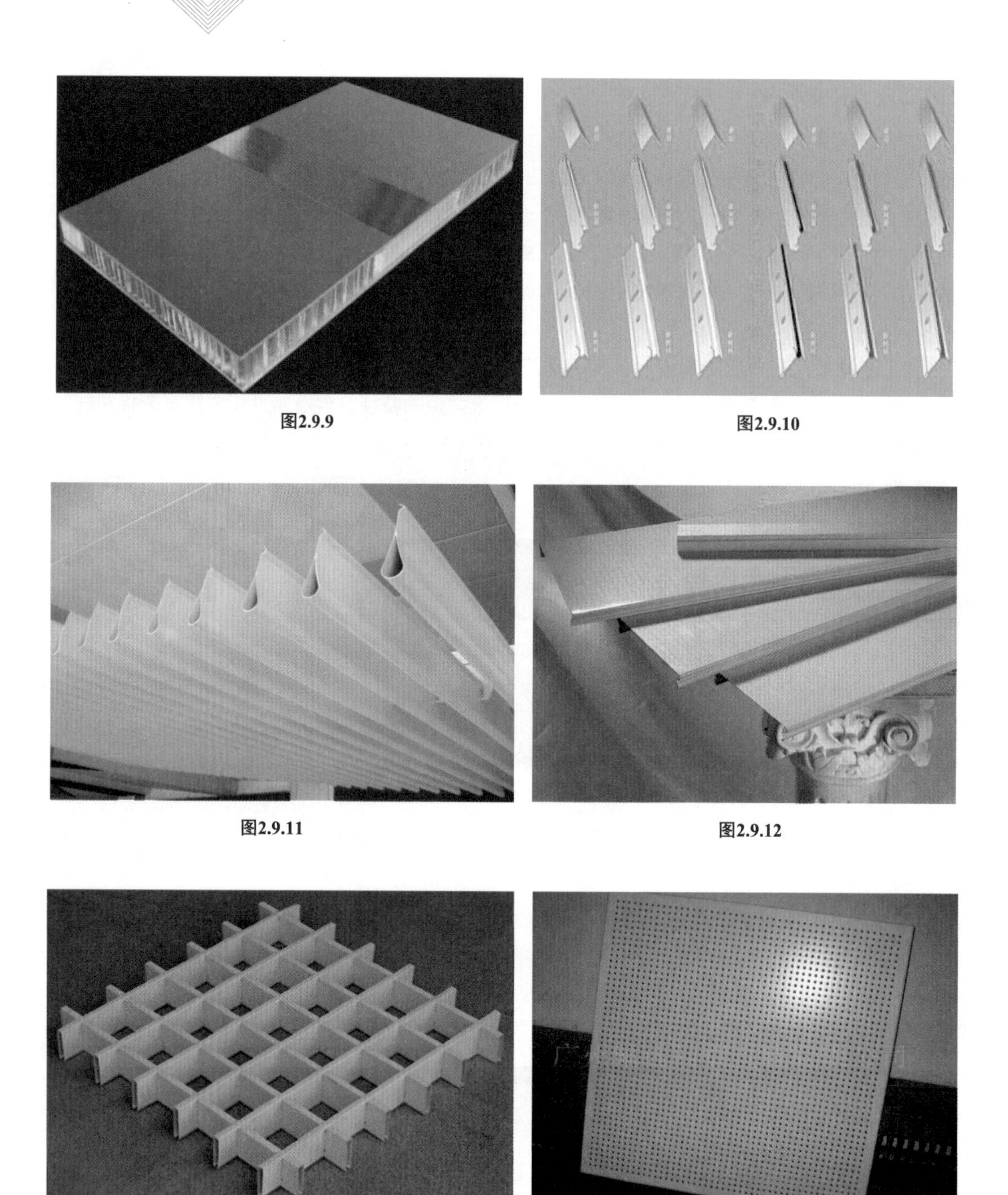

图2.9.9

图2.9.10

图2.9.11

图2.9.12

图2.9.13

图2.9.14

五、天花布置绘制方法

（1）建筑主体结构的墙、柱、梁、门窗一般可不表示（或者用虚线表示门窗洞的位置），如图2.9.15所示。

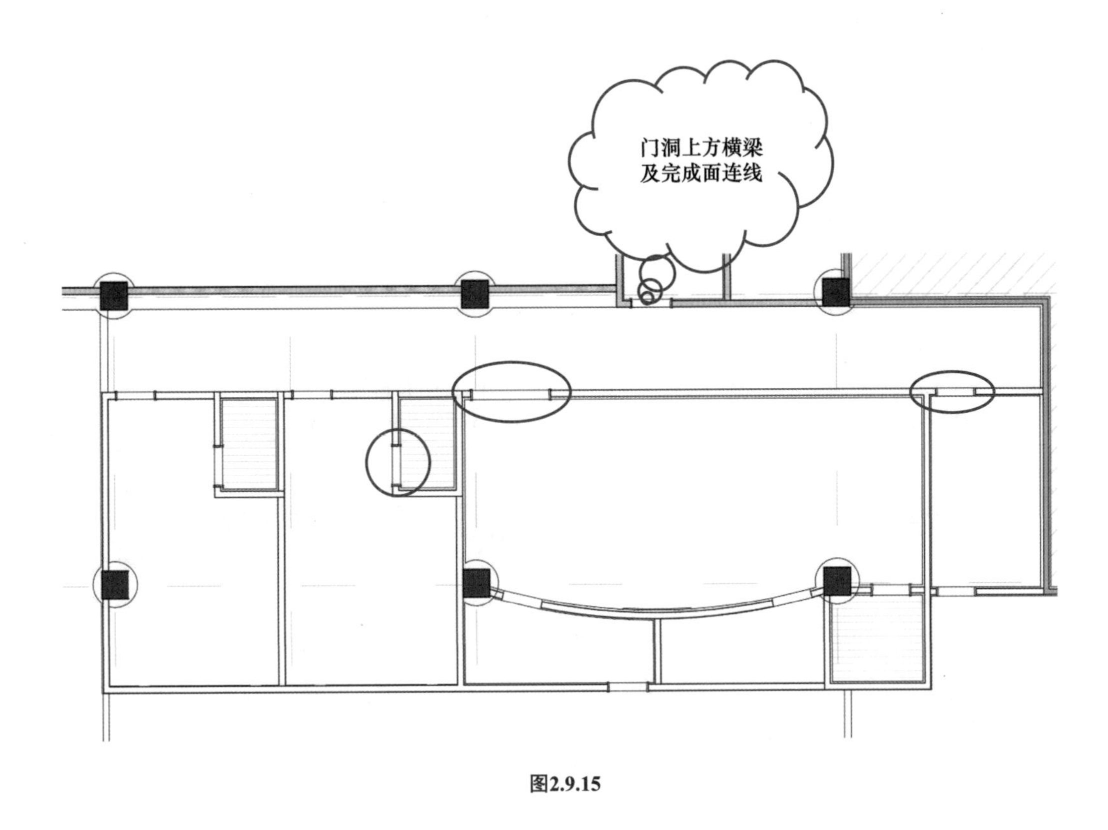

图2.9.15

（2）天花造型、灯饰、空调风口、排气扇的轮廓线，条状装饰面材料的排列方向线，如图2.9.16所示。

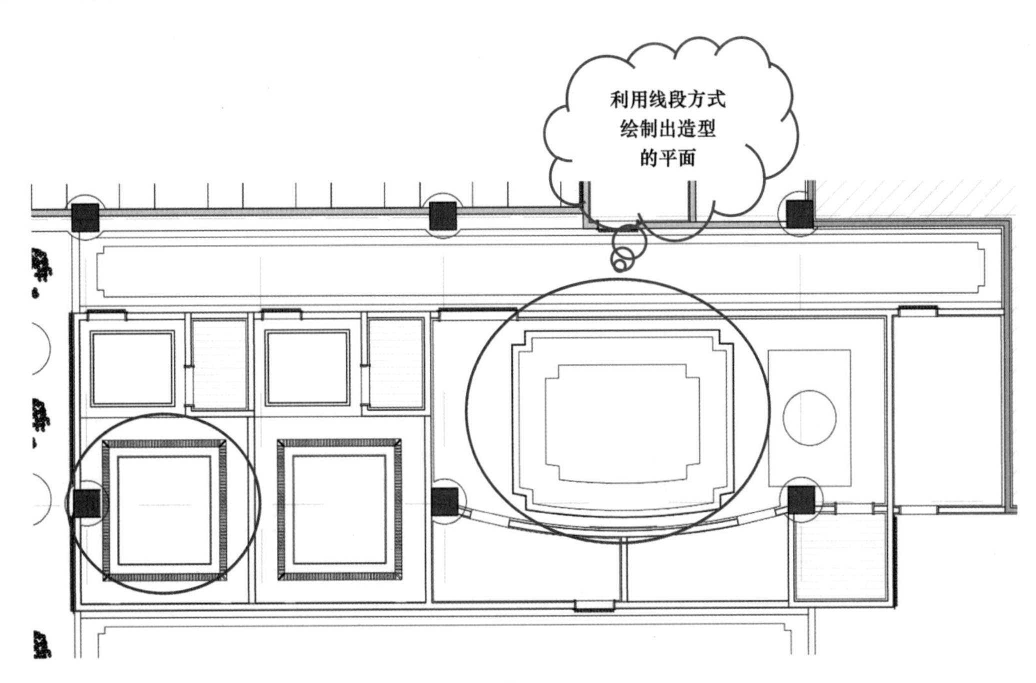

图2.9.16

什么时候绘制天花造型线？或者说在什么原因下绘制天花造型线呢？为什么会有天花造型线？主要因为以下几点：

（1）当天花出现两种不同高度时，绘制一条区分不同高度的边界线，这条边界线即天花造型线。

（2）当天花出现两种不同材料时，绘制一条区分不同材料的边界线，这条边界线即天花造型线，如图2.9.17所示。

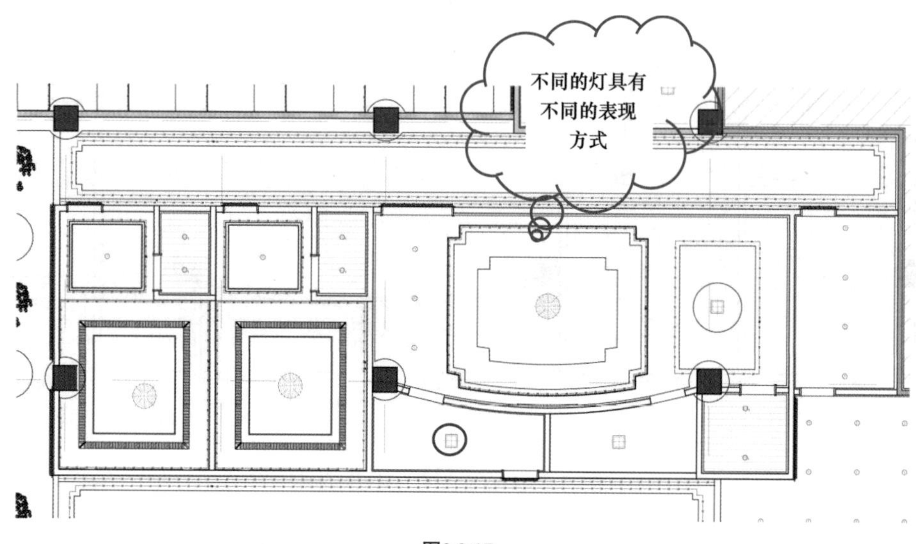

图2.9.17

当造型线绘制完成后，需要在天花布置相应的灯具，根据设计效果选择灯具，不同的灯具产生的效果不同，常归类为线型光源、点型光源和面光源。

（1）线型光源，见表2.9.1。

表2.9.1

——R——R——	日光灯带
——LED——LED——	LED灯带
——S——S——	塑管灯带

（2）点型光源，见表2.9.2。

表2.9.2

① ② ③	嵌入式筒灯
① ② ③	方形嵌入式筒灯
① ② ③	下挂式筒灯

续表

1 2 3	方形下挂式筒灯
J 1	金卤灯
B 1	白炽筒灯
1	防水筒灯
1	防水防潮防爆灯
1	射灯
1	防水射灯
1	可调节射灯
1	可调节防水射灯
1	方形天花可调节射灯
1	方形防水天花可调节射灯
1	方形天花射灯
1	方形防水天花射灯
	单联杆式吸顶射灯
	双联杆式吸顶射灯
	导航射灯1
	导航射灯2
	格栅射灯
	格栅射灯（可调节方向）
	双联格栅射灯
	双联格栅射灯（可调节方向）
	三联格栅射灯
	三联格栅射灯（可调节方向）

续表

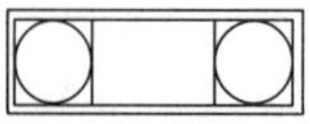	格栅射灯（吊线式）1
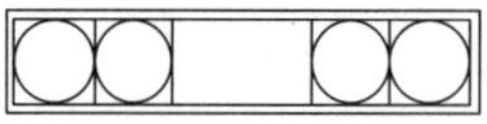	格栅射灯（吊线式）2
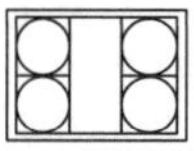	格栅射灯（吊线式）3

（3）面型光源，见表2.9.3和表2.9.4。

表2.9.3

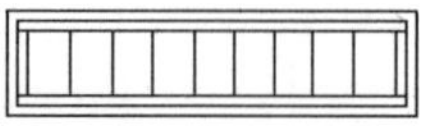	300 × 2 200灯盘（2根灯管）
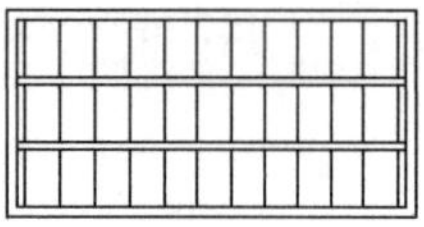	600 × 2 200灯盘（3根灯管）
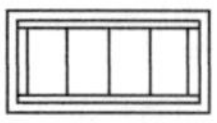	300 × 600灯盘（2根灯管）
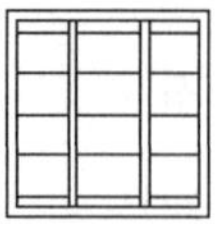	600 × 600灯盘（3根灯管）
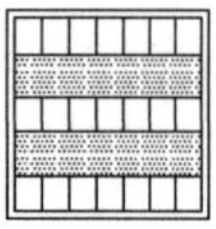	600 × 600灯盘
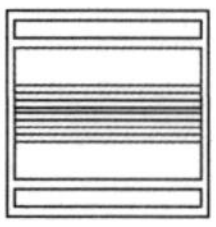	空调灯盘
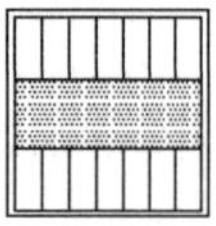	置换灯盘（乳光面板）
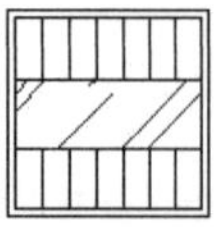	置换灯盘（透光板）
	置换灯盘（射灯）

续表

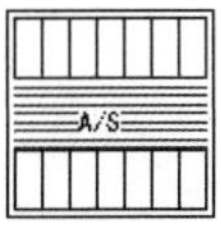	置换灯盘（送风口）
	置换灯盘（出风口）
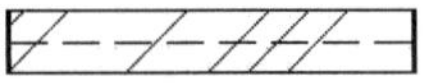	180×1 200灯盘（带透光晕，1根灯管）
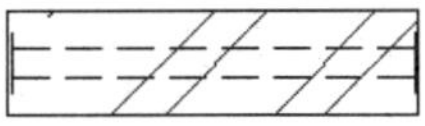	300×1 200灯盘（带透光晕，2根灯管）
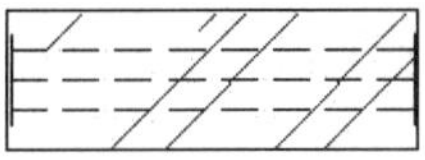	400×1 200灯盘（带透光晕，3根灯管）

表2.9.4

	洗墙灯
	吸顶灯1
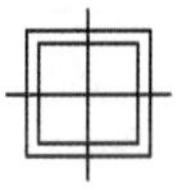	吸顶灯2
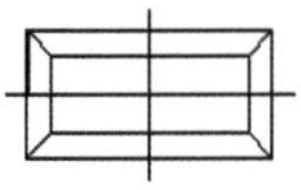	工艺吊灯1
	工艺吊灯2
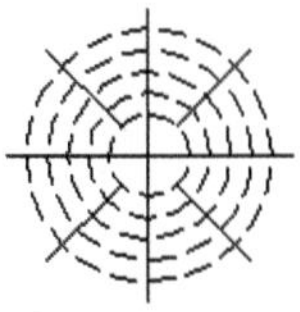	大型工艺灯
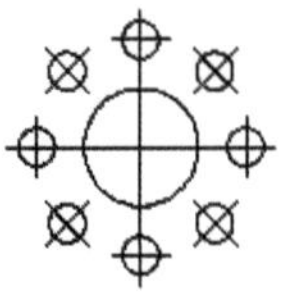	水晶吊灯1

续表

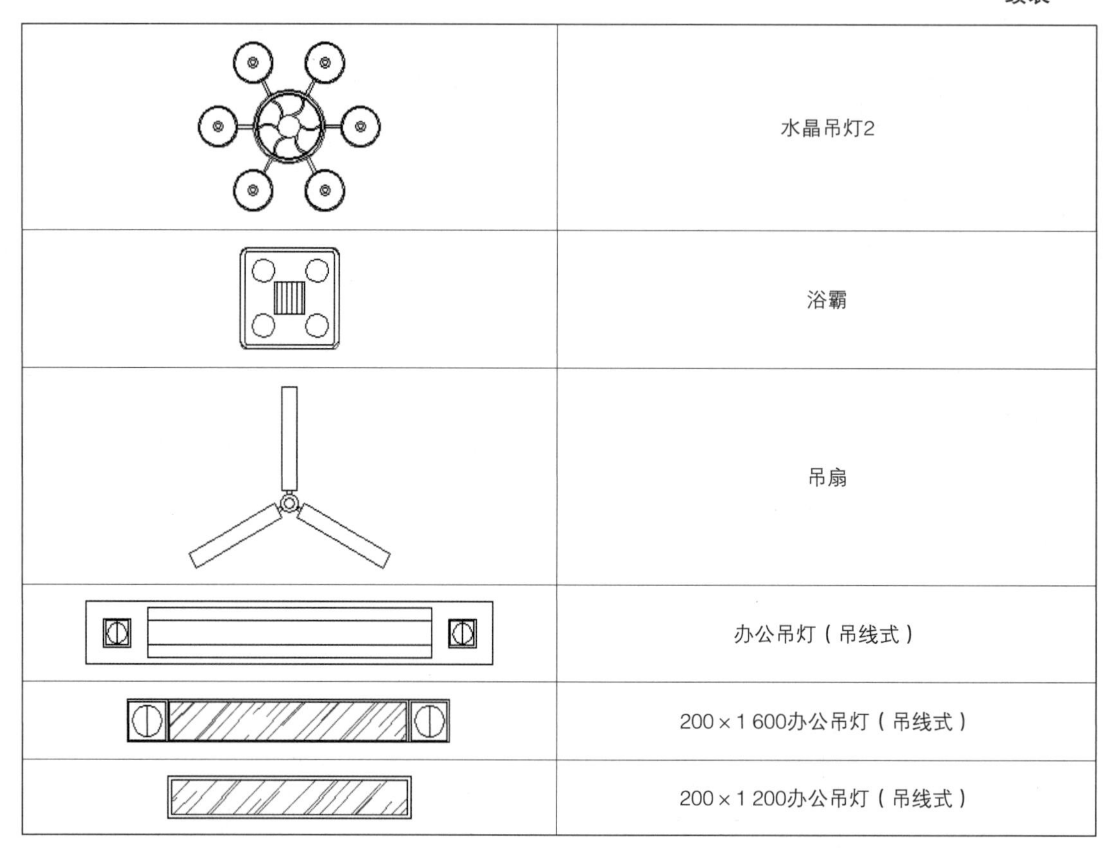

	水晶吊灯2
	浴霸
	吊扇
	办公吊灯（吊线式）
	200×1 600办公吊灯（吊线式）
	200×1 200办公吊灯（吊线式）

灯具放置位置需要在造型的配合下放置，切记不可压在造型线上，线型光源沿着造型线进行放置，与造型线间距100~150 mm即可。

灯具放置完毕就可以继续布置天花的其他设施设备了，其中通风口的布置需要配合其他分包单位给予的空调线路及管道风口图纸进行摆放（表2.9.5）。

表2.9.5

C-顶面设备（风口、换气扇、投影仪）	
图例	说明
A/S	条形出风口
A/R	条形回风口
A/S A/R	方形出风口、方形回风口

续表

图例	说明
A/S　A/R	圆形出风口、圆形回风口
	换气扇（顶面）
A/S	侧向出风口
A/R	侧向回风口
A/E	侧排气风口
	风向
T	风机盘管调节开关
	四出风吸顶式空调
	两出风吸顶式空调
C-顶面造型线	
	检修口
注：1.中央空调出风口：下出风口、侧出风口； 2.吸顶式空调：四出下出风口、两出下出风口； 3.设施设备检修口。	

（4）建筑主体结构的主要轴线、轴号，主要尺寸（表2.9.6）。

表2.9.6

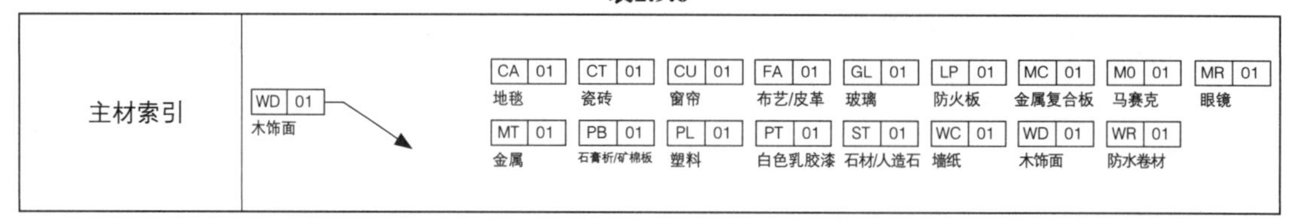

主材索引	WD 01 木饰面 → CA 01 地毯；CT 01 瓷砖；CU 01 窗帘；FA 01 布艺/皮革；GL 01 玻璃；LP 01 防火板；MC 01 金属复合板；M0 01 马赛克；MR 01 眼镜；MT 01 金属；PB 01 石膏析/矿棉板；PL 01 塑料；PT 01 白色乳胶漆；ST 01 石材/人造石；WC 01 墙纸；WD 01 木饰面；WR 01 防水卷材

（5）天花的各类设施、各部位的饰面材料、涂料的规格、名称、工艺说明等（表2.9.7）。

表2.9.7

顶面标高	CH 3.000
顶面标高+主材索引	CH 3.000 PT 01 白色乳胶漆

当所有应放置的线、灯具、设施设备、材料代码、标高都放置全面后，即可形成天花布置图中最重要的部分，剩余的部分就是造型尺寸等的标注，如图2.9.18所示。

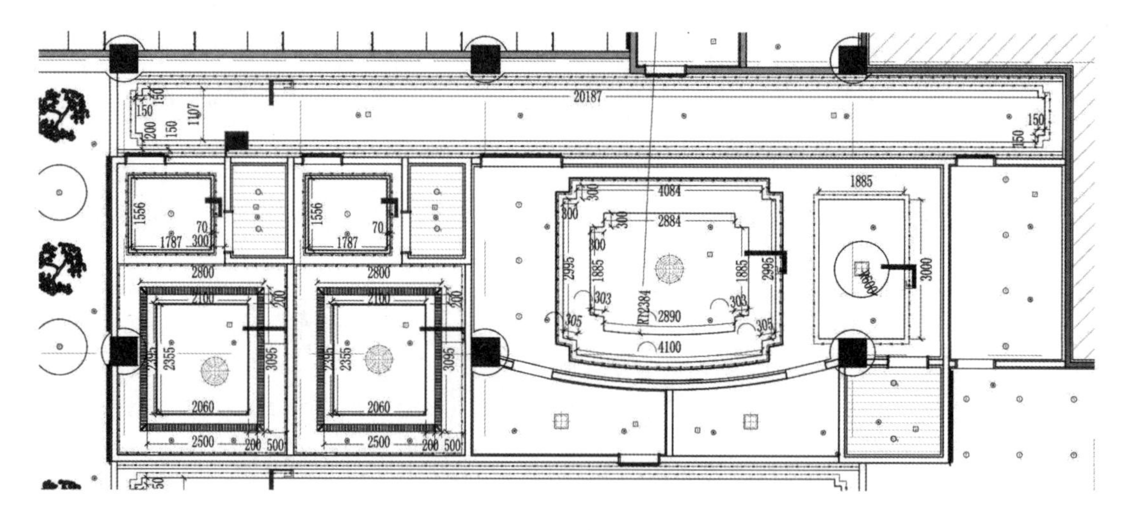

图2.9.18

造型尺寸标注要清晰全面，遇到弧形或圆形造型需要标注圆心位置和半径长度。

综上所述，将所有的线条文字尺寸标注全部绘制齐全，一张完整的天花布置图即可完成。

六、天花各类设施（如灯具、空调风口、排气扇等）的定形定位尺寸、标高

天花布置图绘制完毕还需要绘制另外一张图纸，在这个图纸中需要标注天花布置图中没有标注的灯具位置，空调风口位置与大小，还有排气扇位置与大小、检修口位置与大小，如图2.9.19所示。

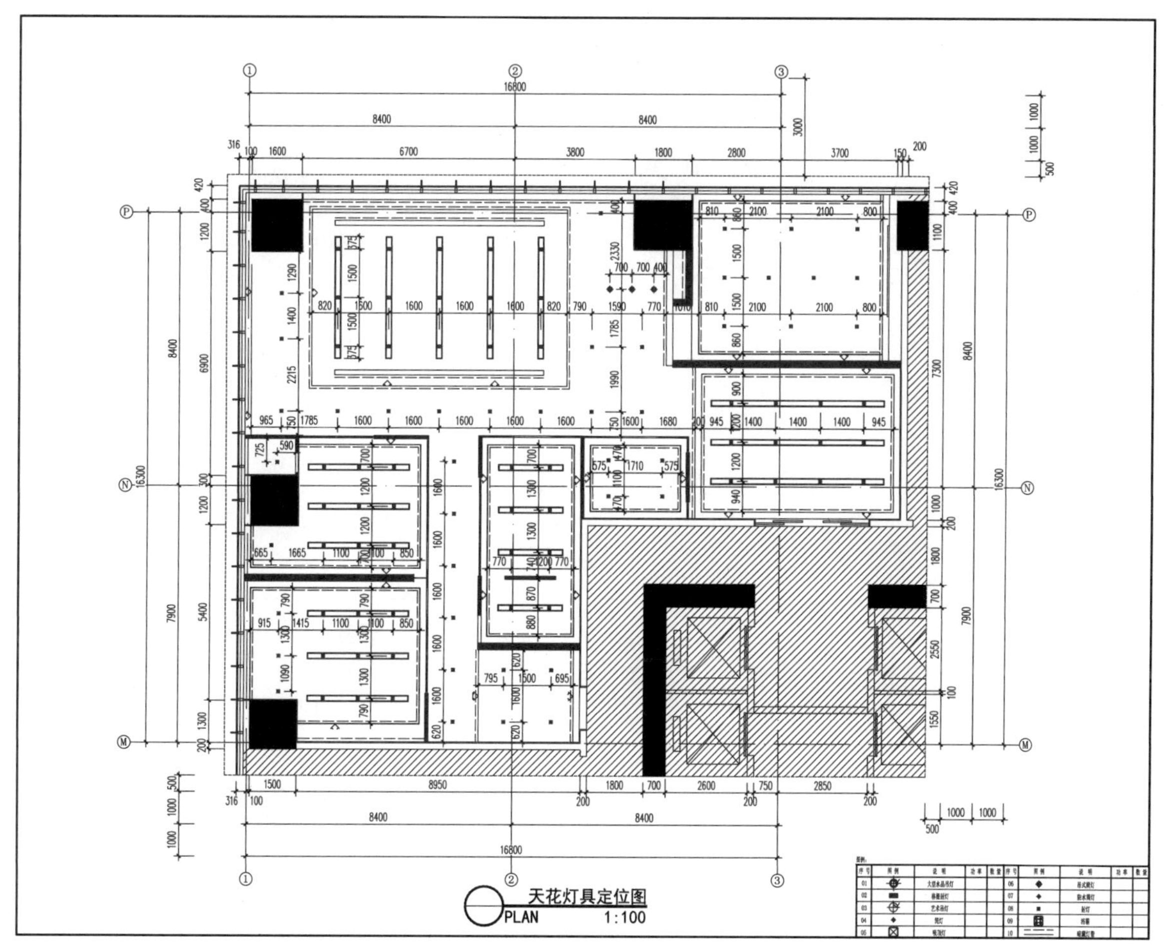

图2.9.19

七、综合天花图

天花图纸中的另一类图纸是消防综合天花图纸，在这类型图纸中除会出现上述的内容外，还会出现一些有关于消防规范必备的设施设备（表2.9.8）。

表2.9.8

C–顶面设备（喷淋、烟感、报警）	
图例	说明
C	顶面安装消防广播
W	墙面安装消防广播
	扬声器
	顶部安装喷淋器
	墙面安装喷淋器
	感烟探测器
	感温探测器
	可燃气体探测器
	手动报警按钮
	消火栓按钮
	雷达感应器（顶面安装）
C–顶面应急照明	
	安全出口
	疏散指示（单方向）
	疏散指示（双方向）
	应急照明灯
注：消防设施设备的放置位置要符合消防规范。	

消防设施设备属于弱电联动系统，同时还需要强电的支持，在综合天花图绘制的时候除需要体现天花布置图中的天花造型和灯具与风口设备检修口等，还需要配合消防弱电联动系统，重点要体现火灾自动感应系统和火灾自动喷水灭火系统的末端点位位置。

在项目初期建筑构建的时候就会有消防的部分设施设备体现在建筑图纸中，后期项目装饰装修阶段需要安装原有建筑消防的布局进行局部的增加消防点位。

（一）火灾自动感应系统分类

（1）传统点式感烟探测器。传统点式感烟探测器是目前市面上应用最广泛的火灾探测器，通常应用在各种办公大楼和民用建筑内。

由于其探测灵敏度偏低，大多为3%~5%，适用大多数环境，如宾馆、饭店、办公大楼等。点式感烟探测器大多安装在被保护区域的天花板上被动地等待烟雾慢慢扩散到其附近，才能报警，此时通常火势已经较大或产生较多烟雾，即使发出报警，也没有足够的时间让相关人员采取行动。如果空间中有空调或风机运作，使烟雾稀释，会严重影响探测效果。

（2）红外对射式感烟探测器。针对传统点式设备对高大空间的保护无法符合国家相关法规规定的情况，很多厂家选择使用红外对射式感烟探测系统。红外对射系统包括红外发射端与接收端，当其所属发射器与接收器之间的红外线被烟雾遮挡时，接收器所接收到的光强度会发生改变，报警器以此判断烟雾的存在，并会发出报警信号。虽然在一定程度上解决了探测设备的安装高度的问题，但同样存在许多无法克服的弊端。

（3）感温火灾探测器。感温火灾探测器简称温感，主要是利用热敏元件来探测火灾。在火灾初始阶段，一方面有大量烟产生；另一方面物质在燃烧过程中释放出大量的热量，周围环境温度急剧上升，探测器中的热敏元件发生物从而将温度信号转变成电信号，并进行报警处理。物理变化相对于感烟探测器来说，产品适用于相对湿度经常大于95%，无烟火，多粉尘场所，其灵敏度较低，不能使用在高度超过12 m的区域。

（4）火焰探测器。火焰探测器适合应用在石油和天然气的勘探、生产、储存与卸料、隧道和大空间中，当明火已产生才能报警。在探测器的有效范围内，不能受到阻碍物的阻挡，其中包括玻璃等透明的材料和其他的隔离物，中间遮挡会引发漏报，探测有死角。环境适应性较差，室内的风、烟、雾、热源等都会影响探测效果。

（二）火灾自动感应器的选择

火灾探测器的安装选择应根据探测区域内可能发生的初期火灾的形成和发展特征、房间高度、环境条件及可能引起火灾的原因等因素来决定。

（1）感烟探测器。感烟探测器作为前期、早期报警是非常有效的。其适用于要求火灾损失小的重要地点，催火灾初期有阴燃阶段，即产生大量的烟和少量的热，很少或没有火焰辐射的火灾，如棉麻织物引燃等，适用地点如饭店、旅馆、办公楼、商场等。不适合用于正常情况下有烟的场所，经常有粉尘及水蒸气等固体液体微粒出现的场所，发火迅速、产生少量烟和大量热的场所如餐厅后厨、火锅餐厅等地方。

（2）感温型探测器。感温型探测器作为火灾形成早期、中期报警非常有效，因其工作稳定，不受非火灾性烟雾气尘等干扰。凡无法应用感烟探测器，允许产生一定的物质损失非爆炸性的场合都可以采用感温型探测器，特别适用于经常存在大量粉尘、烟雾、水蒸气的场所及相对湿度经常高于95%的房间，但不宜用于可能产生阴燃火的场所，如车库等。

（三）火灾探测器的设置数量

每个探测区域内至少设置一只火灾探测器。一个探测区域内所设置探测器的数量应按下式计算：

$$N \geqslant \frac{S}{k \cdot A}（只）$$

式中　N——一个探测区域内所设置的探测器的数量（只），N应取整数；

S——一个探测区域的地面面积(m^2)；

A——探测器的保护面积，指一只探测器能有效探测的地面面积，由于建筑房间的地面通常为矩形，因此所谓有效探测的地面面积实际上是指探测器能探测到矩形地面面积；探测器保护半径是指一只探测器能有保护的单向最大水平距离；

k——安全修正系数，特级保护对象*k*取0.7~0.8；一级保护对象*k*取0.8~0.9；二级保护对象*k*取0.9~1.0。

一般不高于6 m的平顶，烟感、温感保护面积可以按照烟感60m^2，温感20m^2，修正系数按照0.7~0.8计算探测器数量。

（四）探测器布置安装要求

（1）探测区域每个房间至少设置一只火灾探测器。

（2）探测器至墙壁、梁边的水平距离不应小于500 mm。

（3）探测器周围500 mm内不应有遮挡物。

（4）探测器至空调送风口边的水平距离不应小于1 500 mm。

（5）在宽度小于3 m的走廊空间天花设置探测器时应居中布置，感温探测器的安装间距不应超过10 m，感烟探测器的安装间距不应超过15 m，探测器至墙端的距离不应大于安装间距的一半，如果走廊有交叉汇合区域，汇合区域内必须安装一只探测器。

（6）房间被书架、储藏架或设备等阻断分隔，其顶部至天花或梁的距离小于房间净高度的5%时，每个被隔开的部分至少安装一只探测器。

（7）探测器宜水平安装，如需要倾斜安装时，角度不应大于45°。

（8）当遇到镂空顶面造型时，镂空面积与总面积比例不大于15%时，探测器应设置在吊顶下方；镂空面积与总面积比例大于30%时，探测器可以设置在吊顶上方；镂空面积与总面积比例在15%~30%时，探测器的设置位置应根据实际试验结果确定。

（9）如果天花有梁或梁造型时，当梁凸出天花的高度小于200 mm，可以不计梁对探测器保护面积的影响；当梁凸出天花高度超过600 mm，被梁隔断的每个梁间区域应至少设置一只探测器；当被梁隔断的区域面积超过一只探测器的保护面积时，被隔断的区域应按照规定方法计算探测器设置数量。

（10）部分场所不可设置探测器，如厕所、浴室及其类似场所，该类型空间探测器不能有效探测火灾，不便于维修使用。

（五）火灾自动灭火系统

我国消防规定中将设置喷淋场所火灾危险等级进行了划分：轻危险级；中危险Ⅰ级；中危险Ⅱ级；严重危险Ⅰ级；严重危险Ⅱ级；仓库危险Ⅰ级；仓库危险Ⅱ级；仓库危险Ⅲ级（表2.9.9）。

对于设置常说的火灾危险等级判定，应根据其用途、容纳物品的火灾荷载及室内空间条件等因素，在分析火灾特点和热气流驱动喷头开放及喷水到位的难易程度后再决定。

表2.9.9

火灾危险等级		设置场所举例
轻危险级		建筑高度为24 m及以下的旅馆、办公楼；仅在走道设置闭式系统的建筑等
中危险级	Ⅰ级	1）高层民用建筑：旅馆、办公楼、综合楼、邮政楼、金融电信楼、指挥调度楼、广播电视楼（塔）等； 2）公共建筑（含单多高层):医院、疗养院;图书馆（书库除外）、档案馆、展览馆(厅)；影剧院、音乐厅和礼堂（舞台除外）及其他娱乐场所；火车站和飞机场及码头的建筑；总建筑面积小于5 000 m^2的商场；总建筑面积小于1 000 m^2的地下商场等； 3）文化遗产建筑：木结构古建筑、国家文物保护单位等； 4）工业建筑：食品、家用电器、玻璃制品等工厂的备料与生产车间等，冷藏库、钢屋架等建筑构件
	Ⅱ级	1）民用建筑：书库、舞台（葡萄架除外)、汽车停车场、总建筑面积5 000 m^2及以上的商场、总建筑面积1 000 m^2及以上的地下商场、净空高度不超过8 m、物品高度不超过3.5 m的自选商场等； 2）工业建筑：棉毛麻丝及化纤的纺织、织物及制品、木材木器及胶合板、谷物加工、烟草及制品、饮用酒(啤酒除外)、皮革及制品、造纸及纸制品、制药等工厂的备料与生产车间
严重危险级	Ⅰ级	印刷厂、酒精制品、可燃液体制品等工厂的备料与车间、净空高度不超过8 m、物品高度超过3.5 m的自选商场等
	Ⅱ级	易燃液体喷雾操作区域、固体易燃物品、可燃的气溶胶制品、溶剂清洗、喷涂油漆、沥青制品等，工厂的备料及生产车间、摄影棚、舞台葡萄架下部

（六）自动喷水灭火系统组件、配件和设施

设有洒水喷头、水流指示器、报警阀组、压力开关、末端试水装置、管道、供水设施、泄水阀、排气阀、排污口等。在综合天花图纸中需要体现末端的洒水喷头位置，其余设施设备需要有专业的消防单位进行排布和安装。

（七）自动喷水灭火系统不宜安装位置

（1）遇水发生爆炸或加速燃烧的物品或空间内；

（2）遇水发生剧烈滑雪反应或产生有毒有害物质的物品或空间内；

（3）洒水会导致喷溅或沸溢的液体物质或空间内。

（八）自动喷水灭火系统安装规范

（1）空间危险等级决定喷水强度（表2.9.10）。

表2.9.10

火灾危险等级		净空高度/m	喷水强度/（L/min·m²）
轻危险级		≤8	4
中危险级	Ⅰ级		6
	Ⅱ级		8
重危险级	Ⅰ级		12
	Ⅱ级		16

（2）喷水强度决定喷头数量及间距（表2.9.11）。

表2.9.11

喷水强度/（L/min·m²）	正方形布置的边长/m	矩形或平行四边形布置的长边边长/m	一只喷头的最大保护面积/m²	喷头与端墙的最大距离/m
4	4.4	4.5	20.0	2.2
8	3.6	4.0	12.5	1.8
8	3.4	3.6	11.5	1.7
≥12	3.0	3.6	9.0	1.5

（3）喷淋除天花喷淋外还有墙面喷淋（表2.9.12）。

表2.9.12

设置场所火灾危险等级	轻危险级	中危险级Ⅰ级
配水支管上喷头的最大间距	3.6	3.0
单排喷头的最大保护跨度	3.6	3.0
两排相对喷头的最大保护跨度	7.2	6.0
注:1.两排相对喷头应交错布置; 2.室内跨度大于两排相对喷头的最大保护跨度时，应在两排相对喷头中间增设一排喷头。		

边墙型扩展覆盖喷头的最大保护跨度、配水支管上的喷头间距、喷头与两侧端墙的距离，应按喷头工作压力下能够喷湿对面墙和临近端墙距离溅水盘1.2 m高度以下的墙面确定，且保护面积内的喷水强度要符合相关规范的规定。

直立式边墙型喷头的溅水盘与顶板的距离不小于100 mm，且不大于150 mm，与背墙的距离不应小于50 mm并不大于100 mm。

水平是边墙型喷头溅水盘与顶板的距离不应小于150 mm且不大于300 mm。

对于综合天花图纸来说需要绘制的内容还有很多，但是现初期绘制时只需要绘制火灾感应器和自动灭火喷淋的点位，后期学的隐蔽工程多了可以继续深化综合天花图纸。

小结：

综上所述，对于天花图纸的绘制并不是单一的某一种图纸或某一张图纸，天花图纸的内容涵盖广泛，不仅是设计造型体现，还需要配合一些设施设备的专业图纸进行深化，如灯具的放置配合物料表，风口的位置配合空调通风设备图、消防设施配合消防规范及现有建筑消防点位等。

问题1：天花布置图绘制时体现的内容有哪些？

问题2：综合天花图纸中感应器和喷淋点位要求有哪些？

第十节 地面铺装图的绘制要点及规范

范图如图2.10.1所示。

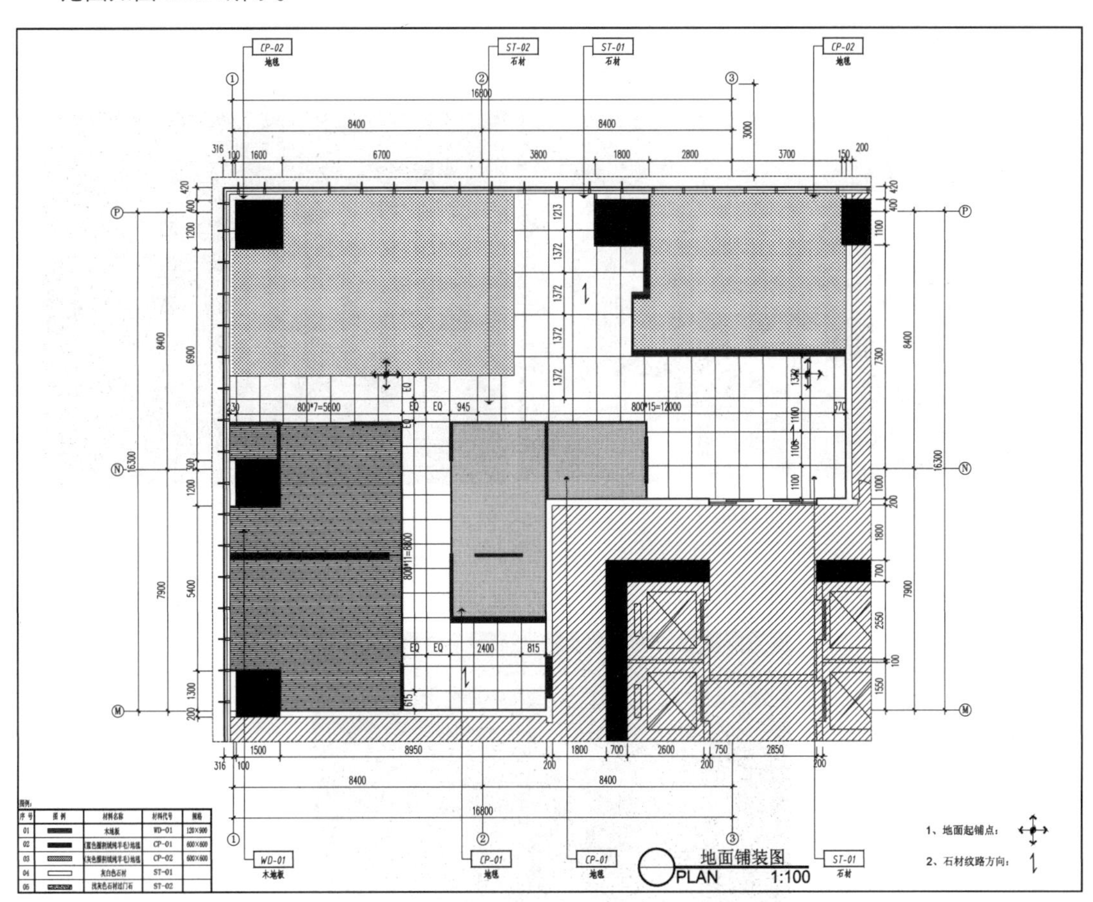

图2.10.1

一、地面铺装图的作用

（1）空间地面的设计；

（2）预算核算工程量参考的依据。

二、地面铺装图的构成

地面铺装图包括地面材料、表现形式、定位尺寸、地面标高、地面图例等内容。

三、地面的设计材料

一般室内使用的地面材料有石材地面、地砖地面、地毯、木地板、弹性地材、架空地板地面、自流平地面等，不同的装饰材料，表现形式会有所不同。下面详细介绍几种地面。

1. 石材地面

（1）根据方案效果及规格进行排版画出分缝线，画排版线首先考虑的位置是从门口开始排起，因为门口处的效果很重要，其次考虑空间内部，如图2.10.2和图2.10.3所示。

图2.10.2

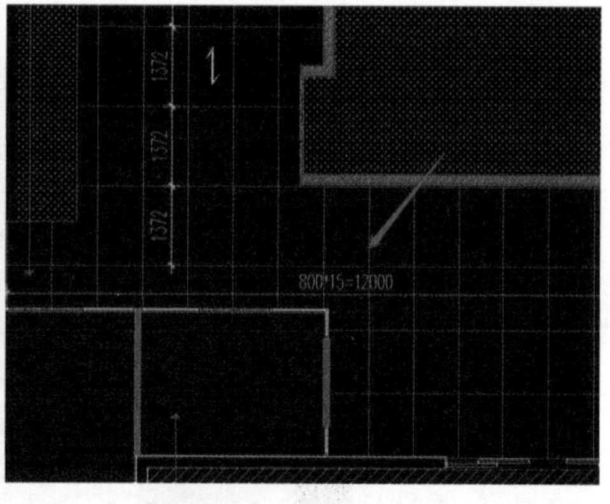

图2.10.3

（2）尺寸标注，如图2.10.4所示。

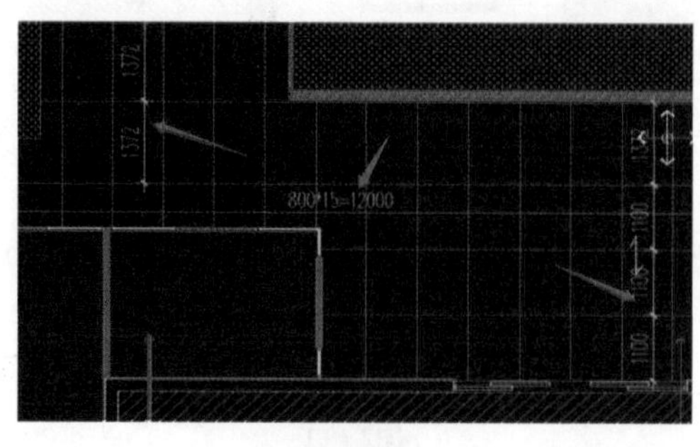

图2.10.4

（3）起始符号，图例样式，如图2.10.5所示。

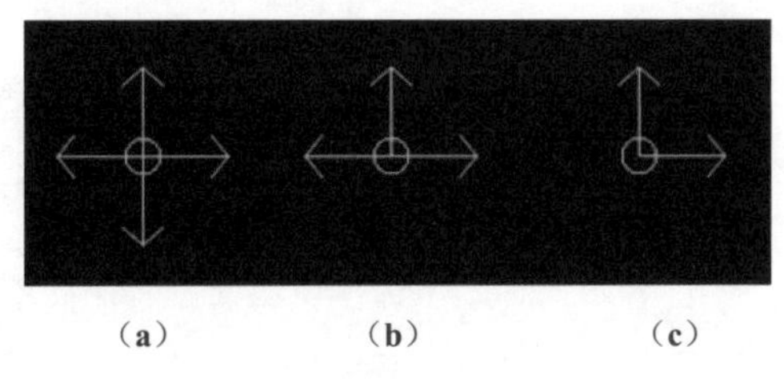

（a）　　（b）　　（c）

图2.10.5

（a）指四个方向都可铺贴；（b）一面靠墙，另外三个方向均可铺贴；（c）角落起铺

（4）材料标注，如图2.10.6所示。

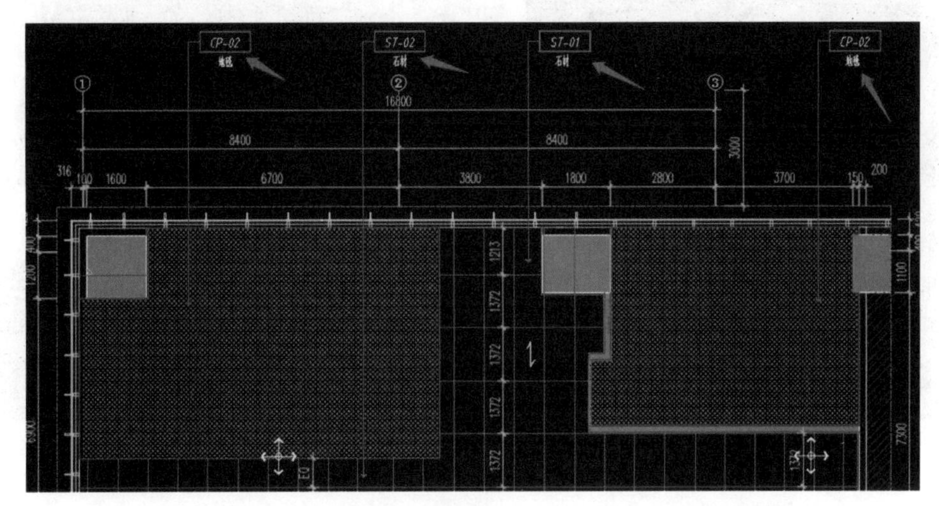

图2.10.6

（5）地面标高为±0.000。

（6）设计中石材有纹路要求的，需要放石材纹路方向符号，如图2.10.7所示。

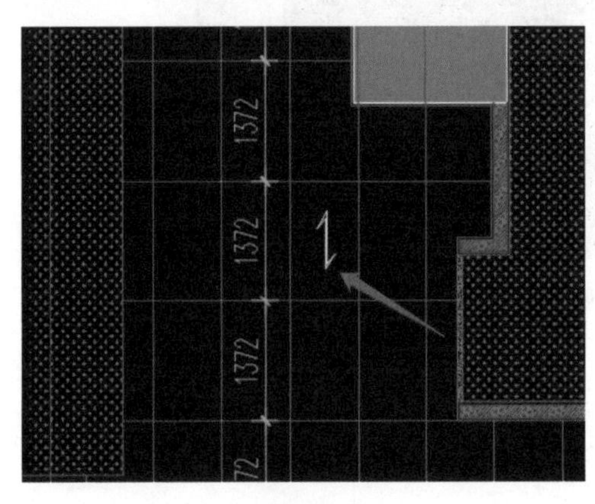

图2.10.7

2. 地砖地面

内容及表达形式同上面石材地面。

3. 弹性地材地面

不同的花样填充样式不同，如应用四种填充样式区分，如图2.10.8所示。

图2.10.8

4. 地毯地面

不同的地毯，填充样式应不同，如图2.10.9和图2.10.10所示。

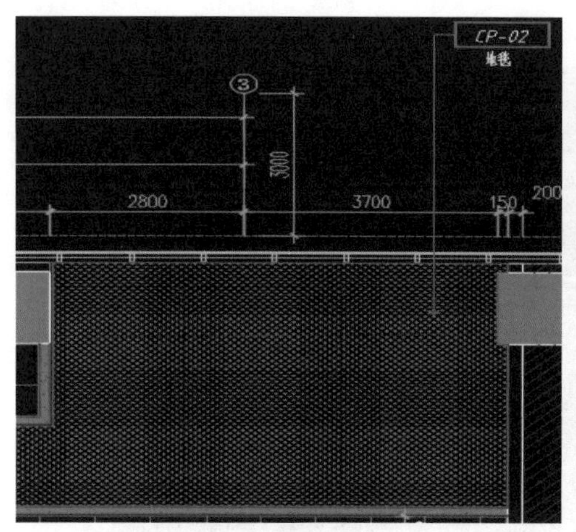

图2.10.9

图2.10.10

5. 木地板地面

木地板在填充时顺光铺设，如图2.10.11和图2.10.12所示。

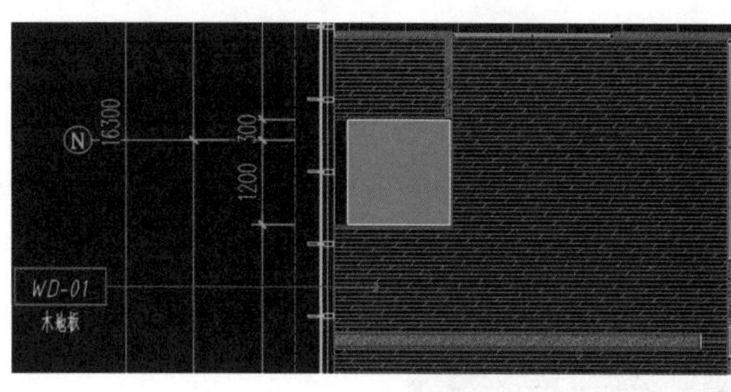

图2.10.11

图2.10.12

6. 自流平地面

自流平地面如图2.10.13所示。

7. 架空地板地面

架空地板地面根据规格画排版缝即可，如图2.10.14所示。

图2.10.13

图2.10.14

四、其他内容

1. 过门石

过门石是指用来分割不同材质或区分不同功能的一块石头，如图2.10.15和图2.10.16所示。其能起到防潮、防止地板起拱的作用，对于卫生间和厨房还能起到挡水的作用。

图2.10.15

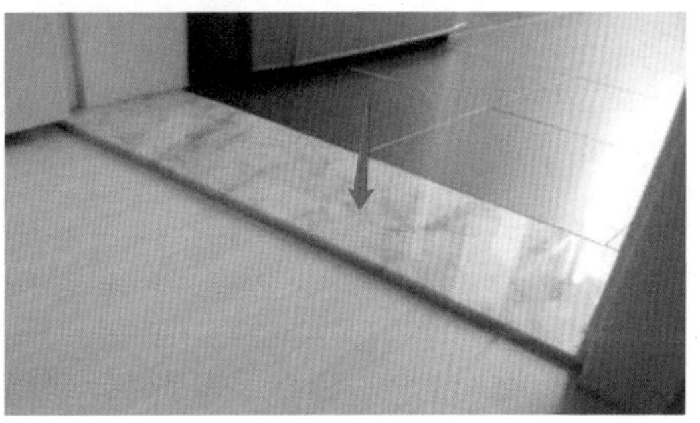

图2.10.16

2. 波打线

波打线又称波导线，也称花边或边线等，主要用在地面周边或过道等地方。一般为块料楼（地）沿墙边四周所做的装饰线，宽度不等，如图2.10.17所示。

图2.10.17

五、地面基层厚度

地面基层厚度是指楼板至地面材料装修完的总厚度。除架空地板外的地面装修材料基层厚度常见的有50 mm和100 mm。一般架空地板架空高度为100~200 mm。

六、地面图例

地面设计中如有地漏、起铺符号、石材纹路符号等需要有图例说明，也有的公司用图例说明不同的填充样式所代表的装饰材料。

小结：

本节通过对地面铺装图的了解，认识到地面铺装图的构成和常用的装饰材料，以及不同的装饰材料的表现形式等。

问题1：地面铺装图包含的内容有哪些？

问题2：常见的地面装修材料有哪些？

第十一节　机电点位图绘制要点及规范

范图如图2.11.1所示。

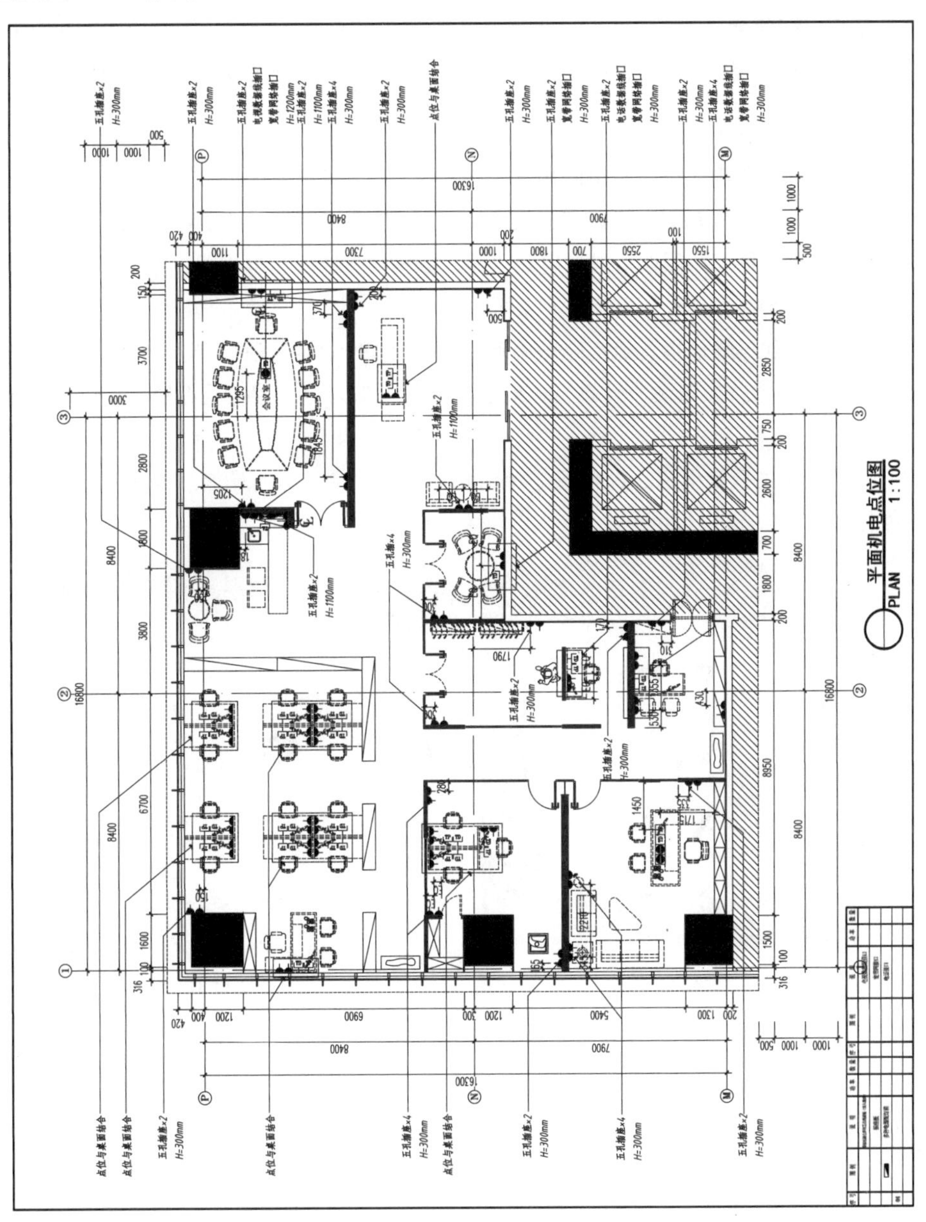

图2.11.1

一、平面机电点位的作用

平面机电图表达的内容是体现出空间内的插座和网络插座等点位的具体位置，只针对末端点位进行布置，内部走线由专业人员进行设计。此图纸是方便后期工人施工的时候预留底盒的位置。

二、平面机电点位图的构成要素

平面机电点位图包含了强弱电区分、布置原则、机电图例等内容。主要从平面机电知识、机电面板布置原则、机电面板图例及图纸绘图方法、绘制图纸常见问题四个方面进行讲解。

（一）平面机电知识

平面机电主要包含强电、弱电及消防用电。

（1）强电。强电一般是指交流电电压在24 V以上的电气设备，如家庭中的电灯、插座等。电压在110~220 V的家用电器，如照明灯具、电热水器、取暖器、冰箱、电视机、空调、音响设备，预留电源等用电器均为强电电气设备，如图2.11.2所示。

（2）弱电。弱电一般是指直流电路或音频、视频线路、网络线路、电话线路，直流电压一般在24 V以内的家用电器，如电话、计算机、电视机的信号输入（有线电视线路）、音响设备（输出端线路）等。

弱电的处理对象主要是信息，即信息的传送和控制，主要考虑的是信息传送的效果问题，所以又称为智能化线路，如图2.11.3所示。

图2.11.2

图2.11.3

常见强弱电面板如图2.11.4~图2.11.6所示。

图2.11.4

图2.11.5

图2.11.6

面板的样式有很多，可以根据设计进行选择，如不能满足设计需求，也可以进行定制。

除强电、弱电的面板外，还需要注意电箱的位置，分为强电箱和弱电箱，如图2.11.7和图2.11.8所示。

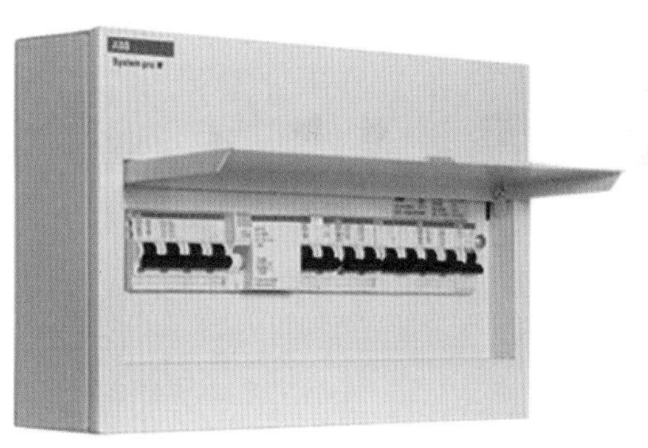

图2.11.7

图2.11.8

有些电器或灯具在使用的过程中并不需要插座，只需要连接电线，这种情况可以采用预留接线盒的方式，如图2.11.9和图2.11.10所示。

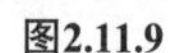

图2.11.9

图2.11.10

（3）消防用电。消防用电设备包含消防警铃、火灾手动报警、应急照明、疏散指示和逃生标志、防火卷帘控制盒、排烟风口手动执行机构等。但不是所有空间都会使用到消防用电，如图2.11.11~图2.11.15所示。

图2.11.11

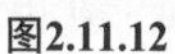
图2.11.12

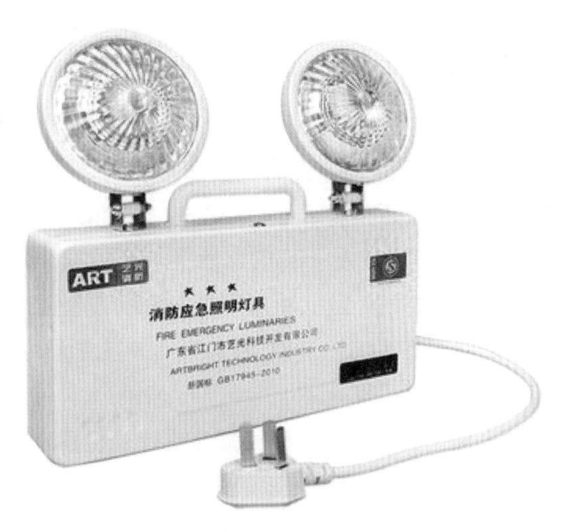

图2.11.13

图2.11.14

图2.11.15

（二）机电面板布置原则

强弱电面板在布置的时候需要结合室内使用功能性进项布置，结合家电及生活习惯等因素，进行合理的布置。下面以家庭使用情况进行举例：

（1）一般插座下沿距离地面300 mm，且安装在同一高度，相差不能超过5 mm。

（2）客厅卧室每个墙面，两个插座间距离当不高于2 500 mm，墙角600 mm范围内，至少安装一个备用插座。

（3）洗衣机插座距离地面1 200~1 500 mm，最好选择带开关三极插座。

（4）电冰箱插座距离地面300 mm或1 500 mm（根据冰箱位置而定），且宜选择单三极插座。

（5）分体式、挂壁空调插座宜根据出线管预留洞位置距离地面1 800 mm处设置，窗式空调插座可在窗口旁距离地面1 400 mm处设置，柜式空调器电源插座宜在相应位置距离300 mm处设置。

（6）油烟机插座当根据厨柜设计，安装在距地1 800~2 000 mm高度，最好能为脱排管道所遮蔽。

（7）电热水器插座应在热水器右侧距地1 400~1 500 mm安装，注意不要将插座设置在电热器上方。

（8）露台插座距地当在1 400 mm以上，且尽可能避开阳光、雨水所及范围。

（9）厨房、卫生间、露台，插座安装当尽可能远离用水区域。如靠近，当加配插座防溅盒。台盆镜旁可设置电吹风和剃须用电源插座，离地以1 500~1 600 mm为宜。

（10）近灶台上方处不得安装插座。

（11）抽油烟机：欧式抽油烟机一般距离地面2 100 mm为宜，抽油烟机居中间位置。中式抽油烟机一般距离地面2 100 mm左右，排烟道在左面时，插座往右放；排烟道在右面时，插座往左放。烟管不会挡住插座。

（12）凡是设有有线电视终端盒或计算机插座的房间，在有线电视终端盒或计算机插座旁至少应设置两个五孔组合电源插座，以满足电视机、VCD、音响功率放大器或计算机的需要，也可采用多功能组合式电源插座（面板上至少排有3～5个不同的二孔和三孔插座），电源插座与有线电视终端盒或电脑插座的水平距离不少于300 mm。

（13）起居室（客厅）是人员集中的主要活动场所，家用电器多，设计应根据建筑装修布置图布置插座，并应保证每个主要墙面都有电源插座。如果墙面长度超过3 600 mm应增加插座数量，墙面长度小于3 m，电源插座可在墙面中间位置设置。有线电视终端盒和计算机插座旁设有电源插座，并设有空调器电源插座，起居室内应采用带开关的电源插座。

（14）卧室应保证两个主要对称墙面均设有组合电源插座，床端靠墙时床的两侧应设置组合电源插座，并设有空调器电源插座。在有线电视终端盒和计算机插座旁应设有两组组合电源插座，单人卧室只设计算机用电源插座。

（15）书房除放置书柜的墙面外，应保证两个主要墙面均设有组合电源插座，并设有空调器电源插座和计算机电源插座。

（16）严禁在卫生间内的潮湿处如淋浴区或澡盆附近设置电源插座，其他区域设置的电源插座应采用防溅式。有外窗时，应在外窗旁预留排气扇接线盒或插座，由于排气风道一般在淋浴区或澡盆附近，所以，接线盒或插座应距离地面2 250 mm以上安装。距淋浴区或澡盆外沿600 mm外预留电热水器插座和洁身器用电源插座。在盥洗台镜旁设置美容用和剃须用电源插座，距离地面1 500~1 600 mm安装。插座宜带开关和指示灯。

（17）弱电面板在布置的时候根据家电摆放位置进行布置，可以和插座的位置进行找关系。

（三）机电面板图例及图纸绘图方法

机电面板图例见表2.11.1。

表2.11.1

序号	图例	说明	功率	数量	序号	图例	说明	功率	数量	序号	图例	说明	功率	数量
01		应急灯			06		弱电配灯箱			11		电器设备接线头		
02	EXIT	安全出口标志灯			07		多种电源配灯箱			12	TV	电视数据线接口		
03		疏散指示灯			08		防水带接地插孔单相五孔插座			13	TD	宽带网接口		
04		按钮			09		带接地插孔单相五孔地插座			14	TP	电话接口		
05		吉光报			10		插座板			15	TA	无线网络		

确定好需要放置机电点位的位置后，将图例放置到相应的位置上，然后进行尺寸定位并给出高度。此图纸同样需要显示虚线家具，以便观察点位和家具的关系，在布置的过程中也要注意点位和墙面造型的关系，尽量选择居中或对齐等关系的使用，如图2.11.16所示。

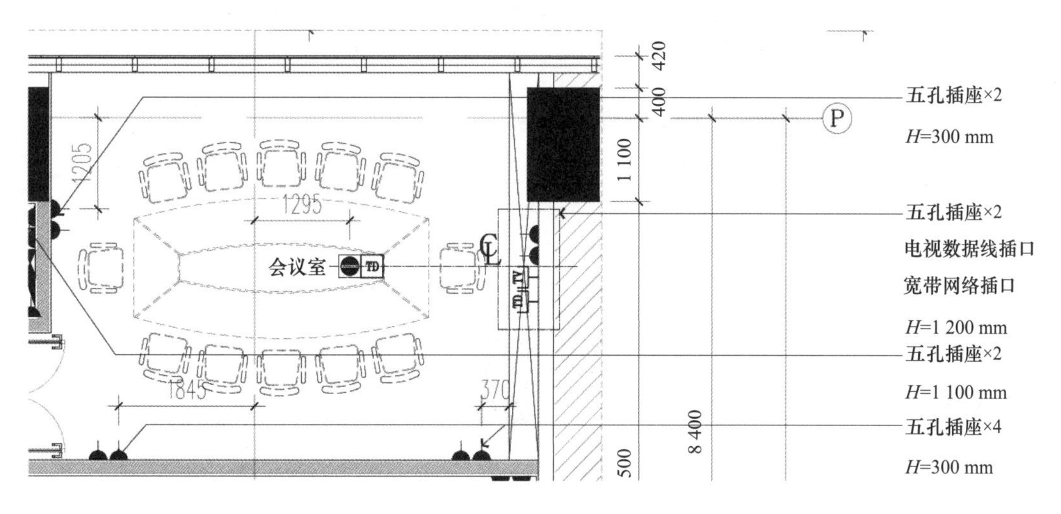

图2.11.16

（四）绘制图纸常见问题

（1）尺寸标注不全，混乱，如图2.11.17所示。

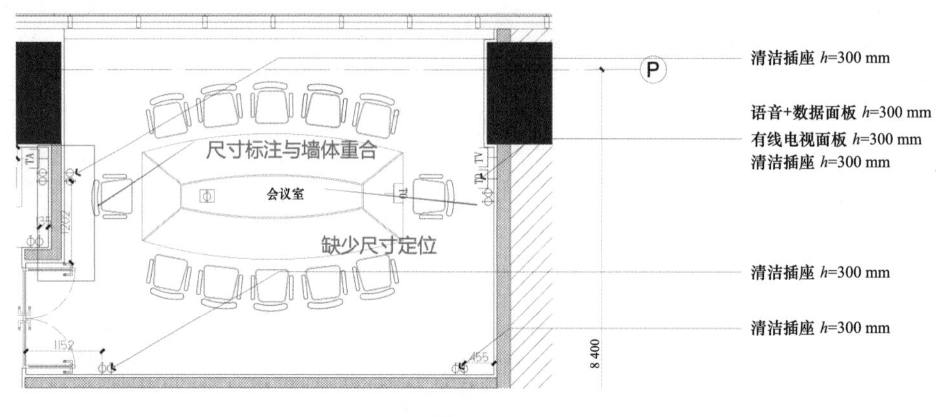

图2.11.17

（2）点位位置没有找关系，如图2.11.18所示。

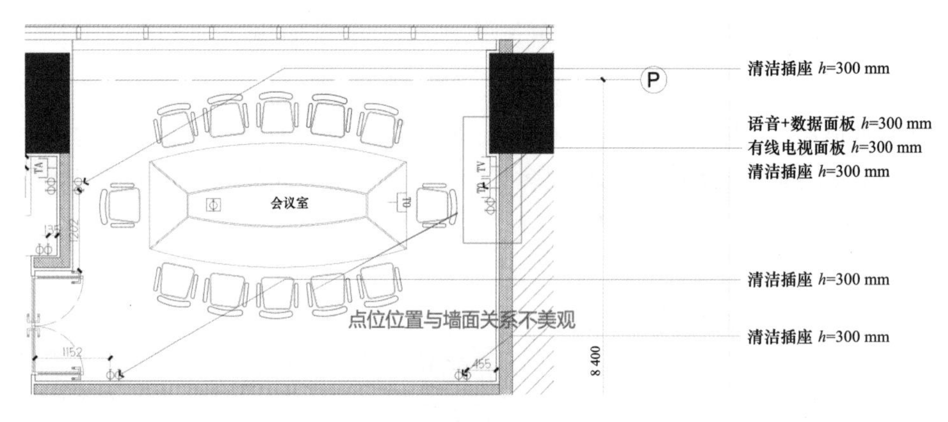

图2.11.18

（3）文字标注不明确，如图2.11.19所示。

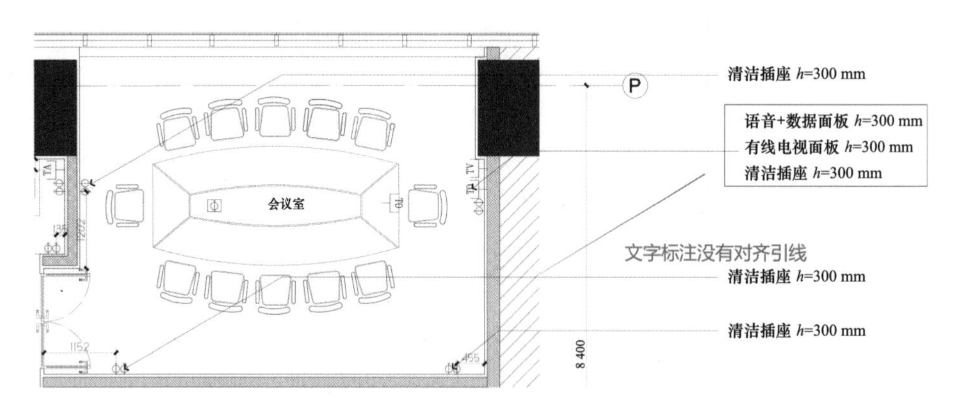

图2.11.19

（4）点位位置和功能性不明确，如图2.11.20所示。

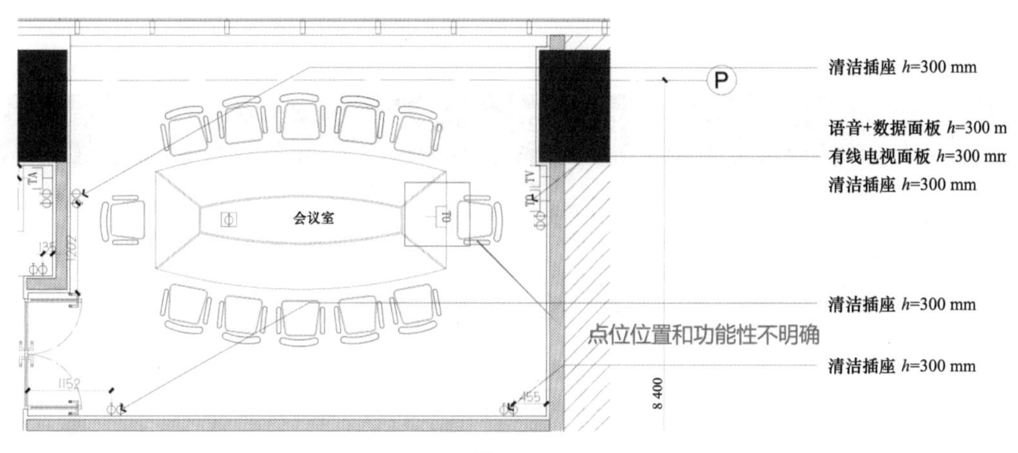

图2.11.20

小结：

本节通过对机电的了解，让我们学到了如何为空间内进行机电的布置，并且清楚知道了强弱电的区别，以及如何绘制平面机电图纸，最后重点强调了在绘制图纸中的常见问题及经常发生的错误。

问题1：强弱电的区别是什么？

问题2：绘制平面机电点位图的时候需要注意的问题有哪些？

第十二节 灯具连线图绘制要点及规范

范图如图2.12.1所示。

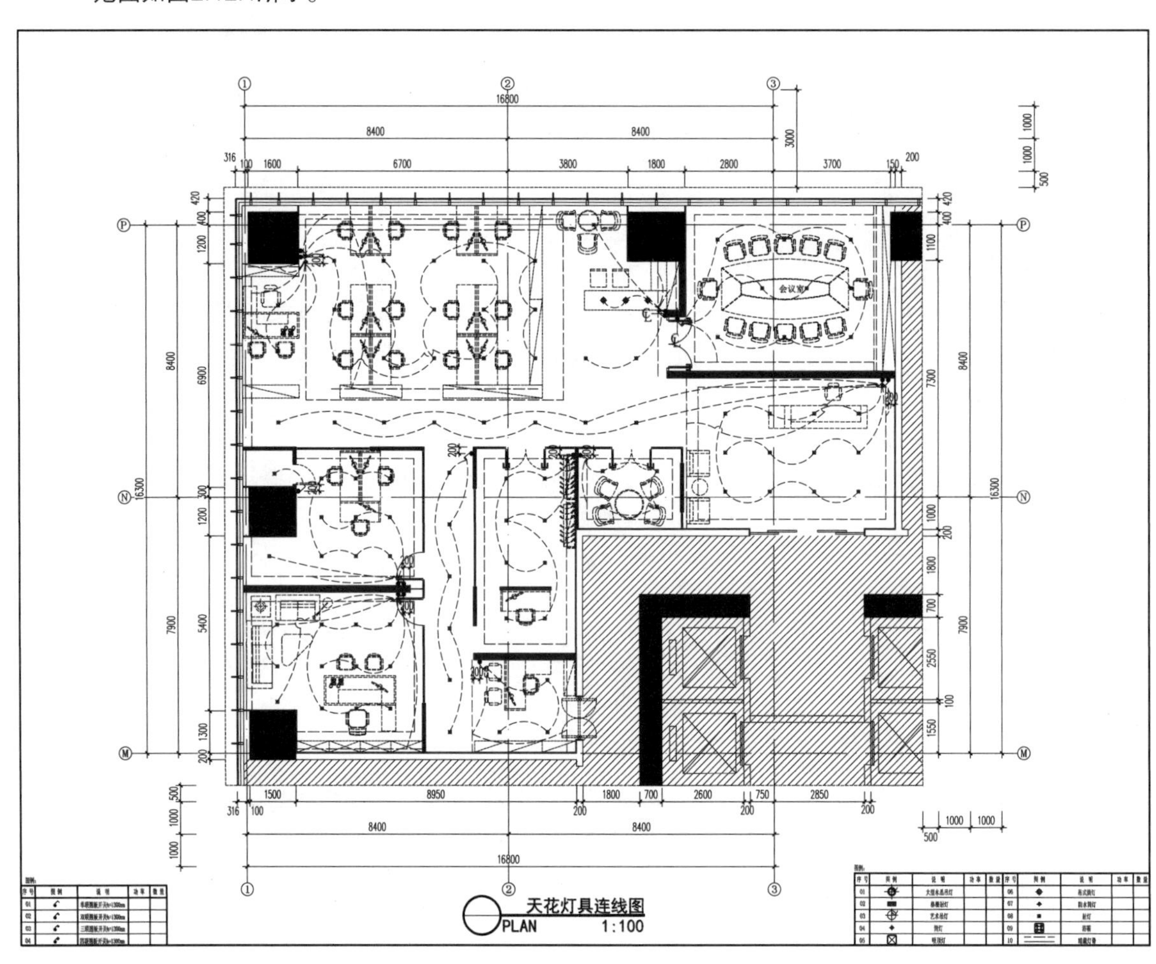

图2.12.1

一、灯具连线图作用

灯具连线图表达的内容是开关的位置及灯具的连线控制关系，能够清晰地看出空间中需要的开关数量和灯具的控制关系。

二、灯具连线图构成要素

灯具连线图包含了面板类型、开关面板布置原则、灯具连线关系、面板图例等内容。主要从开关面板知识、开关面板布置及连线原则、开关面板连线绘图方法、开关面板图例、绘制图纸常见问题五个方面进行讲解。

（一）开关面板知识

开关面板包含以下几种类型。

1．86 型开关面板

86型开关面板是目前我国最常用的，款式也最多的开关面板。86型开关面板是指它的长度和宽度是86 mm × 86 mm。

2．118 型开关面板

118型开关面板是自由组合型面板，可以按自己的要求组合成任何功能的开关面板。它由边框和功能件组合的，功能件可以选配，一般是横向安装。其有以下三种尺寸：

（1）118 mm × 72 mm，可以安装一个或两个功能件，也称为小盒。

（2）155 mm × 72 mm，可以安装三个功能件，也称为中盒。

（3）197 mm × 72 mm，可以安装四个功能件，也称为大盒。

3．120 型开关面板

120型开关面板一样，自由组合，但是要竖向安装，也是由边框和功能件组合，尺寸会稍大一点。这种型号使用的比较少的，国内现在大部分在浙江一带会使用这类型号的开关面板。有以下四种尺寸：

（1）120 mm × 74 mm，可以安装一个或两个功能件，也称为小盒。

（2）156 mm × 74 mm，可以安装三个功能件，也称为中盒。

（3）200 mm × 74 mm，可以安装四个功能件，也称为大盒。

（4）120 mm × 120 mm，可以安装四个功能件，也称为方盒，这个比较特殊，尺寸特别大，为正方形。

118型开关插座和120型开关插座都是从国外引进，现在也相应有了国家标准。这两种型号开关插座的底孔盒是一样的规格，可以通用，如图2.12.2所示。

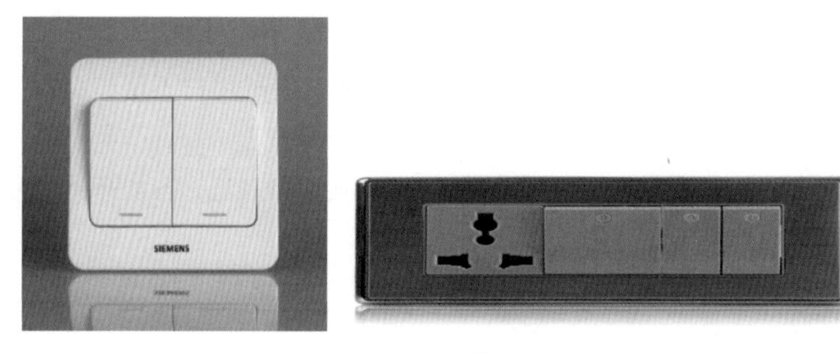

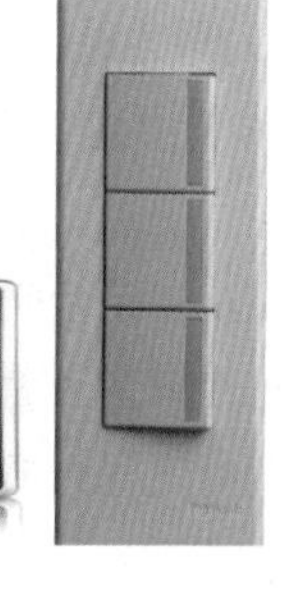

图2.12.2

开关面板中包含“联”和“控”两种功能。

（1）“联”是指同一个开关面板上有几个开关按钮。

（2）“控”是指其中开关按钮的控制方式，一般可分为“单控”和“双控”两种。

1）单联单控开关，是指一个按钮单独控制一个或一组灯源，如客厅里的灯，一个单控开关控制一个电灯。

2）单联双控开关，是指在一个有一定空间距离的时候用单联双控开关来实现对同一个或是一组电源的控制，在这边接通电源，可以在那边断开电源。如家里上下层的楼梯，下楼的时候在楼上开了楼梯间的灯，走到楼下的时候可以在楼下关掉这楼梯间的灯。在距离空间比较大的时候用这种开关非常方便。

“联”和“控”可以组合使用，如单联单控+单联双控，可以放在有两个开关按钮的面板中实现，单控和双控的面板区别在于背后连接线的线孔数量不同，如图2.12.3和图2.12.4所示。

图2.12.3

图2.12.4

（二）开关面板布置及连线原则

开关安装位置也有一定讲究，不恰当的安装很可能在今后使用中造成麻烦。

（1）开关安装高度一般离地1.3 m，且处于同一高度，相差不能超过5 mm；

（2）边上的开关一般安装在门右边，距离门框150~200 mm，不能在门背后；

（3）几个开关并排安装或多位开关，应将控制电器位置与各开关功能件位置相应，如最左边的开关控制相对最左边的电器；

（4）靠墙书桌、床头柜上方0.5 m高度可安装必要的开关，便于用户不用起身也可控制室内电器；

（5）厨房、卫生间、露台的开关安装尽可能不靠近用水区域，如靠近，当加开关防溅盒；

（6）一个开关上面连接的灯具不宜过多；

（7）筒灯、吊灯或灯带等灯具需要分类单独进行连接。

（三）开关面板连线绘图方法

在施工图纸中开关面板可以用表2.12.1中的图例表示。

表2.12.1

图例	说明	图例	说明
	总挚开关		单联双控开关
	单联开关		双联双控开关
	双联开关		三联双控开关
	三联开关		单联单控开关+单联双控开关
	四联开关		双联单控开关+单联双控开关
	防水双联开关		单联单控开关+双联双控开关

定好开关面板位置后利用连接弧线的方式进行连接灯具，连接灯具时需要注意遇到线与线出现交叉时，需要用弧形进行跳跃，如图2.12.5所示。

（1）单联单控，如图2.12.6所示。

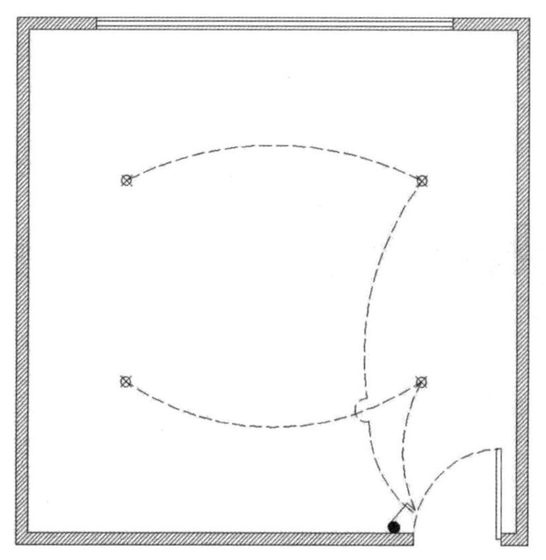

图2.12.5

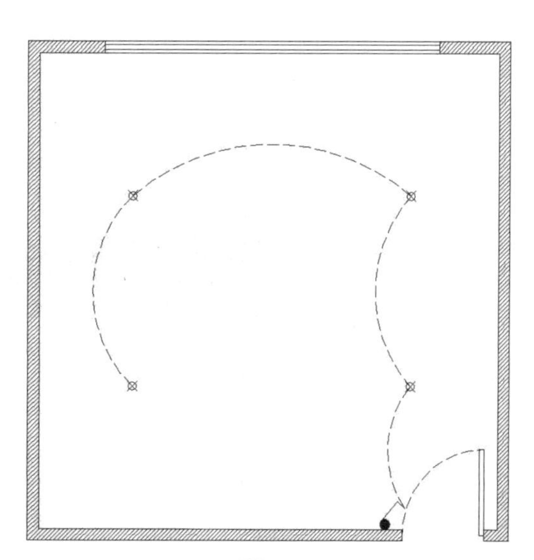

图2.12.6

（2）单联双控，如图2.12.7所示。

（3）单联单控+单联双控，如图2.12.8所示。

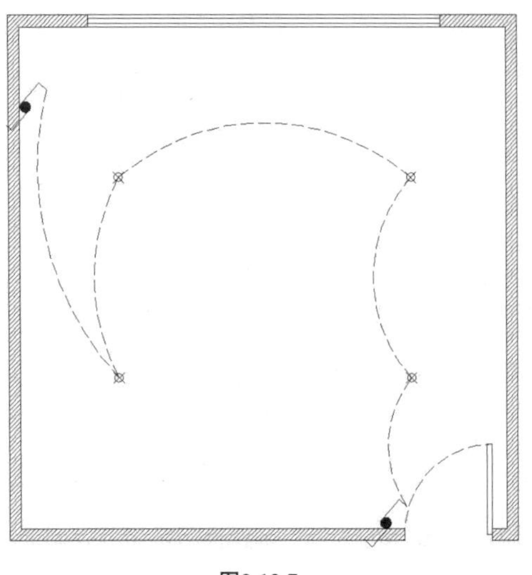

图2.12.7

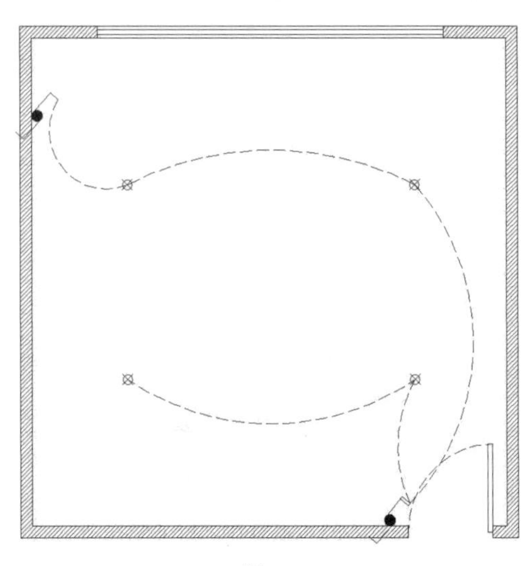

图2.12.8

做灯具连线图的时候需要将家具以虚线的形式显示，以便观察开关灯具与家具的关系，并且保留天花灯具。

将已有的活动家具进行整体进行复制，然后将其归到虚线家具的图层上，如图2.12.9和图2.12.10所示。

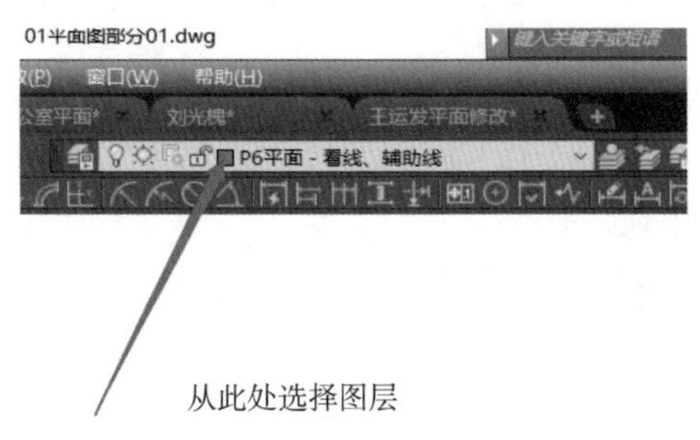

图2.12.9

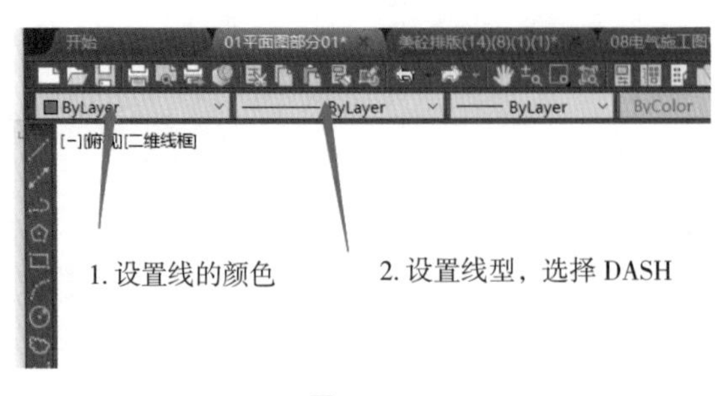

图2.12.10

如果虚线的比例不够大，可以输入Ctrl+1，调出特性工具栏，如图2.12.11所示。

最后交开关面板进行尺寸定位。最终效果如图2.12.12所示。

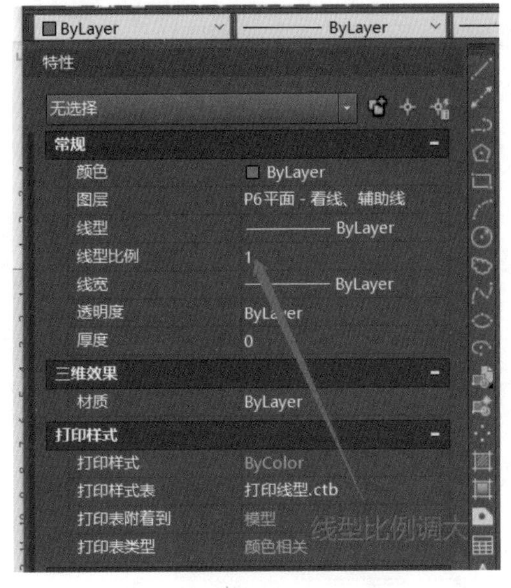

图2.12.11

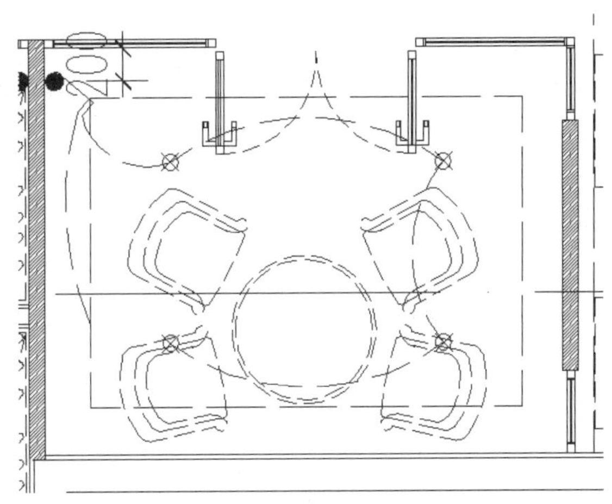

图2.12.12

（四）开关面板图例

开关面板中注明高度，如有特殊高度的在图上用文字注明，见表2.12.2。

表2.12.2

序号	图例	说明	功率	数量
01		单联翘板开关h=1 300 mm		
02		双联翘板开关h=1 300 mm		
03		三联翘板开关h=1 300 mm		
04		四联翘板开关h=1 300 mm		

（五）绘制图纸常见问题

（1）连线凌乱、随意，如图2.12.13所示。

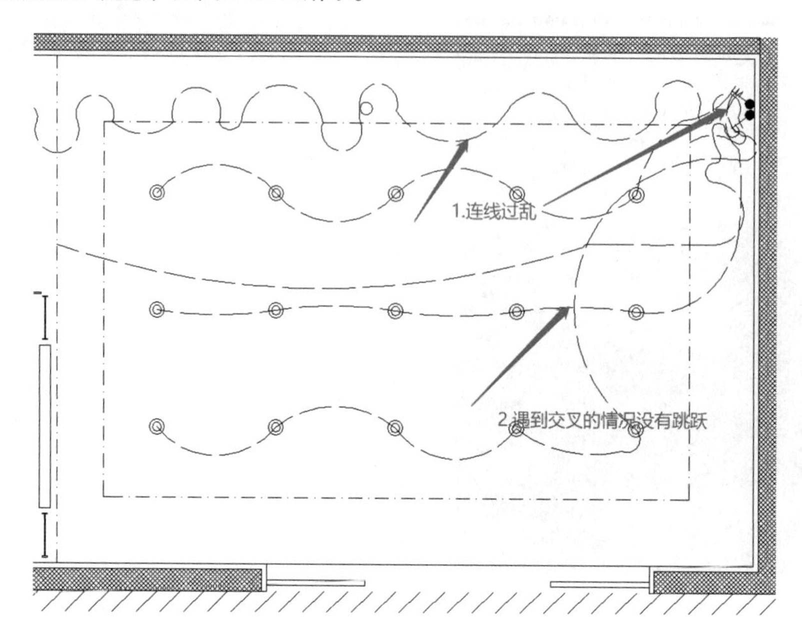

图2.12.13

（2）缺少尺寸标注，如图2.12.14所示。

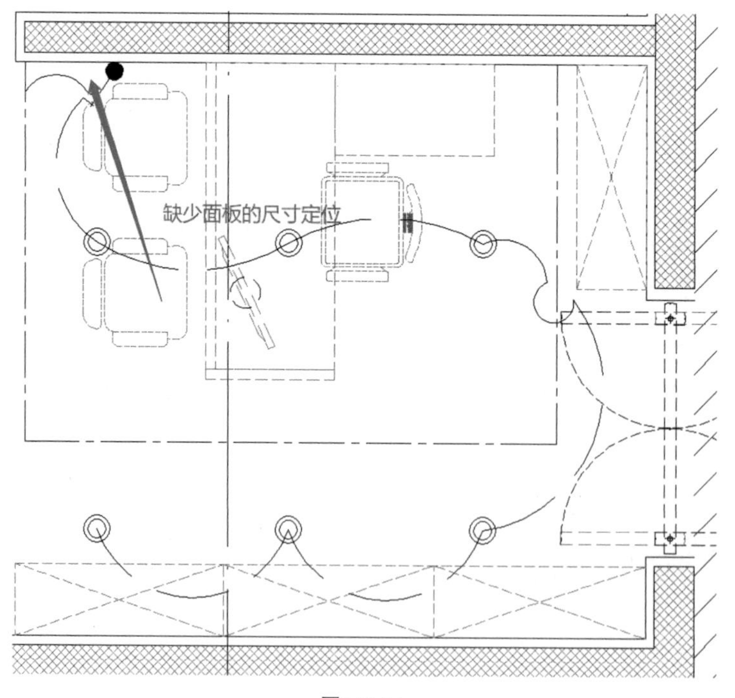

图2.12.14

小结：

本节通过对开关面板的了解，学到了如何将灯具进行分类连接，并学到了如何绘制灯具连线图，最后重点强调了在绘制图纸中的常见问题及经常发生的错误。

问题1：开关面板的种类有哪些？

问题2：开关面板安装的要求有哪些？

第三章 立面部分图纸详解设计

立面范图如图3.0.1所示。

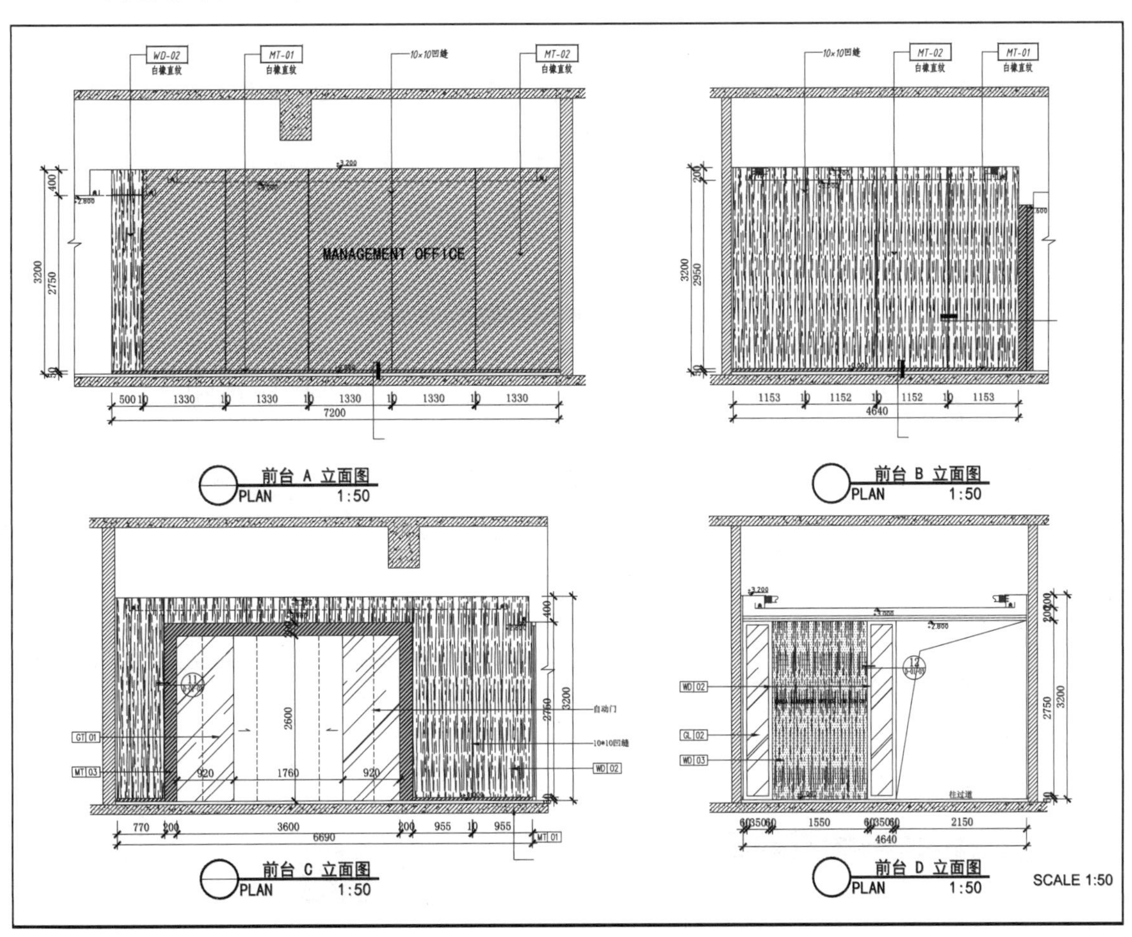

图3.0.1

第一节 立面图与剖立面图的概念及作用

一、立面图的概念

室内空间立面图就是把建筑的室内立面用水平投影的方式画出的图形。室内所得到的正投影图为室内立面图，主要表达室内空间的内部形状，空间的高度，门窗的形状与高度，墙面的装修做法及所用材料等。

二、剖立面图的概念

假想用一个垂直的剖切平面将室内空间垂直切开，移去一半将剩余部分向投影面投影，所得的剖切视图即剖立面图，如图3.1.1和图3.1.2所示。

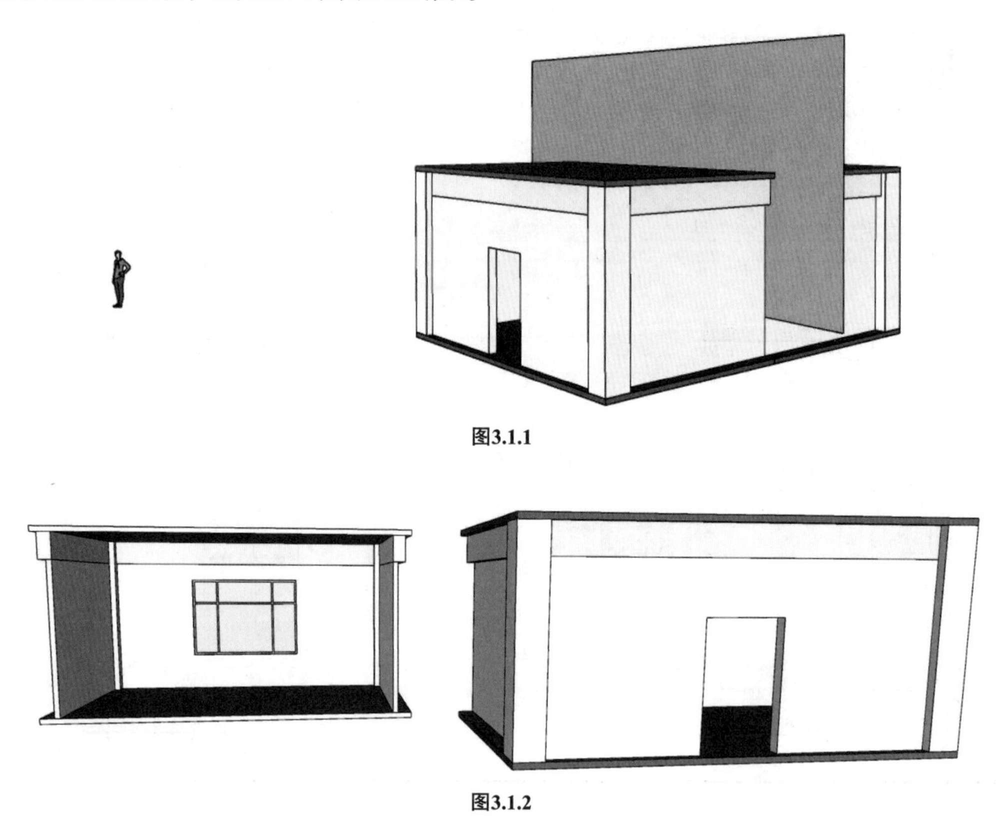

图3.1.1

图3.1.2

剖立面图可将室内吊顶、立面、地面装修材料完成面的外轮廓线明确表示出来，为节点详图的绘制打下基础。

三、立面索引符号

立面索引符号中直角所指方向为立面图绘制界面，圆圈内上半部分表示立面图编号，下半部分表示该立面图所在图纸编号，如图3.1.3和图3.1.4所示。

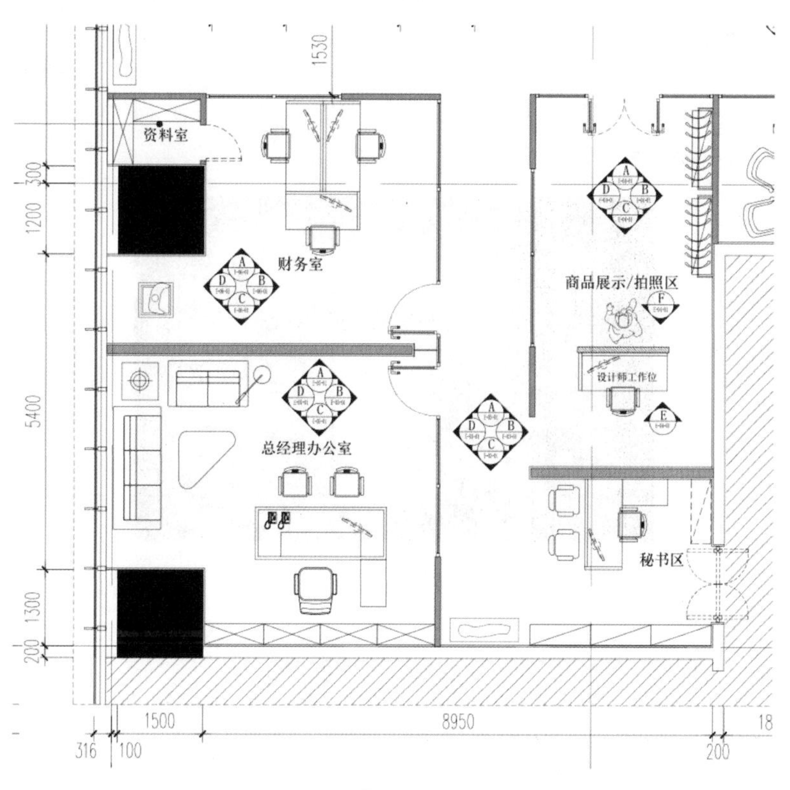

图3.1.3

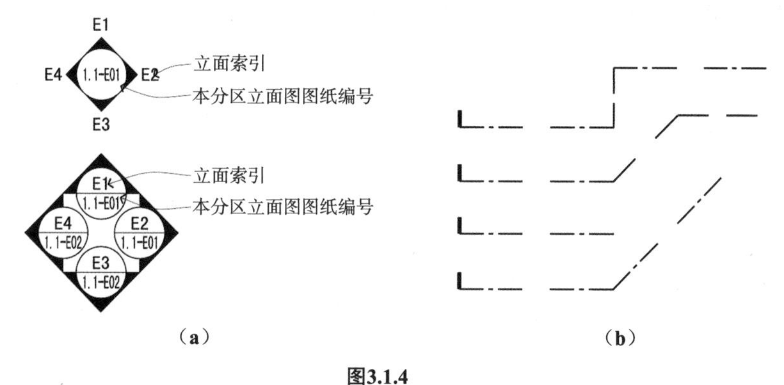

（a）　（b）

图3.1.4

（a）立面索引；（b）立面剖切线

第二节 剖立面图的绘制内容及注意事项

一、主体结构绘制

主体结构包含剖切空间所看到的楼板、结构梁、墙体、门窗等断面（图3.2.1）。一般情况下可以从建筑剖面图纸中得到所需主体结构的基本框架（图3.2.2）。

图3.2.1

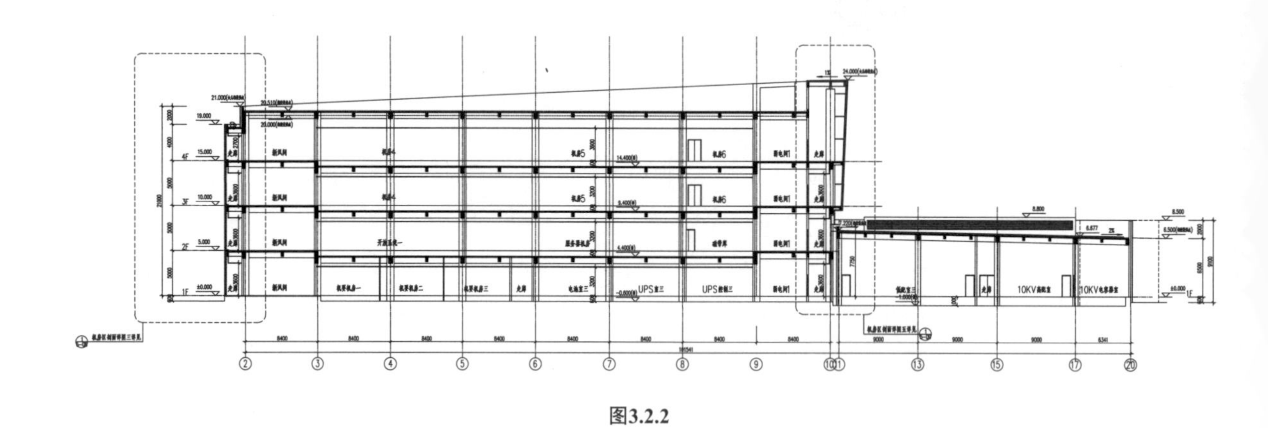

图3.2.2

（一）楼板

楼板一般是指预制场加工生产的一种混凝土预制件。楼板层中的承重部分，将房屋垂直方向分隔为若干层，并将人和家具等竖向荷载及楼板自重通过墙体、梁或柱传递给基础。如遇到无建筑剖面图的情况可以按照100 mm、120 mm、150 mm等数据自行绘制楼板厚度。

层高通常是指下层地板面或楼板面到上层楼板面之间的距离。这里所说的地板面其实就是地面完成面，而楼板面是指原楼板面，需要特别注意的是绘制的一致性。如图3.2.3中所标注的层高是指下层楼板面到上层楼板面之间的距离。层高减去楼板的厚度或结构层的高度的差，叫作净高。

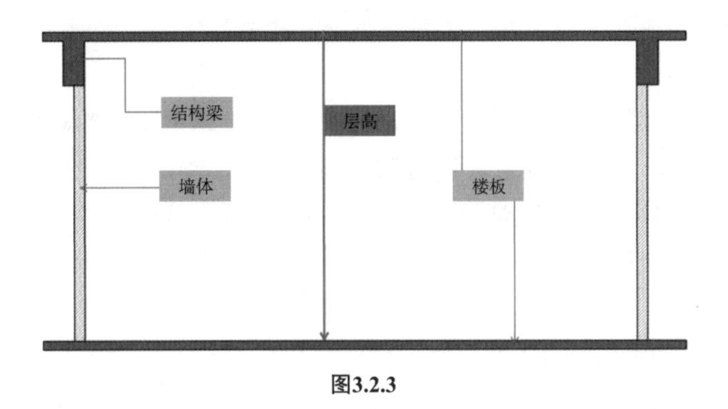

图3.2.3

一般绘制层高时需依据项目的建筑剖立面图进行绘制，但也会遇到无建筑图情况，可以根据建筑性质暂定层高，如图3.2.4所示。住宅类为2.7~3 m；公共类建筑为3.9~4.5 m。

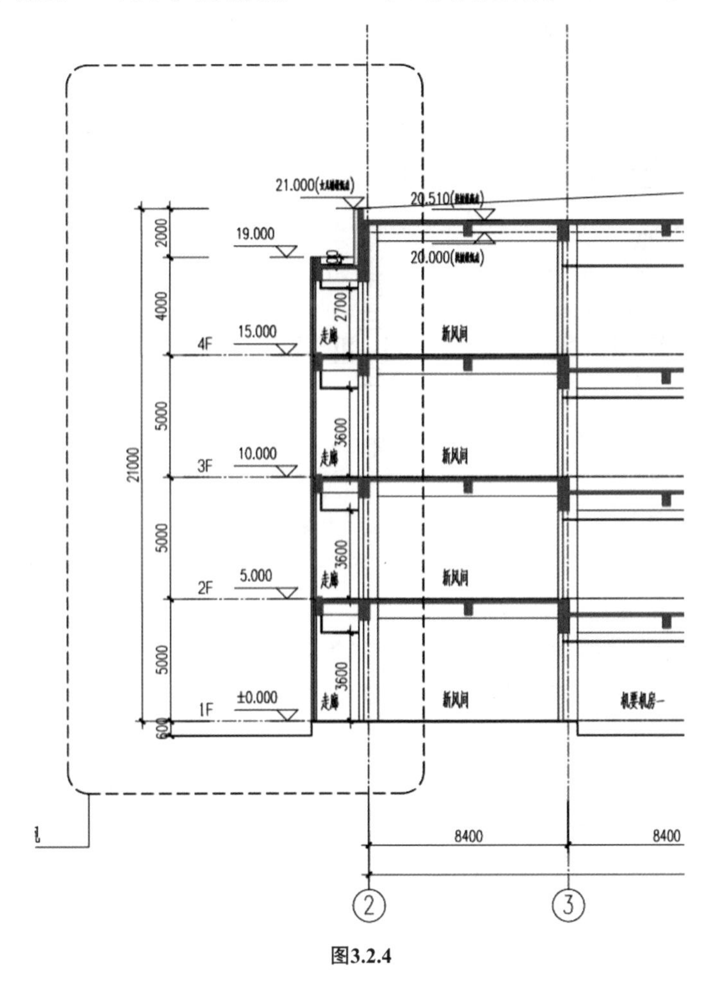

图3.2.4

（二）建筑梁

梁是建筑结构中经常出现的构件。在框架结构中，梁把各个方向的柱连接成整体；在墙结构中，洞口上方的连梁，将两个墙肢连接起来，使之共同工作。作为抗震设计的重要构件，起着第一道防线的作用。在框剪结构中，梁既有框架结构中的作用，同时，也有剪力墙结构中的作用。

从功能上分，有结构梁，如基础地梁、框架梁等；与柱、承重墙等竖向构件共同构成空间结构体系，有构造梁，如圈梁、过梁、连系梁等，起到抗裂、抗震、稳定等构造性作用。

绘制立面图时需绘制梁，因为建筑结构梁是影响天花标高及造型的重要因素，后面会提到天花吊顶上方有很多设备（如空调、桥架、消防管道等），这些设备遇到梁只能设置在梁下。所以必须慎重对待梁的绘制。

（1）依据项目的建筑剖立面图及建筑结构图进行绘制，如图3.2.5所示。

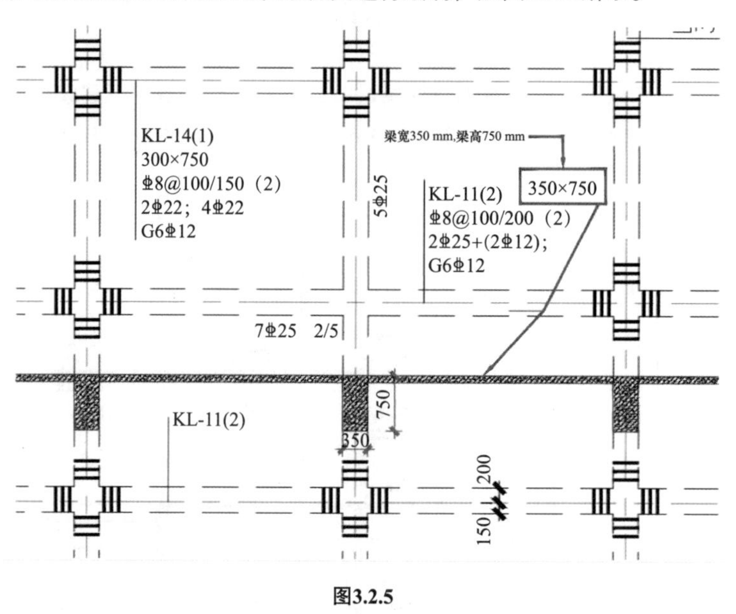

图3.2.5

（2）无建筑结构图情况，可以在建筑轴线位置根据经验绘制梁。建筑结构中主梁高度一般为跨度的1/8~1/12，多跨连续主梁高度一般为跨度的1/8~1/14，次梁高度一般为跨度的1/12~1/15。梁的宽高比一般为1/2~1/3，常规设计梁宽度一般为250 mm，也有200 mm宽度的（和钢筋混凝土墙同宽），达到300 mm及以上的梁宽度箍筋多采用四肢箍。

如图3.2.6所示，无原始建筑剖面图、建筑结构图。自行设置层高为4.5 m，楼板厚度为150 mm，在轴线位置设置250 mm×800 mm结构梁。

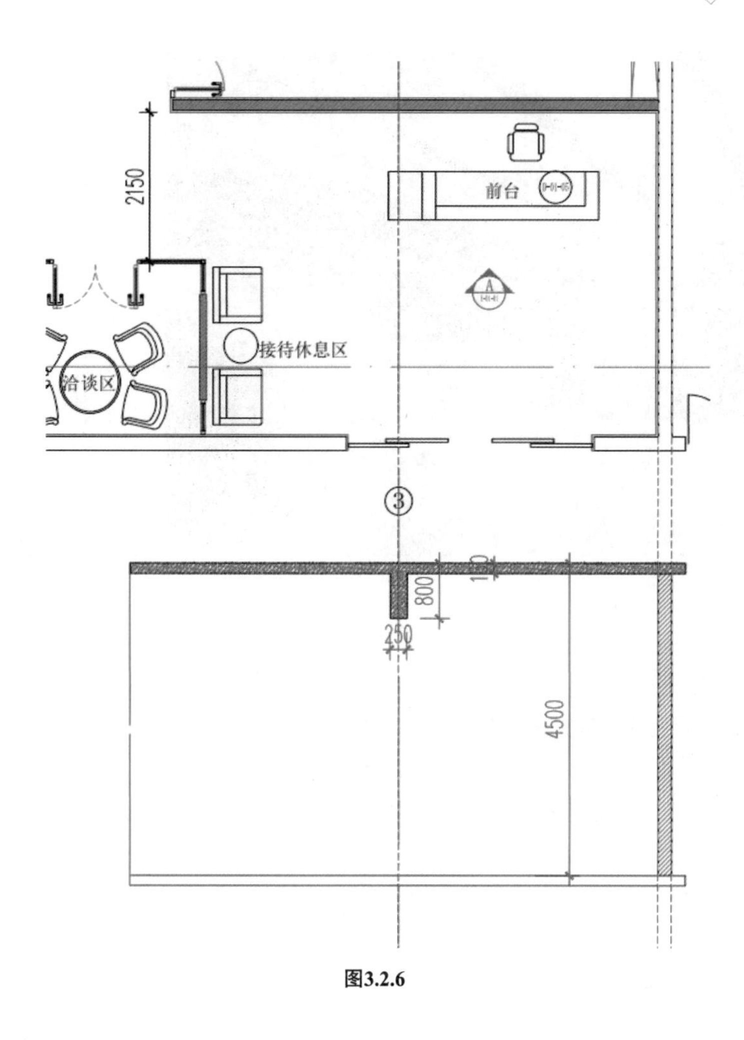

图3.2.6

（三）墙体

（1）确定平面剖切线，用直线将平面剖切线与平面墙体线交汇点向下绘制延长线，与之前绘制楼板线交汇，并进行正确剪切，在这里需注意楼板与墙线的搭接关系。

（2）要确定墙体类型方便后期进行填充，墙体类型可以参见墙体定位图章节。

（四）门窗

绘制立面图过程中会遇到剖切门、垭口、建筑外窗的情况，可以根据建筑图所提供立面、剖面及门窗表绘制门洞、窗洞。

二、立面完成面绘制

前面章节中提到平面完成面，其实立面完成面是在此基础上的延伸。如图3.2.7和图3.2.8所示，将立面完成面分成三部分，即天花完成面、墙面完成面、地面完成面。

图3.2.7 图3.2.8

（一）天花完成面

天花完成面通常是指吊顶完成面。裸顶涂刷乳胶漆常会称为建筑完成面。

常见的结构层有轻钢龙骨石膏板结构层、T形烤漆龙骨等，大多是由龙骨及配件组成的骨架部分和石膏板、基层板组成的基材部分所组成的。饰面层多为乳胶漆，还会有镜片、木饰面、铝板、硬包等材料。

天花完成面要依据天花造型向下延线，依据天花造型标注的高度进行绘制，此处需要核对一些影响天花完成面的因素。

（1）影响天花完成面的非构造因素。

1）灯具。灯具本体高度及安装高度，灯具与电气线管、线盒重叠对天花完成面产生的影响。

2）空调、新风、排风管线。空调、新风、排风管线对完成面的影响，包括支架及安装要求等。集中式空调溢流水管线的坡度也要注意考虑。

3）消防方面。消防管线、防火卷帘、挡烟垂壁等消防设施对完成面的影响，其中消防管线包括喷淋、烟感、防排烟等。

4）给水排水。给水排水管线对完成面的影响，尤其是排水管道及需要的坡度。

（2）天花完成面的机电预留高度。

1）大型商业综合体与甲级写字楼吊顶内机电预留高度为1 000~1 200 mm；

2）公建内敷设机电干线的部位吊顶内预留高度为550~650 mm；

3）有空调风管的吊顶内预留高度约为300 mm；

4）敷设电气管线的吊顶内预留高度约为100 mm。

（3）立面造型及分缝。

1）立面造型线主要包含以下几部分内容：

①平面完成面中所出现的墙面转折、柱、剁、凹龛等，需要利用延伸线进行绘制，同时考虑比

例关系；

②平面图中出现的门窗，需要考虑预留高度、装饰手法；

③详细绘制所有固定柜体立面造型，需要考虑开敞或设置柜门、分割方式、柜板厚度；

④如遇墙面为乳胶漆、壁纸墙面切记绘制踢脚线。

2）并不是所有材料都有材料分缝线，如乳胶漆、壁纸等。材料绘制分缝线主要是从以下几方面考虑进行分割排版：

①瓷砖、石材肯定需要绘制分缝线，但要注意：瓷砖为成品瓷砖，设计师提前选好瓷砖规格后，图纸中不可随意变更，多为规则数据如300 mm×300 mm、600 mm×600 mm、800 mm×800 mm，石材为大板切割材料，施工前依据下单图加工制作，所有可以为不规则尺寸如608 mmx608 mm，同时同一面墙体也可出现多种不一样的尺寸规格，灵活度较高。但由于石材的本身的特性不建议墙面用过大板，所以一般控制在1 m×1 m以下。

②以木基层板为基层的饰面板，如木饰面、防火板等一般控制在1 220 mm×2 440 mm尺寸以内，以便控制成本、降低损耗。当然大板可以做到3 m，但价格也会翻倍。

综上所述，材料分割主要受安全、材料成本控制、运输成本控制、是否能进场这几方面因素影响。你能想象到一块超大石材墙面在安装及后期使用过程中的安全隐患吗？你能想到只为几张木饰面动用集装车运输的场景吗？以及这些材料到了现场由于没有室外电梯（做土建时的外设电梯，建筑装饰面做完后会拆掉），材料无法进场，只能重新返厂加工。所以在做材料分缝线时需充分考虑这些因素。

（二）墙面完成面

墙面完成面是指在建筑围护墙体或装饰墙体以外由装饰饰面及内部构造所形成的完成面。

部分墙面完成面需要在平面系统图纸中进行表达，这也是在深化图纸绘制过程中较为复杂的，同时，也会极大地影响平面布局，严重的情况下可能导致平面方案进行重新设计。

在绘制立面墙体完成面中只需依据平面完成面向下延线即可，当然墙面完成面与天花完成面一般存在两种关系，如图3.2.9所示的展示效果，墙面完成面在天花完成面以下，适用于大部分情况。如图3.2.9所示为墙面完成面在天花完成面以上50~100 mm位置结束，一般适用于墙面饰面为干挂石材、瓷砖，湿贴石材、瓷砖等，墙面先于顶面施工的情况。

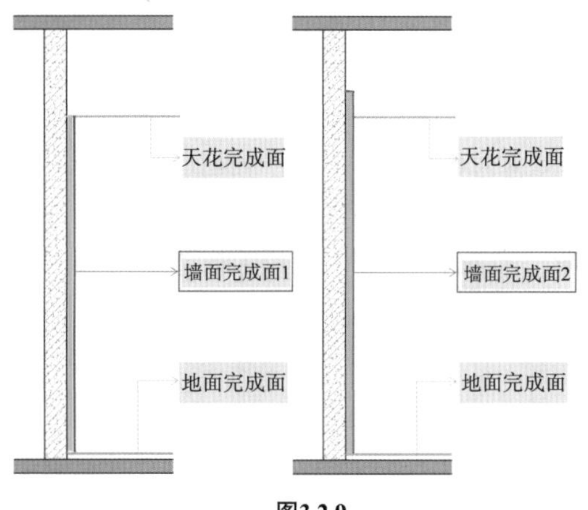

图3.2.9

墙面完成面厚度要灵活对待，确定合理的尺寸区间。墙面的饰面材料种类繁多，饰面凹凸层次也变化较多，同类材料的工艺做法也不尽相同。现将常见的墙面完成面厚度如下（仅供参考）：

（1）原墙水泥砂浆乳胶漆：12+3=15~20 mm；

（2）覆面龙骨单层石膏板乳胶漆/壁纸：25+12+3=40~50 mm ；

（3）覆面龙骨阻燃基层板木饰面/硬包：25+9+9+12=55~60 mm；

（4）阻燃基层板木饰面/硬包：5+12+3+12=32~40 mm；

（5）阻燃基层板镜片/金属板：5+12+3+5=25~30 mm；

（6）原墙水泥砂浆粘贴瓷砖：20+10=30~35 mm；

（7）原墙粘接剂粘贴瓷砖：8+6+10=24~30 mm；

（8）原墙水泥砂浆粘贴石材：16+18=34~50 mm；

（9）原墙干挂石材：60+50+25=90~135 mm。

（三）地面完成面

地面完成面往往要与建筑标高相一致，建筑标高通常会高于结构标高，会预留50~100 mm的完成面厚度。这里的预留厚度需要参照建筑一米线，如图3.2.10和图3.2.11所示。

图3.2.10

图3.2.11

无论地面完成面的厚度是否能够符合建筑标高的要求都不要随意改变地面完成面的标高，因为室内建筑标高会与垂直交通空间及室外的地面高度有直接的影响。所以，绘制地面完成面时只需将原始楼板线向上偏移50~100 mm即可，当然也会遇到地面有上升空间或下降空间，那么只需特殊情况特殊处理。如遇现场勘测，只需在现场从1 m线位置进行测量，得到空间净高尺寸，如图3.2.12所示。

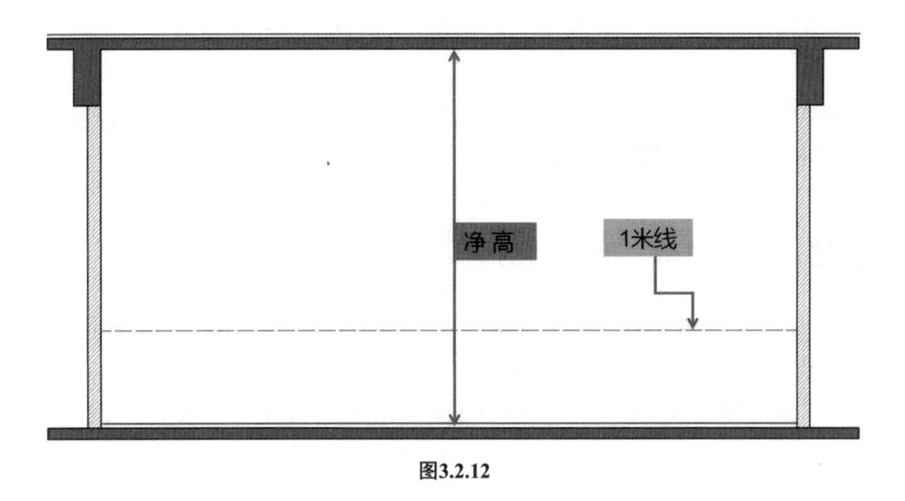

图3.2.12

三、填充

见立面填充图例如图3.2.13所示。

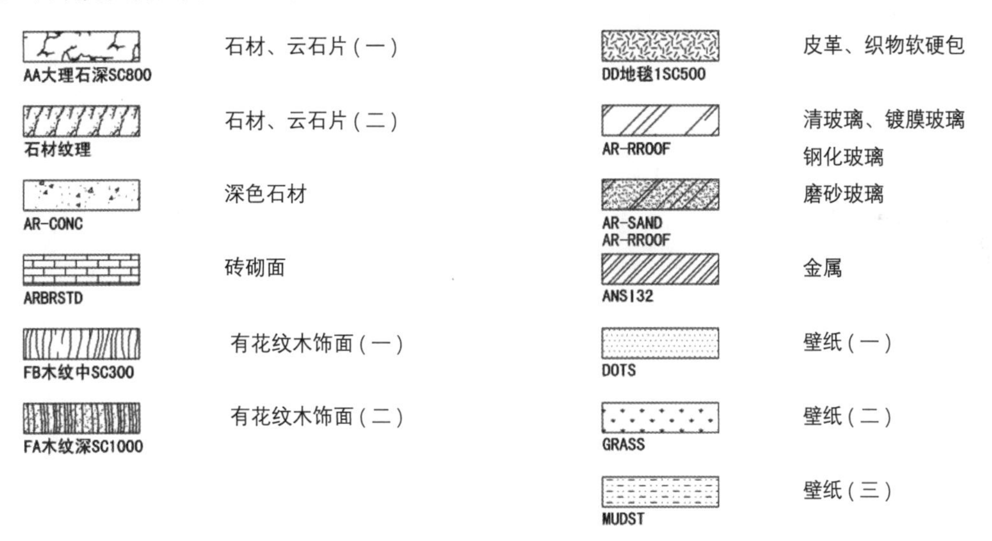

图3.2.13

四、家具及配饰

放置立面活动家具及配饰，由于一些家具配饰比较烦琐，一定要最后放置，否则会导致上一步骤填充非常卡顿的情况。同时需要注意以下情况：

（1）家具及配饰只起到点缀装饰作用，如果由于放置家具等物品挡住了立面造型，可不必放置。

（2）家具及配置可以采用虚线绘制，同时配合使用区域覆盖。

（3）家具及配饰的选择一定要与空间设计风格一致。

五、放置图框、创建视口、确定比例

（1）图框一般选择标准图框，与前面平面图纸一致即可。当然也有特殊情况，如遇到绘制走廊立面一些比较狭长的图纸，可以使用加长图幅。

（2）视口排版方面可以采用一张图幅里放置1张立面、2张立面或4张立面，如图3.2.14所示。

（3）立面图比例可以设置为1∶25、1∶30、1∶40、1∶50、1∶75等。

图3.2.14

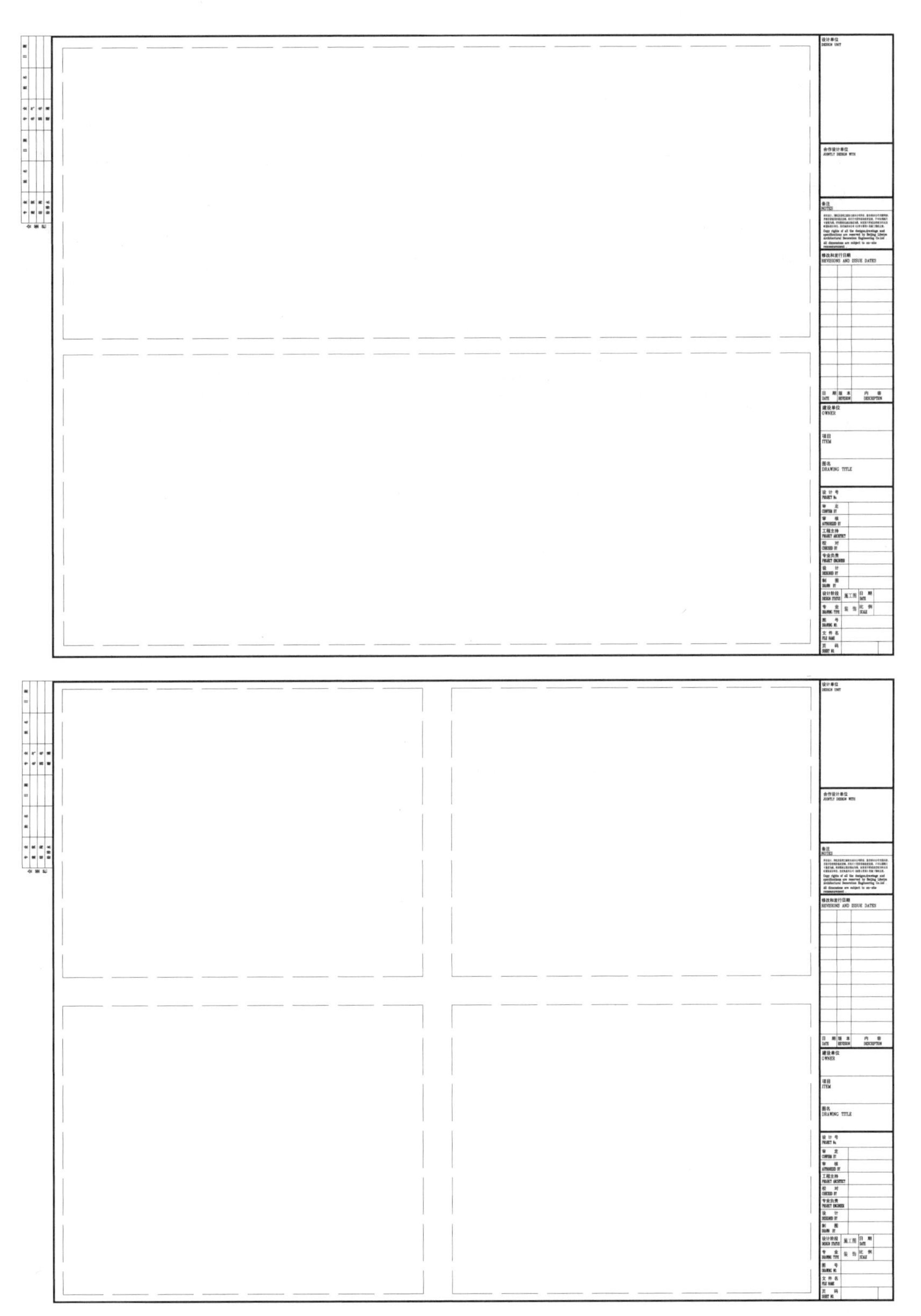

图3.2.14（续）

六、尺寸标注、文字索引及放置符号

在图纸上会有各类引出线，如尺寸线、索引线、材料标注线等各类引出线及符号需统一组织形成排列的齐一性原则，如图3.2.15所示。

（1）索引号统一排列，纵向横向呈齐一性构图。

（2）索引号同尺寸标注及材料引出线有机结合，尽量避免各类线交错穿插。

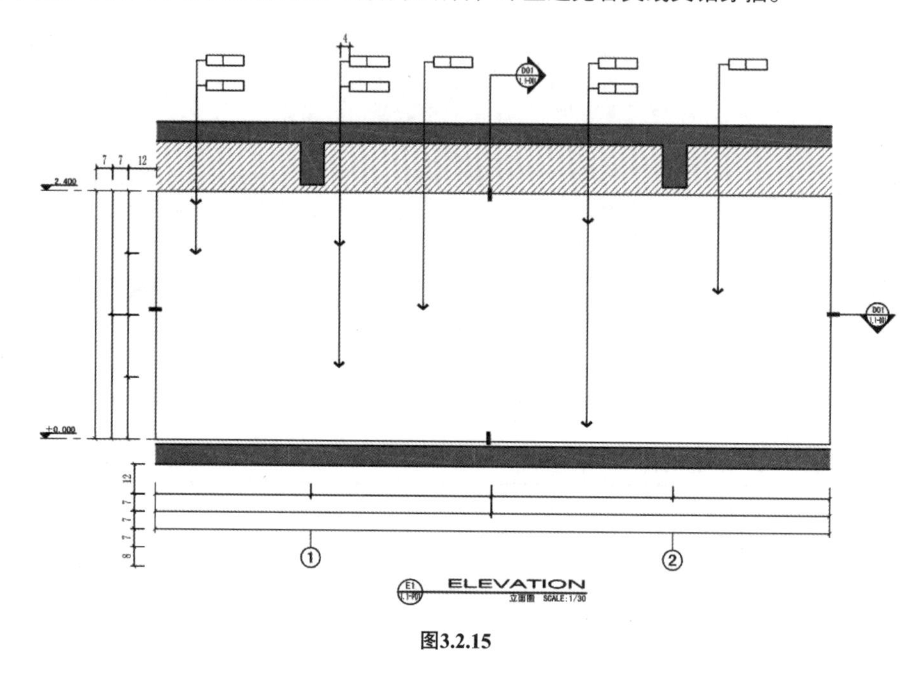

图3.2.15

（3）其他立面常见符号，如图3.2.16所示。

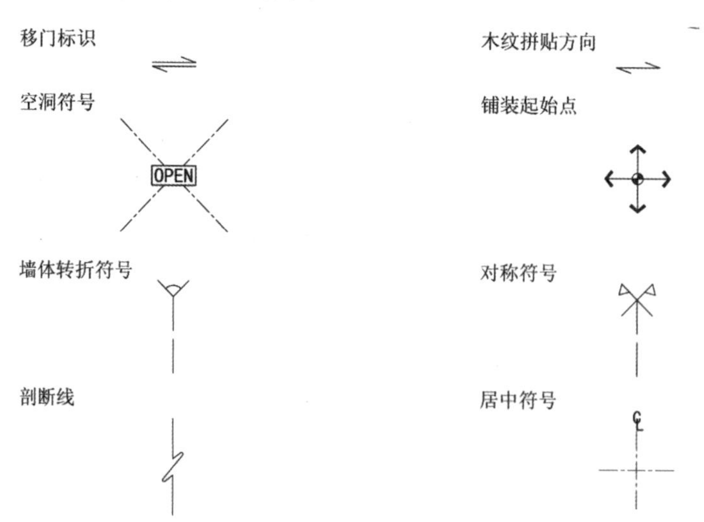

图3.2.16

七、图名及图框文字编写

图名及图框文字编写如图3.2.17所示。

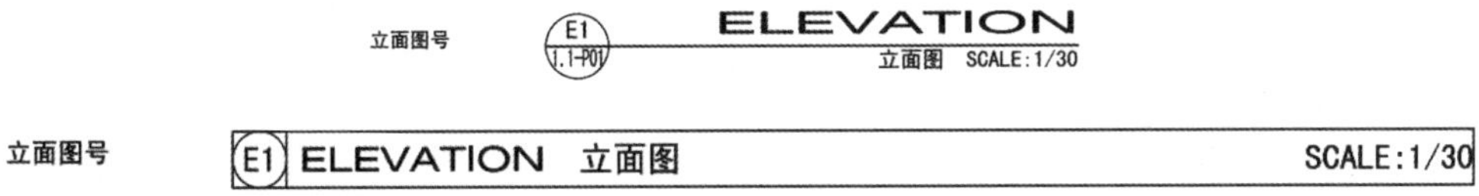

立面图号 E1 1.1-P01 ELEVATION 立面图 SCALE:1/30

立面图号 E1 ELEVATION 立面图 SCALE:1/30

图3.2.17

小结：

本章通过对立面图概念进行了详细的讲解，让我们能形象的认识立面图。主要从主体结构、立面完成面、立面造型、立面填充、立面家具、比例、排版、标注8个方面详细讲解了绘制立面图的步骤，以及在绘制过程中应注意的问题。希望同学们在画好平面图的基础上能够准确的表达立面图。

问题1：简单阐述立面图的概念。

问题2：立面的完成面部分都包含哪些内容，相互之间有什么关系？

第四章 剖面部分图纸详解与设计

范图如图4.0.1所示。

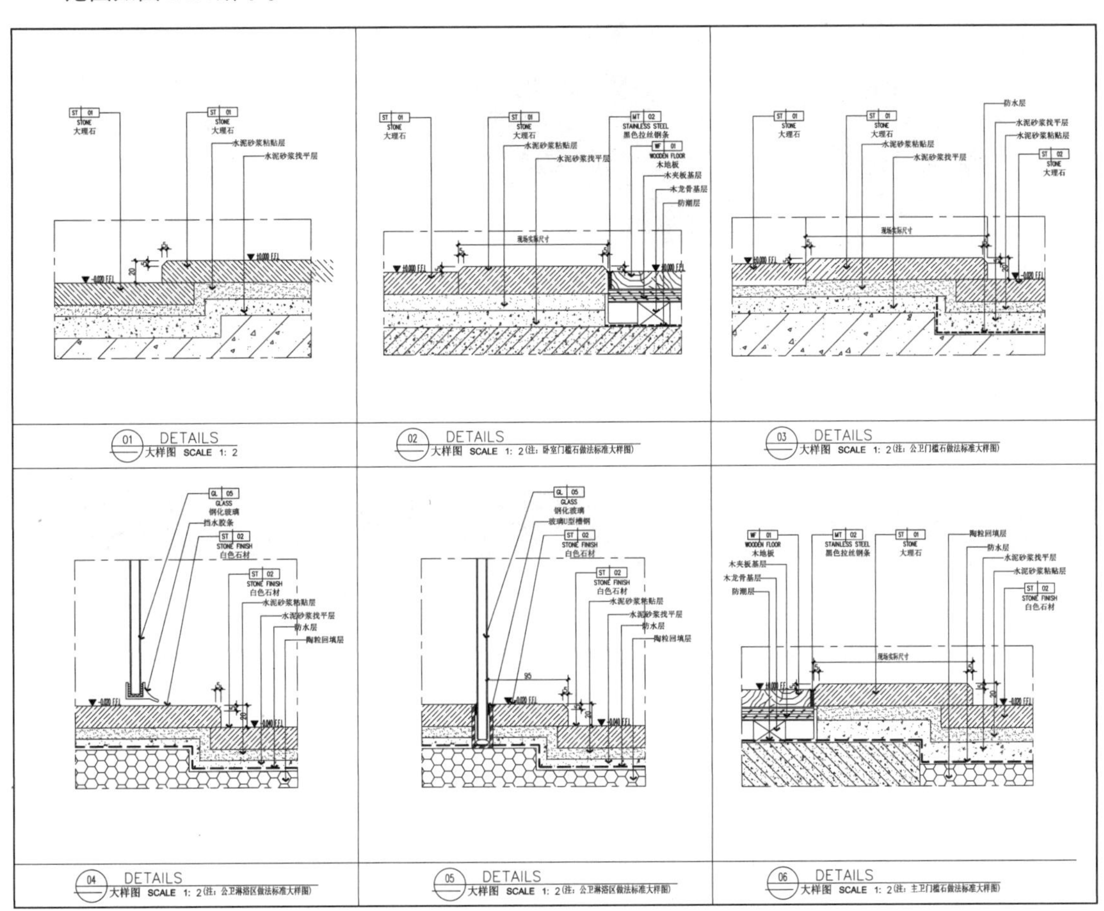

图4.0.1

第一节 节点图的作用

施工节点图是指在施工图中为表达得更具体、更清晰，对需要进一步详细说明的位置所绘制的图样。施工节点图包含了工程施工的具体做法。

节点图表达的位置一般为两个以上装饰面的汇交点，是将整体施工图中无法表示清楚的某一部分单独绘制其具体构造详图，以表明其细部构造的图样，如图4.1.1所示。节点图与大样图不同的是，节点图相比大样图更为细部化，节点图是对大样图所无法表达的部位进一步放大，以表达得更清楚。

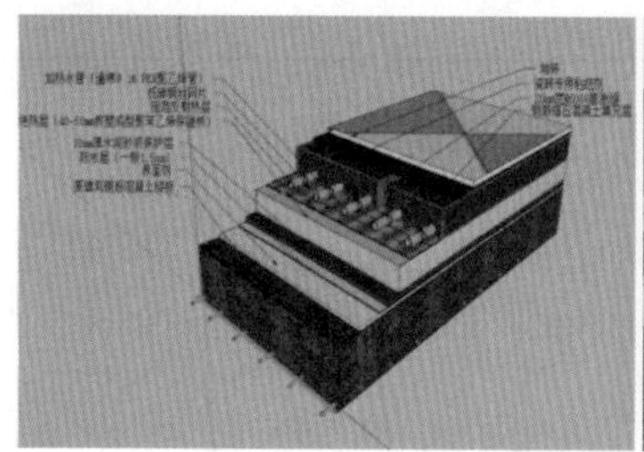
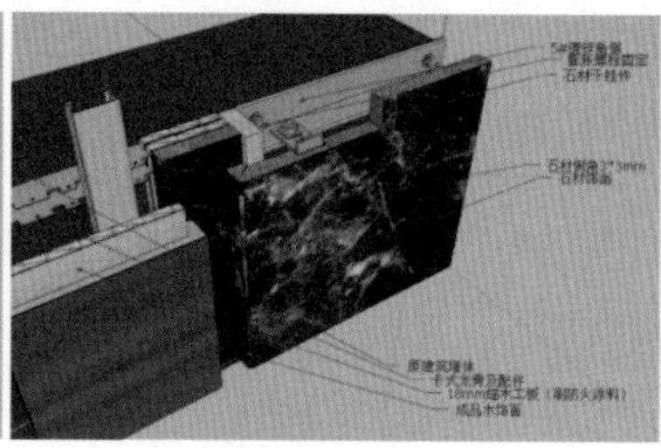
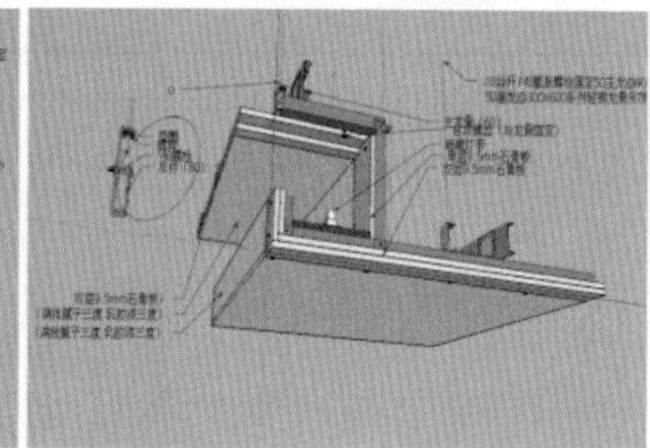

图4.1.1

第二节 节点图的分类

节点图可分为墙面节点、地面节点、天花节点、墙顶收口节点、墙地收口节点、装饰门窗、细部构造。

一、墙面节点

接下来给大家截取石材干挂、石材湿贴、木饰面节点。供大家参考学习，如图4.2.1~图4.2.6所示。

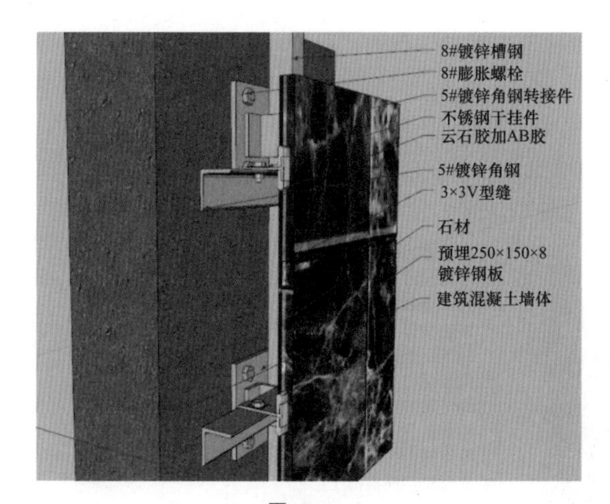

图4.2.1

图4.2.2

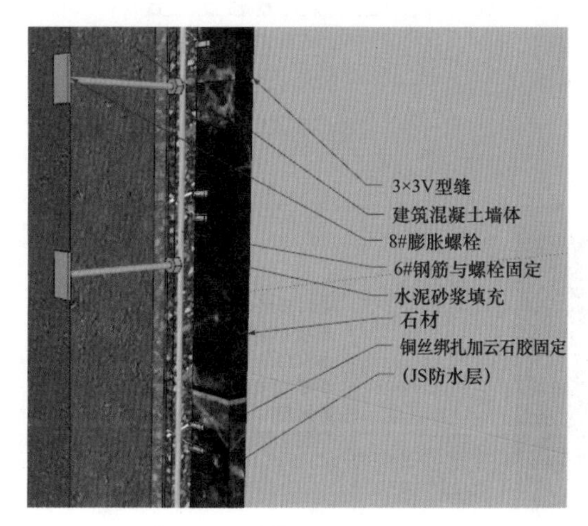

图4.2.3

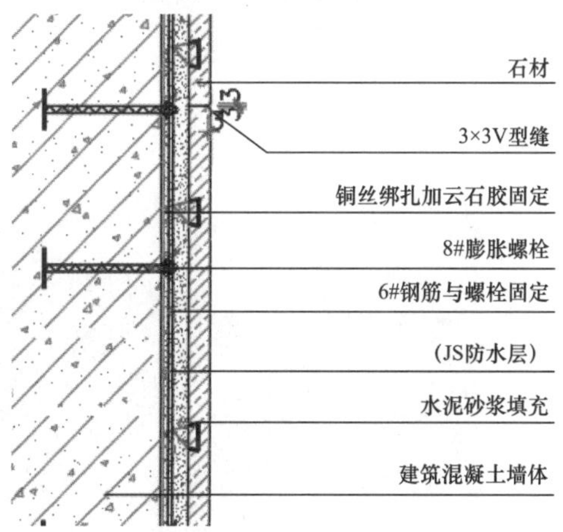

图4.2.4

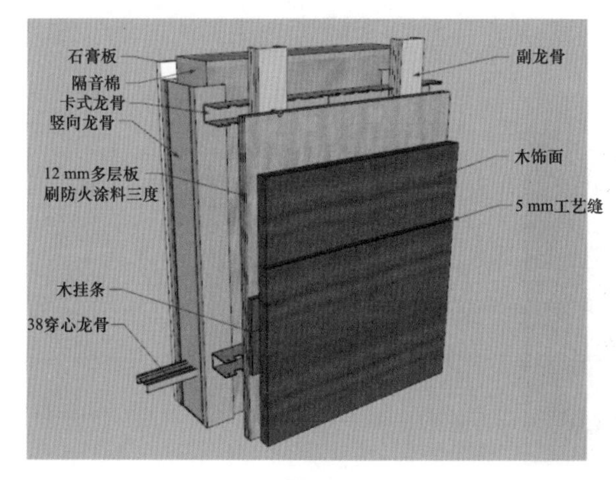

图4.2.5

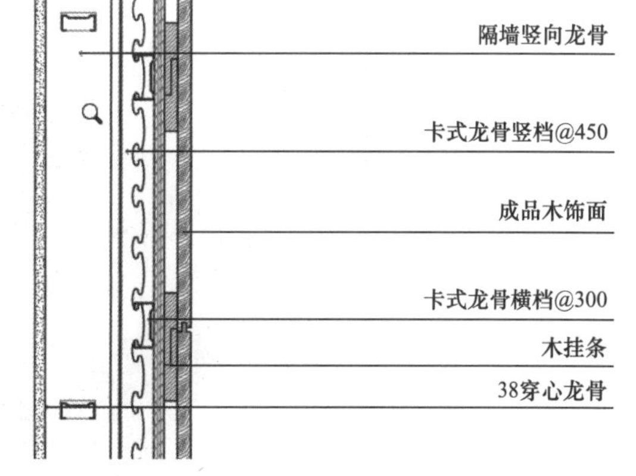

图4.2.6

二、地面节点

接下来给大家截取底板地面、石材地面、地毯地面节点。供大家参考学习，如图4.2.7~图4.2.12所示。

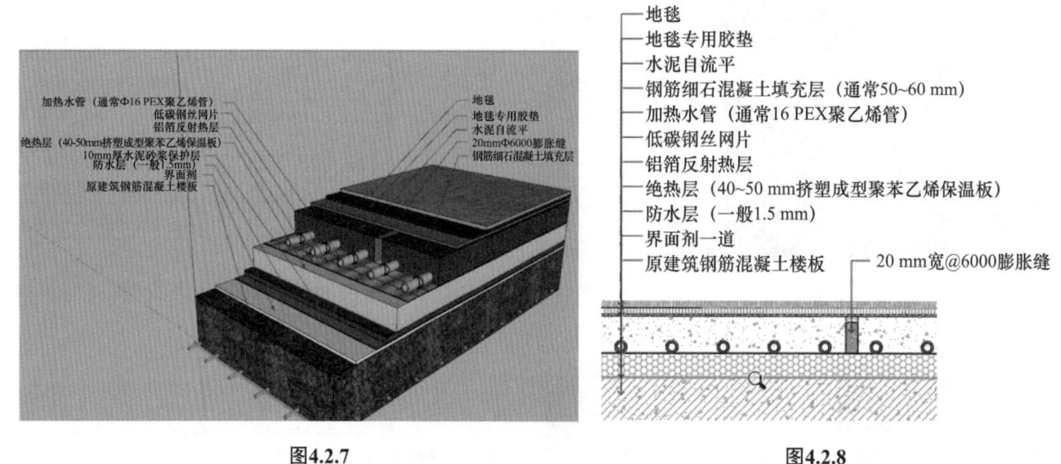

图4.2.7　　图4.2.8

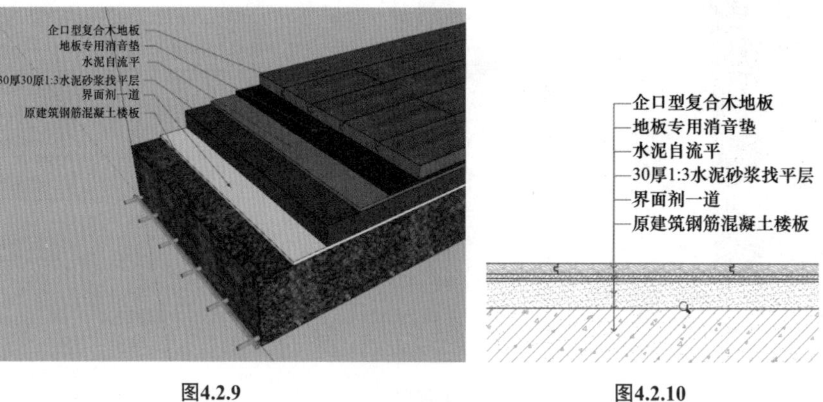

图4.2.9　　图4.2.10

图4.2.11

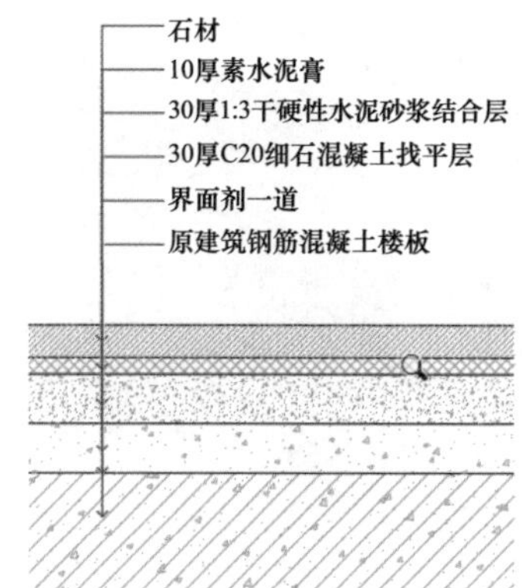

图4.2.12

三、天花节点

接下来给大家截取天花反光灯槽、矿棉板吊顶、天花空调风管节点，供大家参考学习，如图4.2.13~图4.2.18所示。

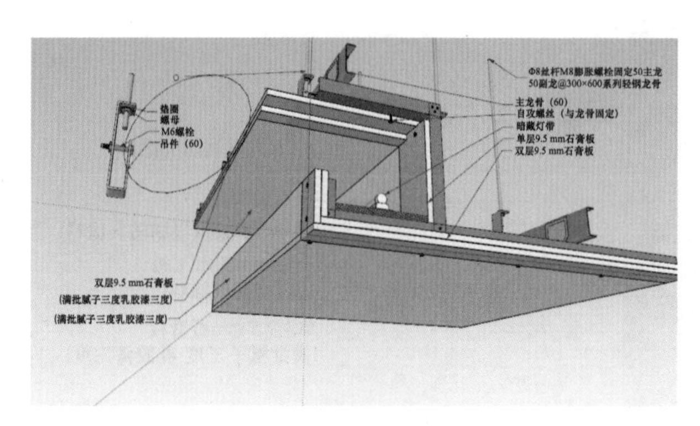

图4.2.13

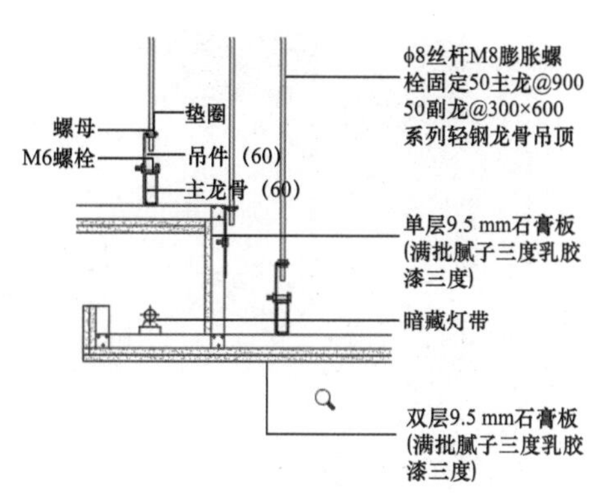

图4.2.14

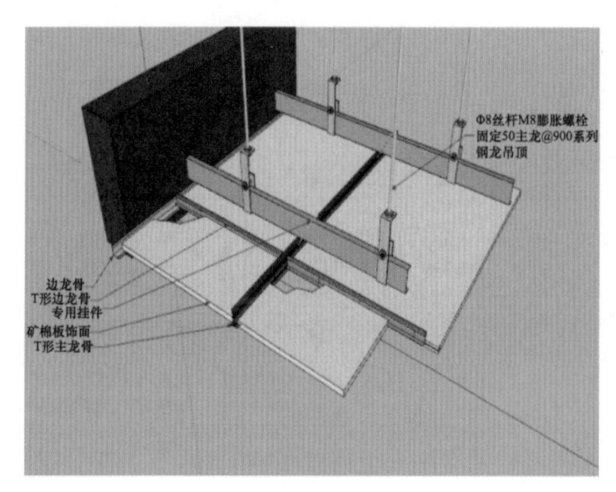

图4.2.15

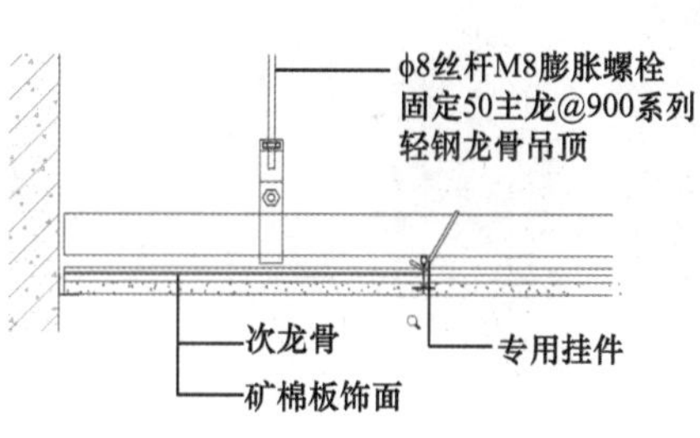

图4.2.16

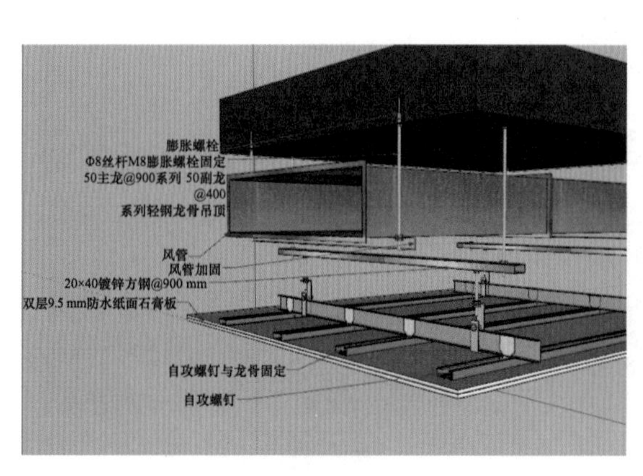

图4.2.17

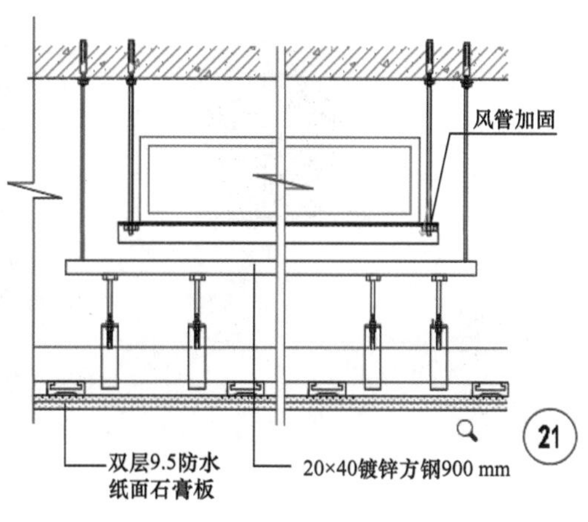

图4.2.18

四、墙顶收口节点

接下来给大家截取窗帘盒、墙顶封口节点、木饰面节点。供大家参考学习，如图4.2.19~图4.2.24所示。

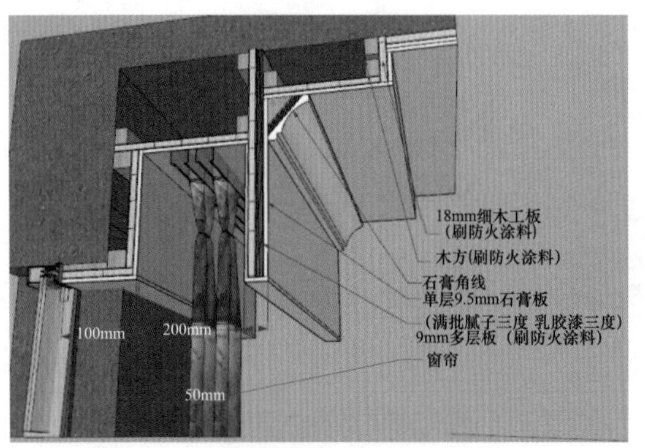

18mm细木工板
（刷防火涂料）
木方(刷防火涂料)
石膏角线
单层9.5mm石膏板
（满批腻子三度 乳胶漆三度）
9mm多层板（刷防火涂料）
窗帘
100mm
200mm
50mm

图4.2.19

木方（刷防火涂料）
石膏线条
9 mm多层板（刷防火涂料）
18 mm细木工板
（刷防火涂料）
单层9.5 mm石膏板
(满批腻子三度 乳胶漆三度)
200
100
200
50

图4.2.20

吊杆
次(覆面)
9 mm无纸纤维石膏
板刷白色乳胶漆
L型收边条
条形风口
L型收边条
石材干挂件
石材25
8#槽钢@1000

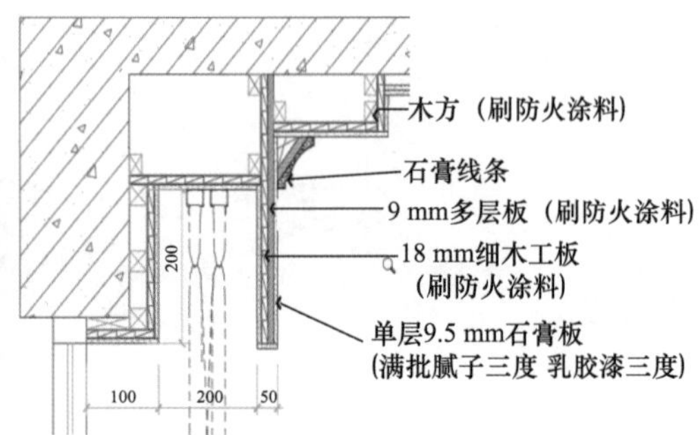

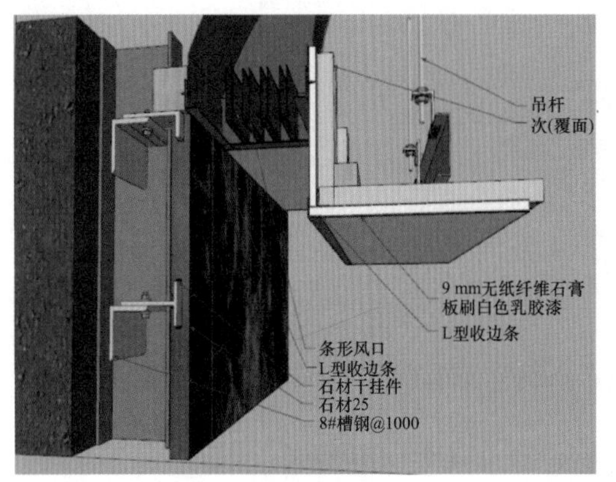

图4.2.21

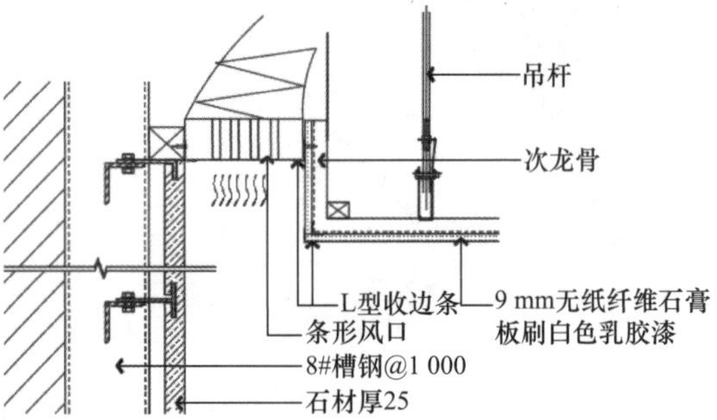

吊杆
次龙骨
L型收边条
9 mm无纸纤维石膏
板刷白色乳胶漆
条形风口
8#槽钢@1 000
石材厚25

图4.2.22

600×600金属板
条形回风带
L型收边条3
9mm无纸纤维
石膏板刷白色
乳胶漆
150 mm

图4.2.23

条形回风带
L型收边条
150
9 mm无纸纤维石膏板
刷白色乳胶漆
600×600金属板

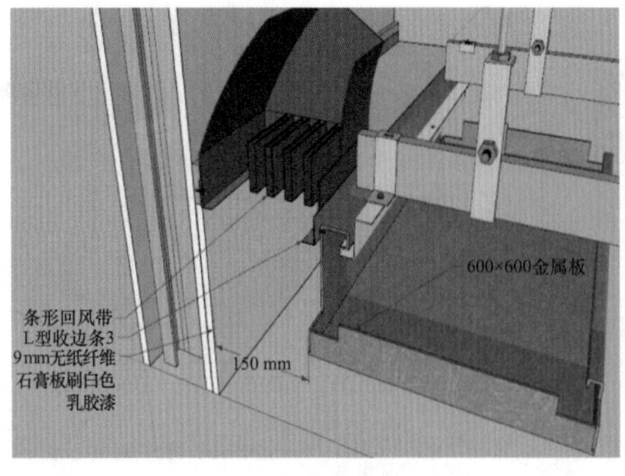

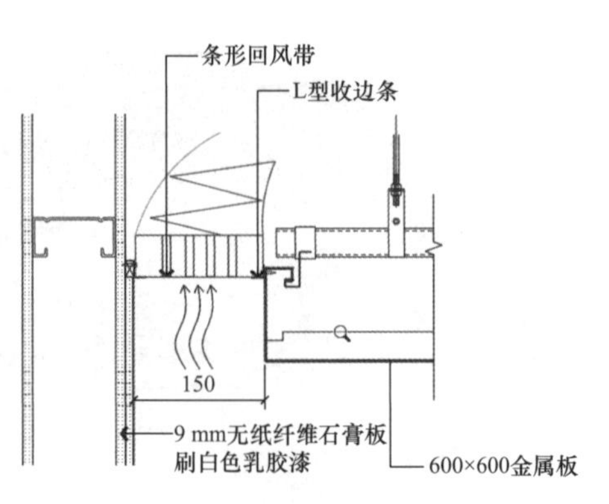

图4.2.24

五、墙地收口节点

墙地收口节点如图4.2.25~图4.2.30所示。

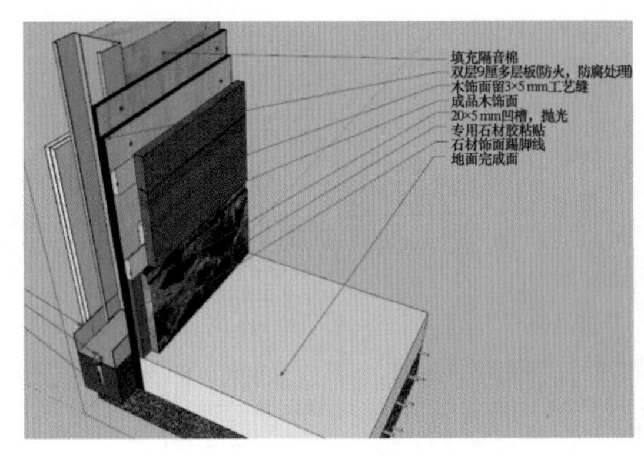

图4.2.25

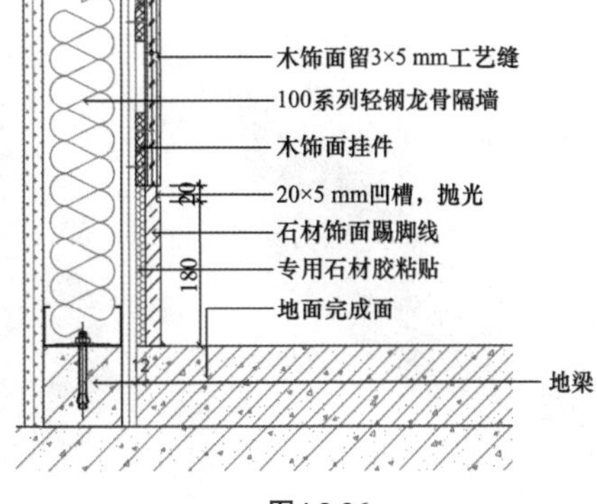

图4.2.26

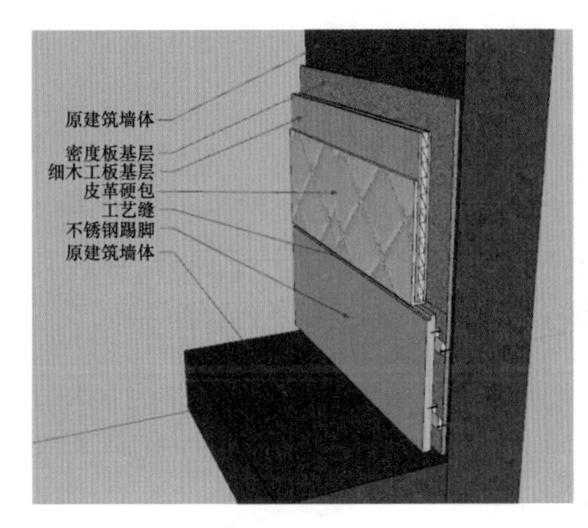

图4.2.27

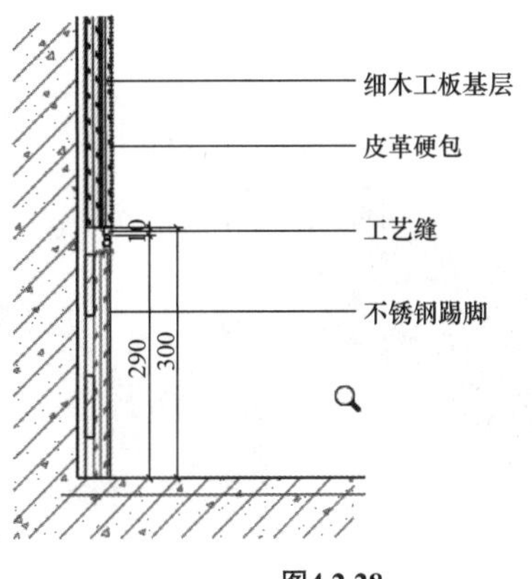

图4.2.28

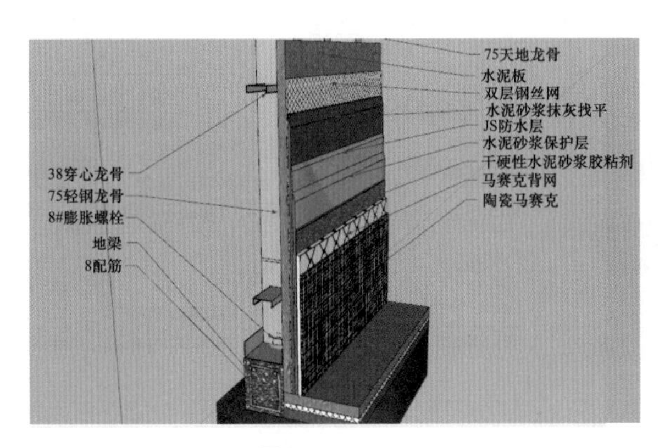

图4.2.29

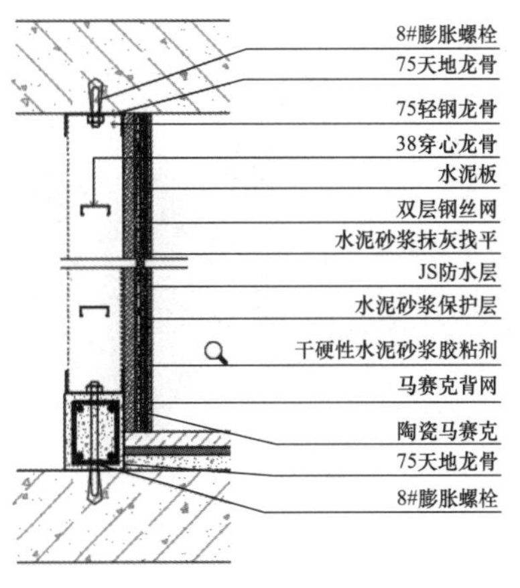

图4.2.30

六、装饰门窗

接下来给大家截取实体墙套装门节点、轻钢龙骨墙体套装门、木质暗门节点。供大家参考学习，如图4.2.31~图4.2.36所示。

细木工板基层防火处理
9厚多层板基层防火处理
木饰面板
铝合金
实木门套
木龙骨防火处理
合页
隔音胶条
5 mm多层板
建筑墙体

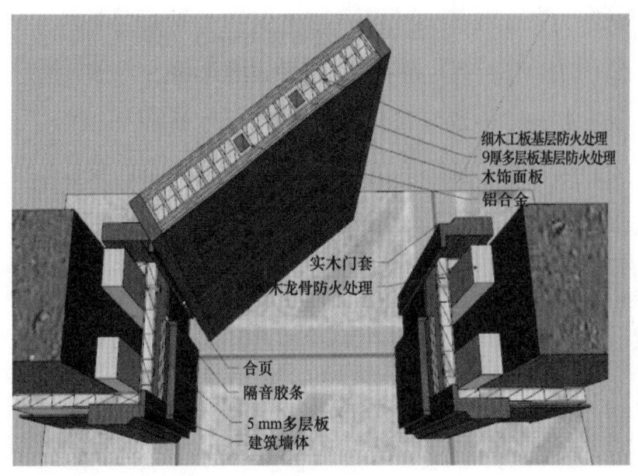

图4.2.31

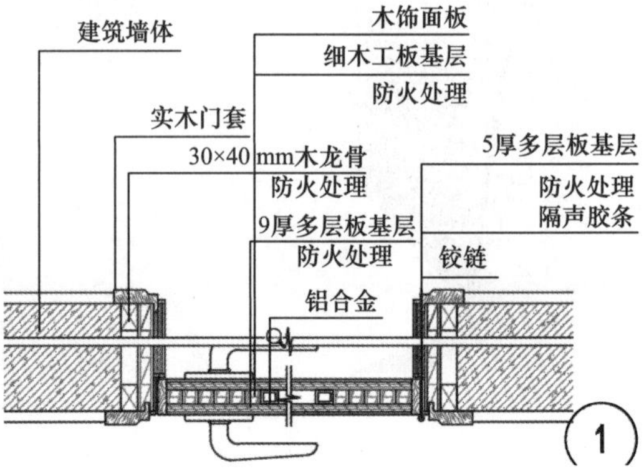

建筑墙体
木饰面板
细木工板基层
防火处理
实木门套
30×40 mm木龙骨
防火处理
5厚多层板基层
防火处理
隔声胶条
9厚多层板基层
防火处理
铰链
铝合金
1

图4.2.32

细木工板基层防火处理
9厚多层板基层防火处理
木饰面板
实木门套
30×50方管加固
细木工板基层
防火处理
75竖向龙骨
合页
隔音胶条
5 mm多层板

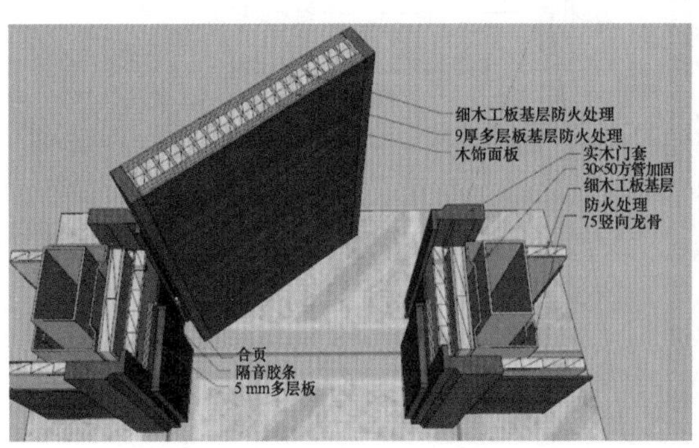

图4.2.33

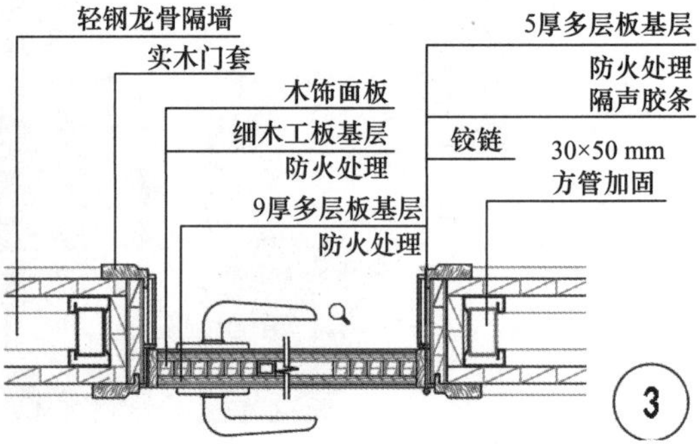

轻钢龙骨隔墙
实木门套
木饰面板
细木工板基层
防火处理
9厚多层板基层
防火处理
5厚多层板基层
防火处理
隔声胶条
铰链
30×50 mm
方管加固
3

图4.2.34

实木螺钉
自攻螺钉
30×40木龙骨
刷防火涂料三度
原建筑墙体
18 mm木工板
刷防火涂料三度
9 mm多层板
刷防火涂料三度
木饰面
9厚多层板基
层防火处理
合

图4.2.35

建筑墙
木龙骨
防火处理
木饰面板
十字铰链
木饰面板
细木工板基层
防火处理
9厚多层板基层
防火处理

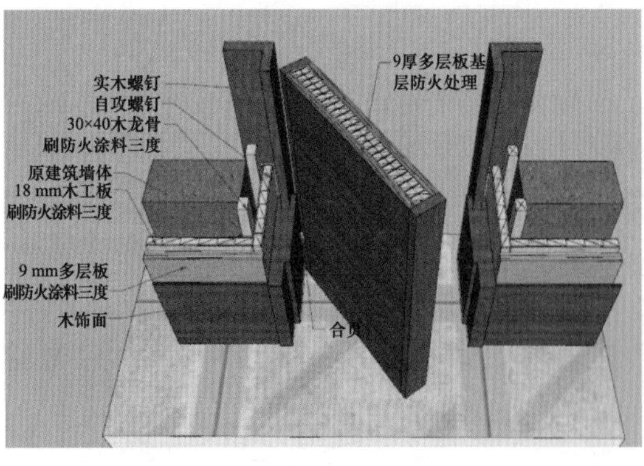

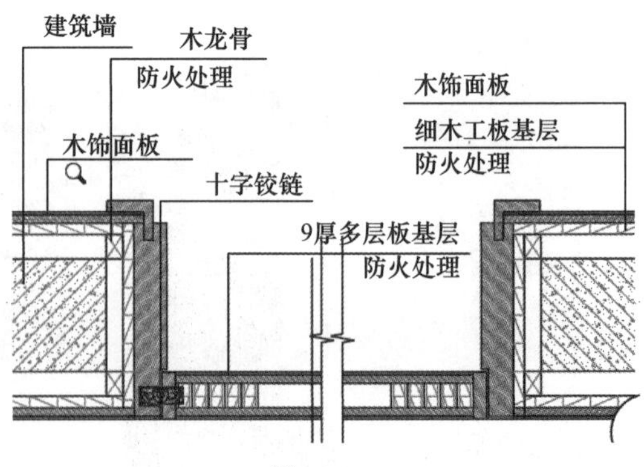

图4.2.36

节点图的绘制，对于没有工作经验的同学，具有一定的难度。同学们必须熟悉本书前面章节的内容，以及熟练掌握装饰装修材料与施工工艺的基础上进行节点的灵活运用。

小结：

本节通过对建筑的装饰施工节点了解，让同学们认识到装饰施工图节点的意义及实际作用，能够区分墙面节点、地面节点、天花节点、墙顶收口节点、墙地收口节点、装饰门窗、细部构造，同时也给同学们提出更高的要求。

问题1：简述装饰施工节点的概念。

问题2：简述地面地砖的铺贴方法。

附　录　岗位设计师工作职责

附录一　助理设计师岗位

（1）助理设计师的工作内容：量房、手绘、放图（描图）、彩色平面、排版、做表格、做预算表、打印图纸、绘制平面布置图（不设计仅绘图）、墙体定位图、天花、地面、立面图、效果图的建模及渲染。

（2）软件需求：CAD、SU、PS、PPT、3ds Max。

（3）心得：助理设计师的核心任务是配合，基本上在核心设计方案方面涉及的不多，最重要的是软件的操作要熟练，要准确，自我审核检查的工作态度非常重要。

附录二　深化设计师岗位

（1）深化设计师的工作内容：根据效果图完成施工图的制作，首先要掌握的是标准的制图规范，其次是地面、立面等图纸中的排缝方案等，最后需要掌握的是节点图能力也就是各种工艺方案和材料的交接处理、收口处理等。

（2）软件需求：CAD、SU。

（3）心得：深化设计师的核心任务是施工图的深化工作，工艺方案的设计和绘图都是深化设计师的工作内容，除绘制施工图外，还需要进行大量的沟通工作，主要是与方案设计师的沟通和现场相关人员的沟通。

附录三 驻场设计师岗位

（1）驻场设计师的工作内容：在施工现场处理各个专业之间的协作问题，图纸和设计变更问题，完善和补充需要的设计图（施工图纸），完成竣工图纸的制作。

（2）软件需求：CAD。

（3）心得：驻场设计师首先要具备深化设计师的技术能力，善于沟通协调，因需要在工地现场办公，一般男性更具有优势。该岗位对于设计师来讲是一个非常好的成长岗位，对于理解建筑、结构、消防有很大帮助，甚至可以更好的理解施工与设计方案的关系，尤其是出现设计变更时。建议未来想成为优秀设计师的人可以有一定驻场的经验，对后续做方案会有帮助。

附录四 方案设计师岗位

（1）方案设计师的工作内容：根据项目负责人（主设计师）的任务安排，完成独立空间（如会议室等）的顶面方案设计、地面方案设计、墙面方案设计，其中柱、门窗、楼梯的方案设计应根据整体方案统一设计（一般由项目负责人安排）。负责效果图和施工图纸的工作安排与审核，与项目负责人汇报方案内容并及时修改调整。

（2）心得：方案设计师岗位有两种情况，一种是概念型方案设计师，主要负责在造型、灯光、色彩等方面做创意，不必过多考虑施工和成本的问题；另一种是从助理做起，也做过深化设计，然后从事方案设计岗位的，该类设计师在做方案设计时不仅要考虑艺术层面，还要考虑成本和施工方面。

附录五　项目负责人岗位

项目负责人的工作内容：工装行业的项目负责人，需要具备很强的沟通能力，负责整个项目的整体把控，负责规划整体的空间（平面方案），分配部分空间给方案设计师进行设计和出图的工作，其主要空间（如大堂等）一般自己亲自来设计；家装行业的项目负责人一般等同于方案设计师，其要具备较强的沟通能力，施工图和效果图一般会由助理设计师来完成。

附录六　例图赏析

悦丽精品酒店

3层MS经理套房装饰施工图纸

2021.10.07

目录

序号	图纸编号	图纸名称	图幅	比例	页码	图纸编号	图纸名称	图幅	比例
		封面			21	ID-01-01	浴缸大样	A3	见图
01	ID-01	图纸目录	A3		22	ID-02-01	衣柜大样（一）	A3	见图
02	ID-02	设计说明	A3		23	ID-02-02	衣柜大样（二）	A3	见图
03	ID-03	材料表	A3		24	ID-02-03	衣柜大样（三）	A3	见图
					25	ID-03-01	电视背景墙大样（一）	A3	见图
04	ID-04	平面索引图	A3	1:50	26	ID-03-02	电视背景墙大样（二）	A3	见图
05	ID-05	平面布置图	A3	1:50	27	ID-03-03	电视背景墙大样（三）	A3	见图
06	ID-06	隔墙尺寸图	A3	1:50	28	ID-04-01	墙面全身镜大样	A3	见图
07	ID-07	墙体做法图	A3	1:50	29	ID-05-01	床背景墙大样		
08	ID-08	地坪铺贴图	A3	1:50	30	ID-06-01	卫生间水盆大样（一）	A3	见图
09	ID-09	防水分布图	A3	1:50	31	ID-06-02	卫生间水盆大样（二）	A3	见图
10	ID-10	给排水点位图	A3	1:50	32	ID-07-01	客卫水盆大样（一）	A3	见图
11	ID-11	天花布置图	A3	1:50	33	ID-07-02	客卫水盆大样（二）	A3	见图
12	ID-12	天花灯具定位图	A3	1:50					
13	ID-13	综合天花图	A3	1:50	34	M01	门大样（一）	A3	见图
14	ID-14	机电点位图	A3	1:50	35	M02	门大样（二）	A3	见图
					36	M03	门大样（三）	A3	见图
15	MS1.E01	立面图（一）	A3	1:50					
16	MS1.E02	立面图（二）	A3	1:50					
17	MS1.E03	立面图（三）	A3	1:50					
18	MS1.E04	立面图（四）	A3	1:50					
19	MS1.E05	立面图（五）	A3	1:50					
20	MS1.E06	立面图（六）	A3	1:50					

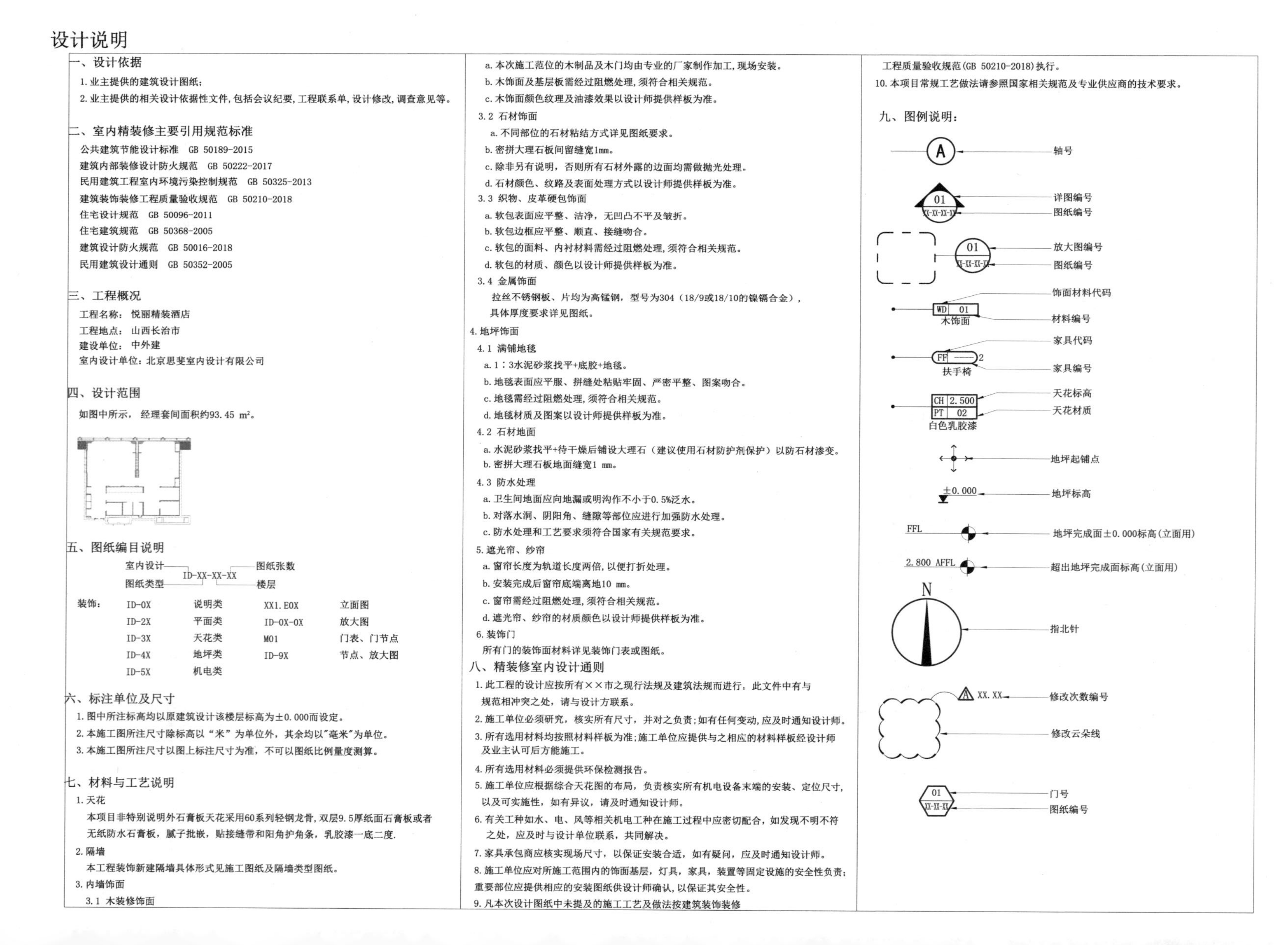

设计说明

一、设计依据

1. 业主提供的建筑设计图纸；
2. 业主提供的相关设计依据性文件，包括会议纪要，工程联系单，设计修改，调查意见等。

二、室内精装修主要引用规范标准

公共建筑节能设计标准　GB 50189-2015
建筑内部装修设计防火规范　GB 50222-2017
民用建筑工程室内环境污染控制规范　GB 50325-2013
建筑装饰装修工程质量验收规范　GB 50210-2018
住宅设计规范　GB 50096-2011
住宅建筑规范　GB 50368-2005
建筑设计防火规范　GB 50016-2018
民用建筑设计通则　GB 50352-2005

三、工程概况

工程名称：悦丽精装酒店
工程地点：山西长治市
建设单位：中外建
室内设计单位：北京思斐室内设计有限公司

四、设计范围

如图中所示，经理套间面积约93.45 m²。

五、图纸编目说明

室内设计 — ID-XX-XX-XX — 图纸张数
图纸类型 — 楼层

装饰：	ID-0X	说明类	XX1.E0X	立面图
	ID-2X	平面类	ID-0X-0X	放大图
	ID-3X	天花类	M01	门表、门节点
	ID-4X	地坪类	ID-9X	节点、放大图
	ID-5X	机电类		

六、标注单位及尺寸

1. 图中所注标高均以原建筑设计该楼层标高为±0.000而设定。
2. 本施工图所注尺寸除标高以“米”为单位外，其余均以“毫米”为单位。
3. 本施工图所注尺寸以图上标注尺寸为准，不可以图纸比例量度测算。

七、材料与工艺说明

1. 天花
本项目非特别说明外石膏板天花采用60系列轻钢龙骨，双层9.5厚纸面石膏板或者无纸防水石膏板，腻子批嵌，贴接缝带和阳角护角条，乳胶漆一底二度.
2. 隔墙
本工程装饰新建隔墙具体形式见施工图纸及隔墙类型图纸。
3. 内墙饰面
3.1 木装修饰面
a. 本次施工范位的木制品及木门均由专业的厂家制作加工，现场安装。
b. 木饰面及基层板需经过阻燃处理，须符合相关规范。
c. 木饰面颜色纹理及油漆效果以设计师提供样板为准。
3.2 石材饰面
a. 不同部位的石材粘结方式详见图纸要求。
b. 密拼大理石板间留缝宽1mm。
c. 除非另有说明，否则所有石材外露的边面均需做抛光处理。
d. 石材颜色、纹路及表面处理方式以设计师提供样板为准。
3.3 织物、皮革硬包饰面
a. 软包表面应平整、洁净，无凹凸不平及皱折。
b. 软包边框应平整、顺直、接缝吻合。
c. 软包的面料、内衬材料需经过阻燃处理，须符合相关规范。
d. 软包的材质、颜色以设计师提供样板为准。
3.4 金属饰面
拉丝不锈钢板、片均为高锰钢，型号为304（18/9或18/10的镍镉合金），具体厚度要求详见图纸。
4. 地坪饰面
4.1 满铺地毯
a. 1：3水泥砂浆找平+底胶+地毯。
b. 地毯表面应平服、拼缝处粘贴牢固、严密平整、图案吻合。
c. 地毯需经过阻燃处理，须符合相关规范。
d. 地毯材质及图案以设计师提供样板为准。
4.2 石材地面
a. 水泥砂浆找平+待干燥后铺设大理石（建议使用石材防护剂保护）以防石材渗变。
b. 密拼大理石板地面缝宽1 mm。
4.3 防水处理
a. 卫生间地面应向地漏或明沟作不小于0.5%泛水。
b. 对落水洞、阴阳角、缝隙等部位应进行加强防水处理。
c. 防水处理和工艺要求须符合国家有关规范要求。
5. 遮光帘、纱帘
a. 窗帘长度为轨道长度两倍，以便打折处理。
b. 安装完成后窗帘底端离地10 mm。
c. 窗帘需经过阻燃处理，须符合相关规范。
d. 遮光帘、纱帘的材质颜色以设计师提供样板为准。
6. 装饰门
所有门的装饰面材料详见装饰门表或图纸。

八、精装修室内设计通则

1. 此工程的设计应按所有××市之现行法规及建筑法规而进行，此文件中有与规范相冲突之处，请与设计方联系。
2. 施工单位必须研究，核实所有尺寸，并对之负责；如有任何变动，应及时通知设计师。
3. 所有选用材料均按照材料样板为准；施工单位应提供与之相应的材料样板经设计师及业主认可后方能施工。
4. 所有选用材料必须提供环保检测报告。
5. 施工单位应根据综合天花图的布局，负责核实所有机电设备末端的安装、定位尺寸，以及可实施性，如有异议，请及时通知设计师。
6. 有关工种如水、电、风等相关机电工种在施工过程中应密切配合，如发现不明不符之处，应及时与设计单位联系，共同解决。
7. 家具承包商应核实现场尺寸，以保证安装合适，如有疑问，应及时通知设计师。
8. 施工单位应对所施工范围内的饰面基层，灯具，家具，装置等固定设施的安全性负责；重要部位应提供相应的安装图纸供设计师确认，以保证其安全性。
9. 凡本次设计图纸中未提及的施工工艺及做法按建筑装饰装修工程质量验收规范(GB 50210-2018)执行。
10. 本项目常规工艺做法请参照国家相关规范及专业供应商的技术要求。

九、图例说明：

材料表

代表符号	名称	使用区域及用途	产品规格	耐火等级	代表符号	名称	使用区域及用途	产品规格	耐火等级
STONE	石材				METAL	金属			
ST-01	浅米色大理石	玄关地面、衣帽间地面	20 mm厚	A	MT-01	黑色拉丝不锈钢	线型夜灯金属踢脚	1.2 mm厚	A
ST-02	深灰色大理石	地面波打线、衣帽间地面、电视背景墙台面	20 mm厚	A	MT-02	灰色拉丝不锈钢	起居室、床背景墙收边条、衣柜拉手	1.2 mm厚	A
ST-03	浅灰色大理石	卫生间地面、墙面	20 mm厚	A					
ST-04	灰色大理石	卫生间淋浴间地面、挡水、围边	20 mm厚	A	PAINT	涂料/油漆			
ST-05	米白色大理石	洗手间台面、浴缸、背景墙面			PT-01	白色乳胶漆	大面积天花	2 mm厚	A
					PT-02	白色防水乳胶漆	卫生间	2 mm厚	A
CARPET	地毯								
CA-01	地毯	起居室地面、卧室地面	卷材满铺	A					
			卷材满铺	A					
WOOD	木饰面								
WD-01	木饰面	大面积墙面、衣柜、踢脚							
WD-02	木饰面	电视背景墙面		B2					
				B2					
WALL PAPER	墙纸								
WC-01	墙纸	大面积墙面							
				B2					
FABRIC	软包								
FA-01	软包	床裙							
FA-02	耐磨布	衣柜鞋架		B2					
				B2					
				B2					
GLASS	玻璃								
GL-01	磨砂80%钢化玻璃	淋浴房、卫生间、桑拿房门		B2					
GL-02	钢化清玻璃	浴缸处隔墙		B2					
MIRROR	镜子								
MR-01	明镜	墙面全身镜							
MR-02	银镜	卫生间							

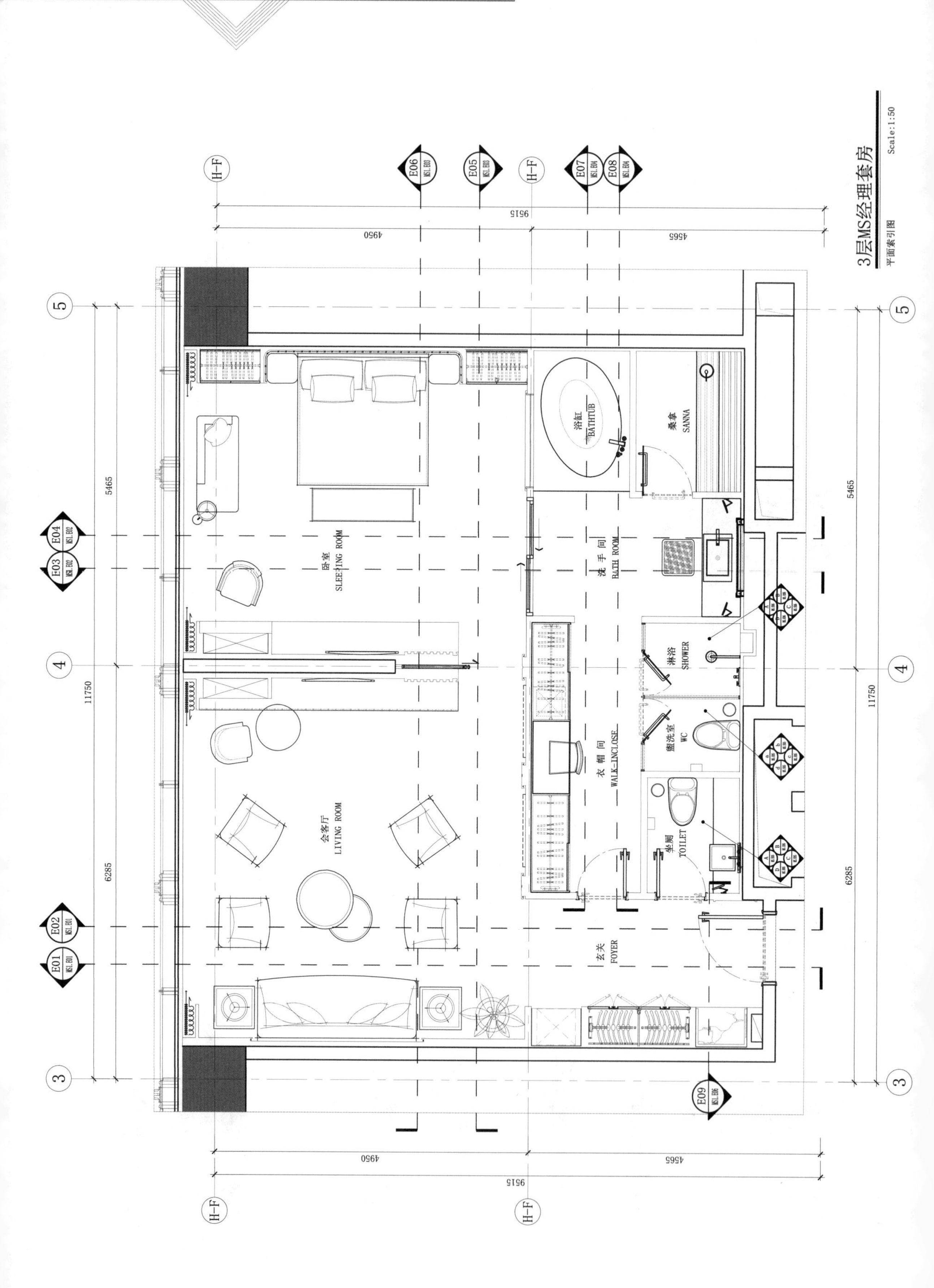
3层MS经理套房
平面索引图
Scale:1:50
卧室
SLEEPING ROOM
会客厅
LIVING ROOM
浴缸
BATHTUB
桑拿
SANNA
洗手间
BATH ROOM
淋浴
SHOWER
盥洗室
WC
衣帽间
WALK-INCLOSE
坐厕
TOILET
玄关
FOYER
9515
4950
4565
5465
6285
11750
H-F
E01
E02
E03
E04
E05
E06
E07
E08
E09

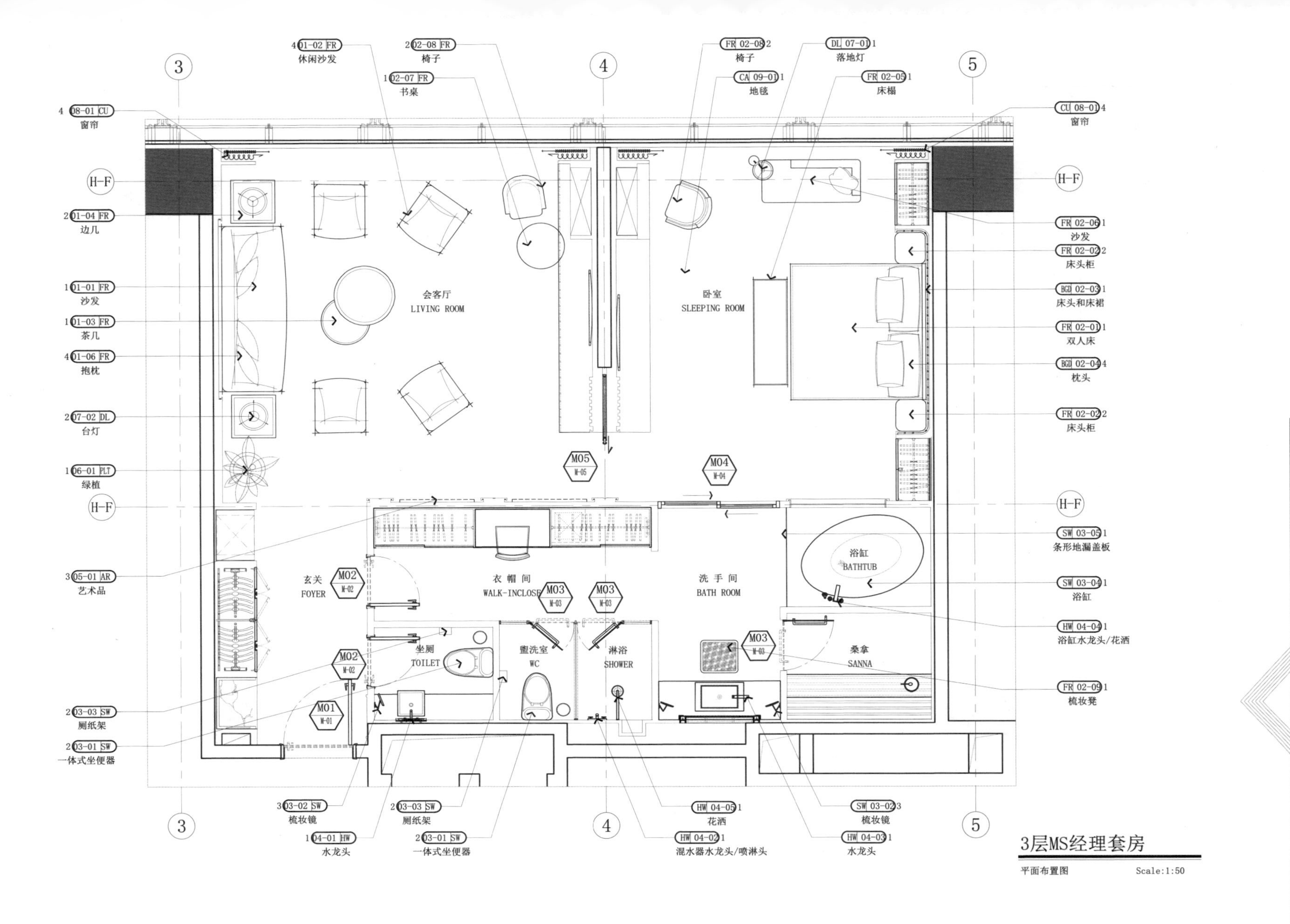
4 01-02 FR 休闲沙发
2 02-08 FR 椅子
1 02-07 FR 书桌
FR 02-08 2 椅子
CA 09-01 1 地毯
DL 07-01 1 落地灯
FR 02-05 1 床榻
4 08-01 CU 窗帘
CU 08-01 4 窗帘
H-F
2 01-04 FR 边几
1 01-01 FR 沙发
1 01-03 FR 茶几
4 01-06 FR 抱枕
2 07-02 DL 台灯
1 06-01 PLT 绿植
FR 02-06 1 沙发
FR 02-02 2 床头柜
BGD 02-03 1 床头和床裙
FR 02-01 1 双人床
BGD 02-04 4 枕头
FR 02-02 2 床头柜
会客厅
LIVING ROOM
卧室
SLEEPING ROOM
M05
M04
3 05-01 AR 艺术品
玄关
FOYER
M02
衣帽间
WALK-INCLOSET
M03
洗手间
BATH ROOM
浴缸
BATHTUB
SW 03-05 1 条形地漏盖板
SW 03-04 1 浴缸
HW 04-04 1 浴缸水龙头/花洒
坐厕
TOILET
盥洗室
WC
淋浴
SHOWER
桑拿
SANNA
M01
FR 02-09 1 梳妆凳
2 03-03 SW 厕纸架
2 03-01 SW 一体式坐便器
3 03-02 SW 梳妆镜
1 04-01 HW 水龙头
2 03-03 SW 厕纸架
2 03-01 SW 一体式坐便器
HW 04-05 1 花洒
HW 04-02 1 混水器水龙头/喷淋头
SW 03-02 3 梳妆镜
HW 04-03 1 水龙头
3
4
5
3层MS经理套房
平面布置图
Scale:1:50

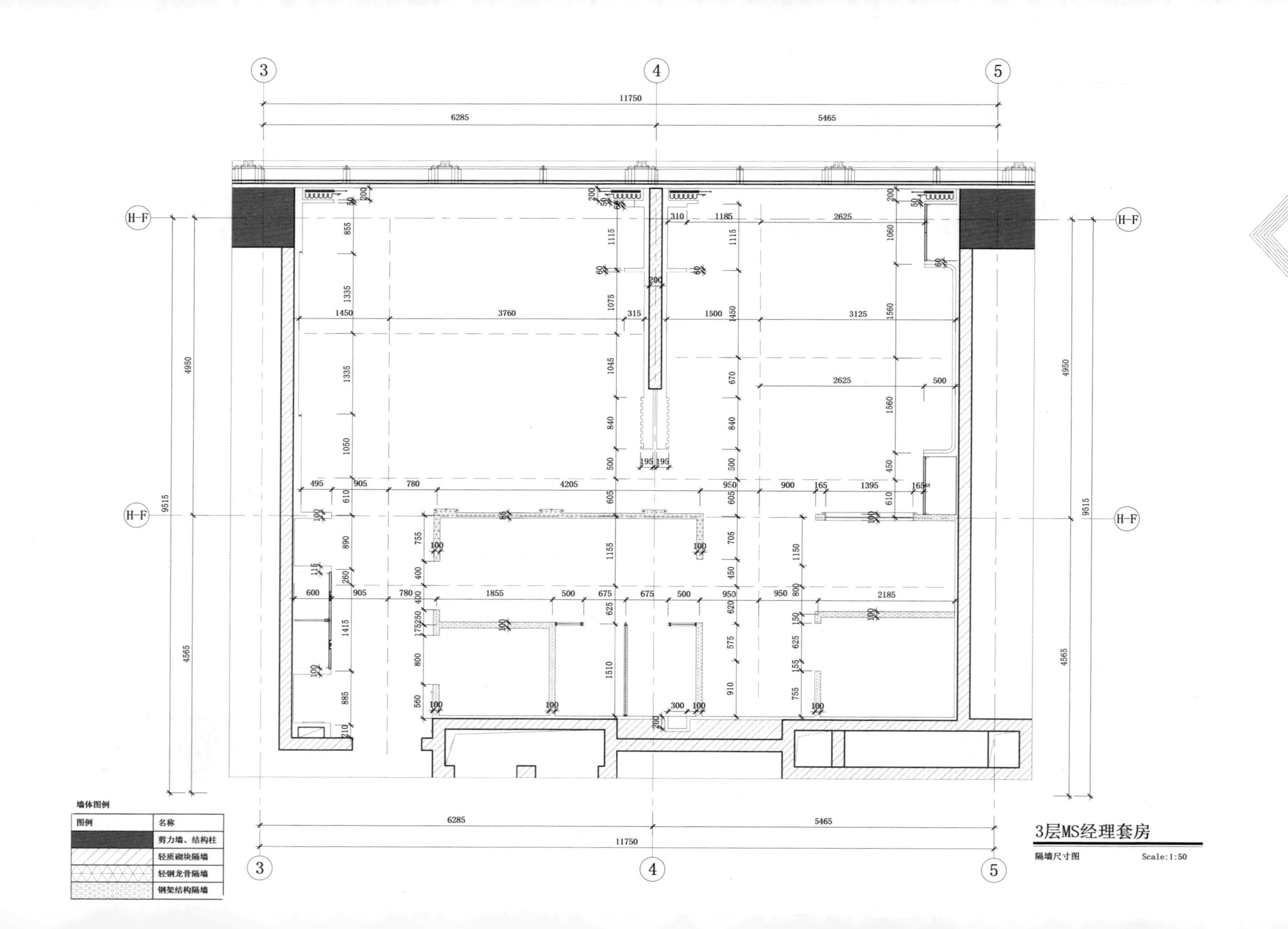
3层MS经理套房
隔墙尺寸图
Scale:1:50
墙体图例
图例
名称
剪力墙、结构柱
轻质砌块隔墙
轻钢龙骨隔墙
钢架结构隔墙

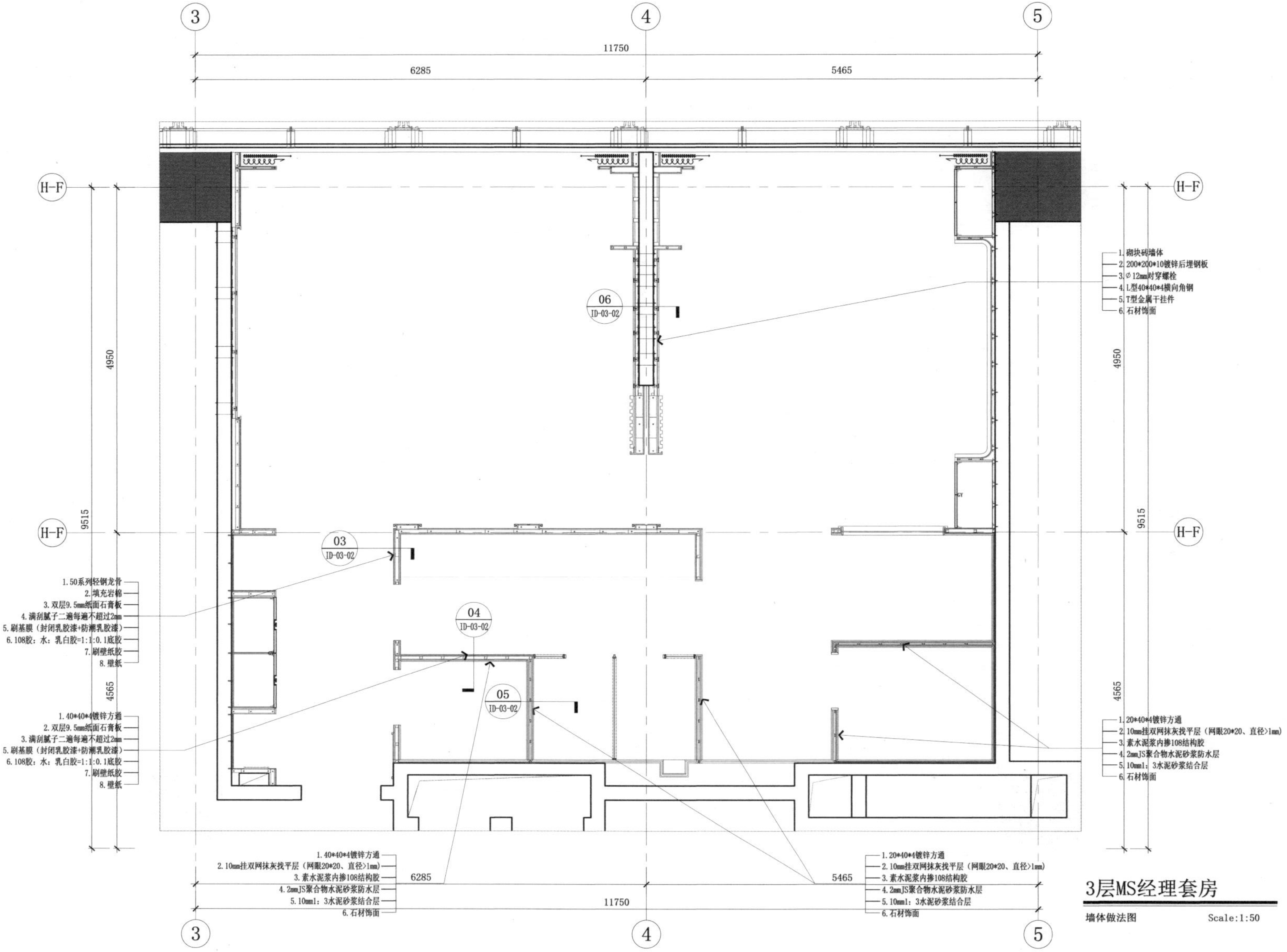
3
4
5
11750
6285
5465
H-F
9515
4950
4565
06
ID-03-02
03
ID-03-02
04
ID-03-02
05
ID-03-02
1. 砌块砖墙体
2. 200*200*10镀锌后埋钢板
3. ∅12mm对穿螺栓
4. L型40*40*4横向角钢
5. T型金属干挂件
6. 石材饰面
1. 50系列轻钢龙骨
2. 填充岩棉
3. 双层9.5mm纸面石膏板
4. 满刮腻子二遍每遍不超过2mm
5. 刷基膜（封闭乳胶漆+防潮乳胶漆）
6. 108胶：水：乳白胶=1:1:0.1底胶
7. 刷壁纸胶
8. 壁纸
1. 40*40*4镀锌方通
2. 双层9.5mm纸面石膏板
3. 满刮腻子二遍每遍不超过2mm
5. 刷基膜（封闭乳胶漆+防潮乳胶漆）
6. 108胶：水：乳白胶=1:1:0.1底胶
7. 刷壁纸胶
8. 壁纸
1. 20*40*4镀锌方通
2. 10mm挂双网抹灰找平层（网眼20*20、直径>1mm）
3. 素水泥浆内掺108结构胶
4. 2mmJS聚合物水泥砂浆防水层
5. 10mm1：3水泥砂浆结合层
6. 石材饰面
1. 40*40*4镀锌方通
2. 10mm挂双网抹灰找平层（网眼20*20、直径>1mm）
3. 素水泥浆内掺108结构胶
4. 2mmJS聚合物水泥砂浆防水层
5. 10mm1：3水泥砂浆结合层
6. 石材饰面
1. 20*40*4镀锌方通
2. 10mm挂双网抹灰找平层（网眼20*20、直径>1mm）
3. 素水泥浆内掺108结构胶
4. 2mmJS聚合物水泥砂浆防水层
5. 10mm1：3水泥砂浆结合层
6. 石材饰面

3层MS经理套房

墙体做法图 Scale:1:50

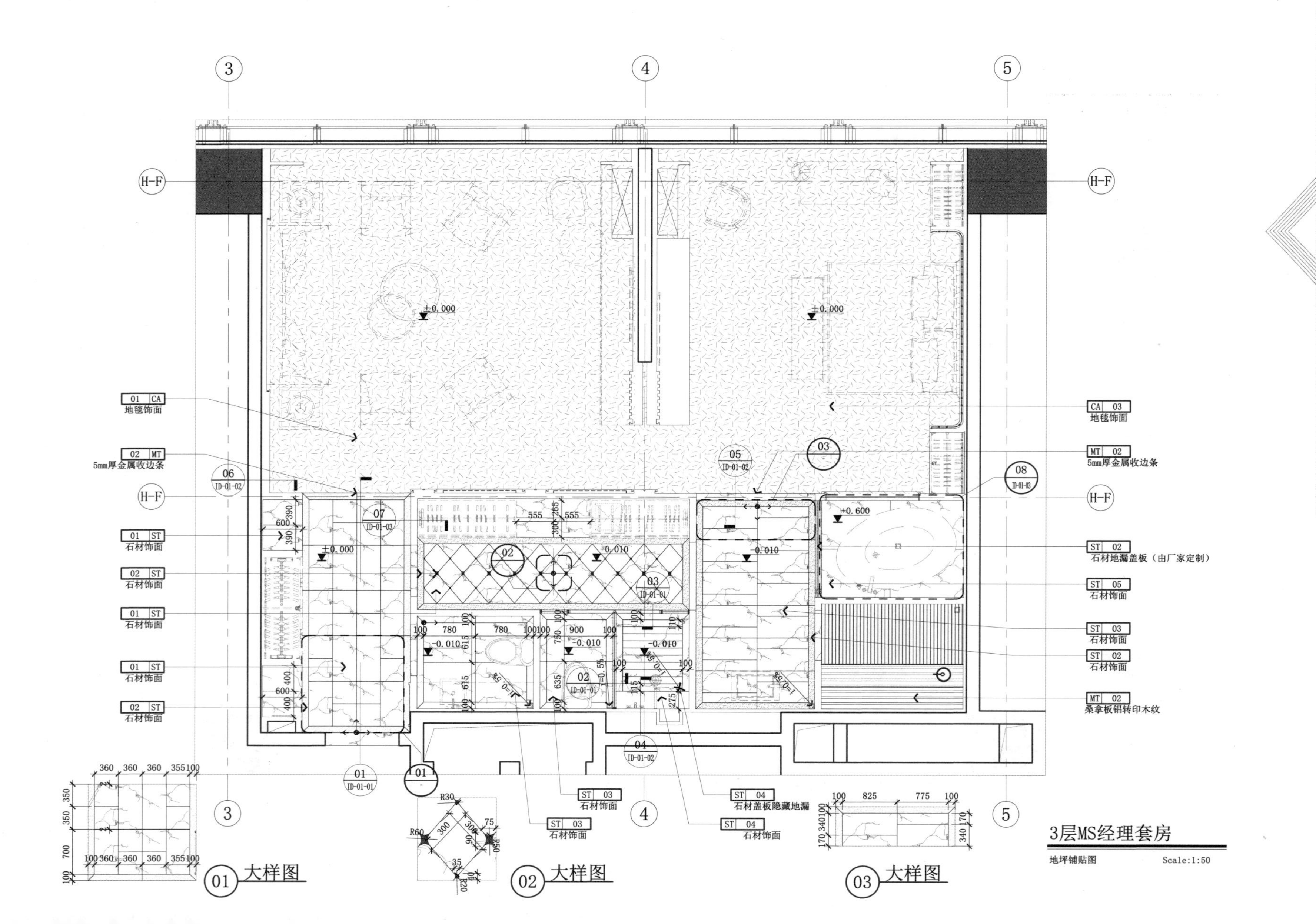
01 CA 地毯饰面
02 MT 5mm厚金属收边条
01 ST 石材饰面
02 ST 石材饰面
01 ST 石材饰面
01 ST 石材饰面
02 ST 石材饰面
CA 03 地毯饰面
MT 02 5mm厚金属收边条
ST 02 石材地漏盖板（由厂家定制）
ST 05 石材饰面
ST 03 石材饰面
ST 02 石材饰面
MT 02 桑拿板铝转印木纹
ST 03 石材饰面
ST 03 石材饰面
ST 04 石材盖板隐藏地漏
ST 04 石材饰面
01 大样图
02 大样图
03 大样图
3层MS经理套房
地坪铺贴图
Scale:1:50

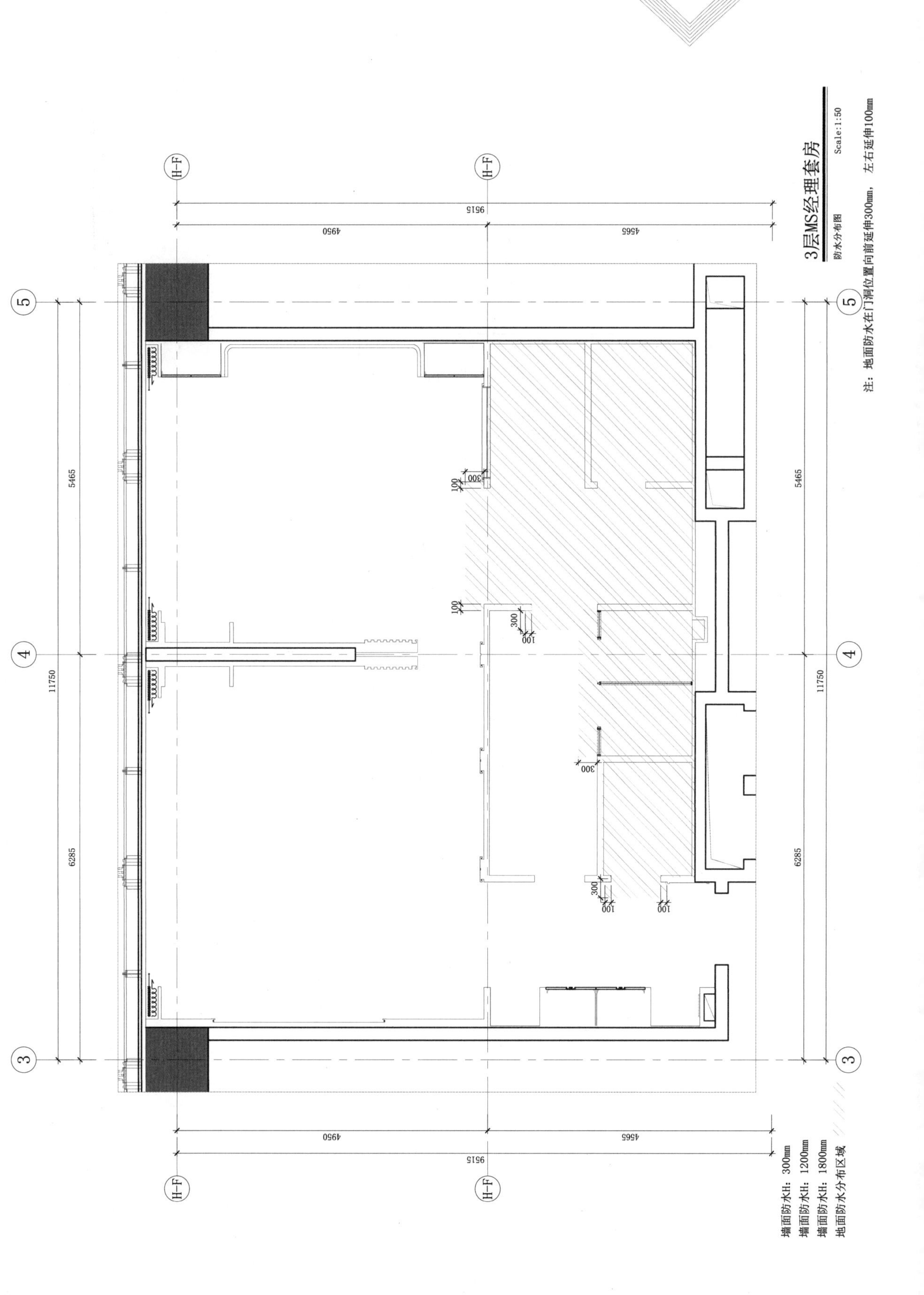
3层MS经理套房
防水分布图
Scale:1:50
注：地面防水在门洞位置向前延伸300mm，左右延伸100mm
墙面防水H：300mm
墙面防水H：1200mm
墙面防水H：1800mm
地面防水分布区域
9515
4950
4565
5465
6285
11750
H-F
3
4
5

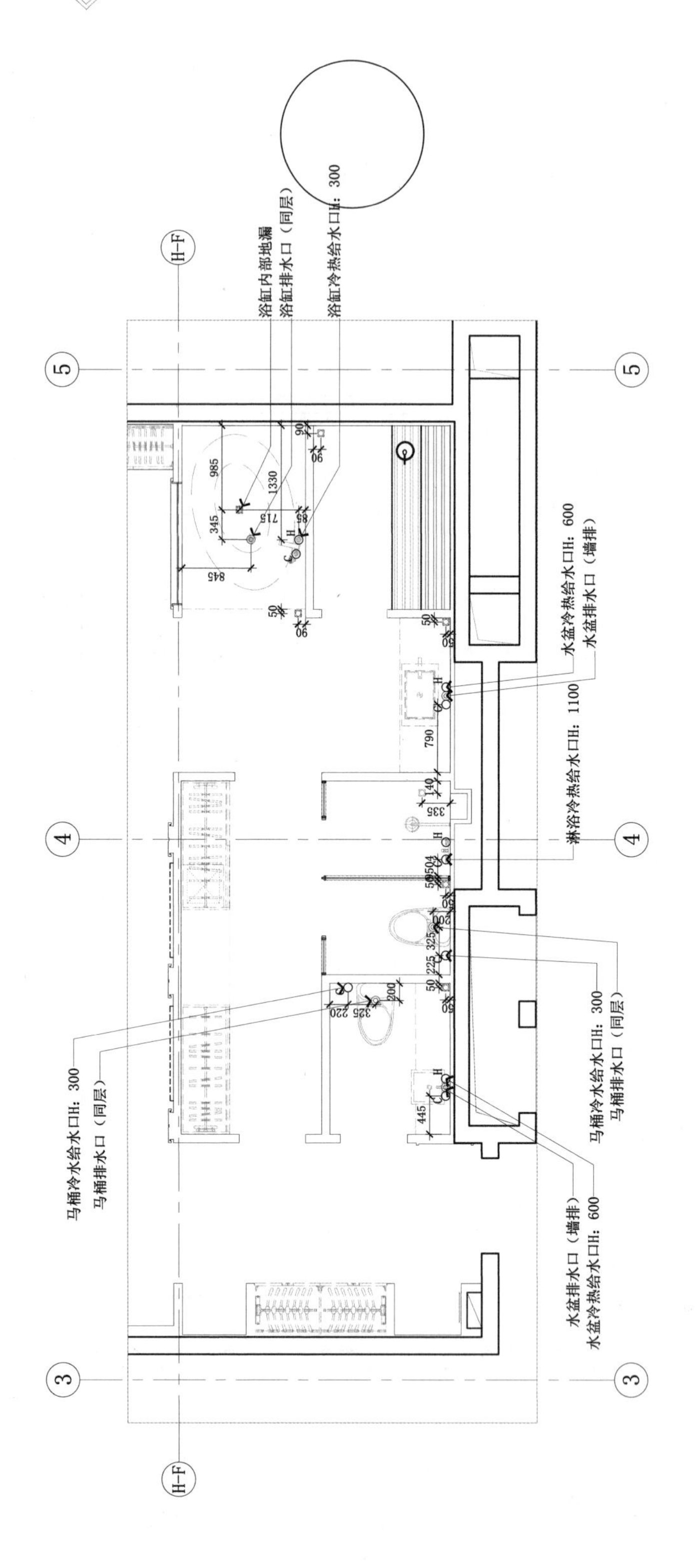

给排水图例

图例	名称	图例	名称
○C	冷水给水口	◎	排水口
○H	热水给水口	□	地漏

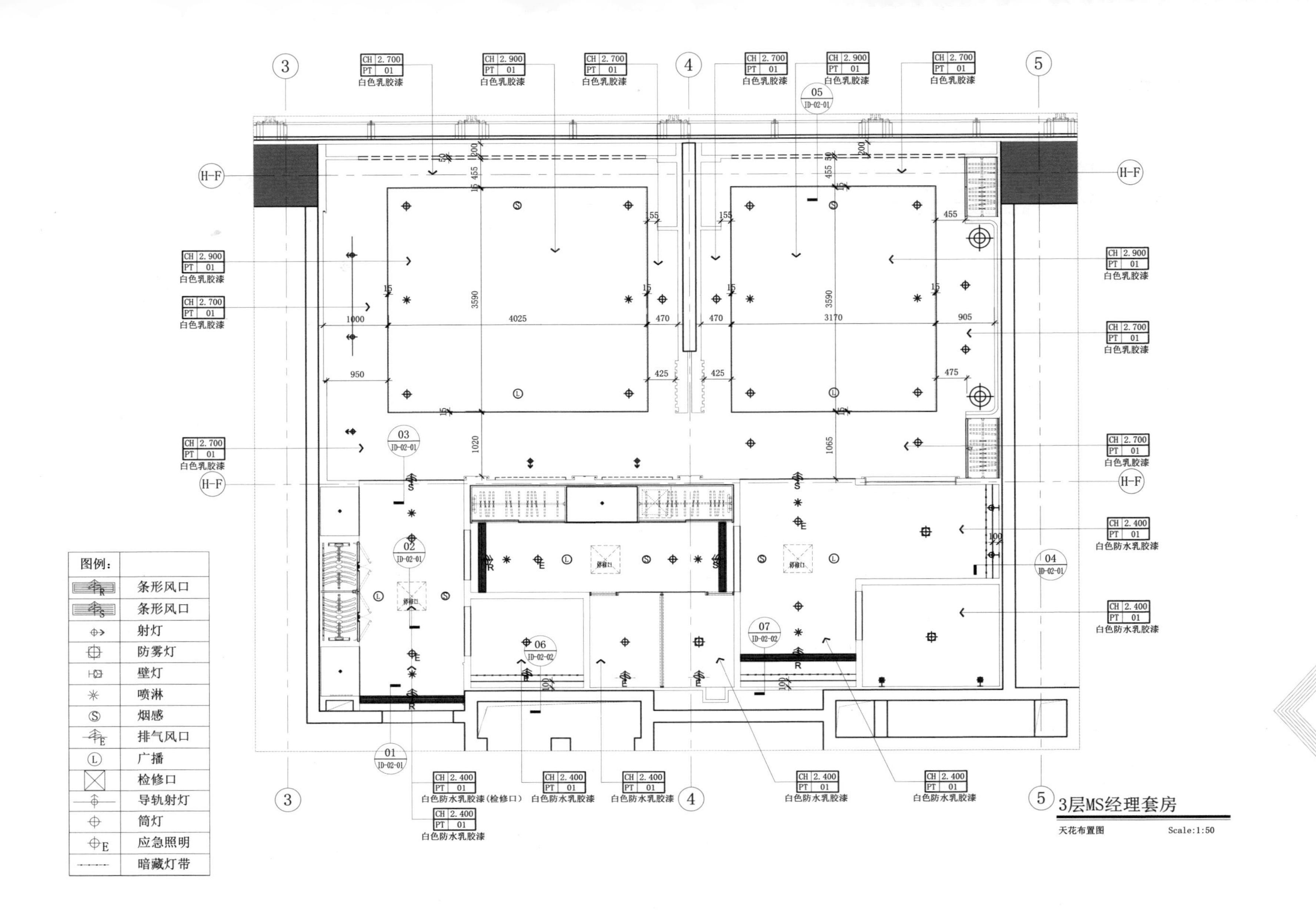
3层MS经理套房
天花布置图
Scale:1:50
CH 2.900 PT 01 白色乳胶漆
CH 2.700 PT 01 白色乳胶漆
CH 2.400 PT 01 白色防水乳胶漆
CH 2.400 PT 01 白色防水乳胶漆(检修口)
图例:
条形风口
条形风口
射灯
防雾灯
壁灯
喷淋
烟感
排气风口
广播
检修口
导轨射灯
筒灯
应急照明
暗藏灯带

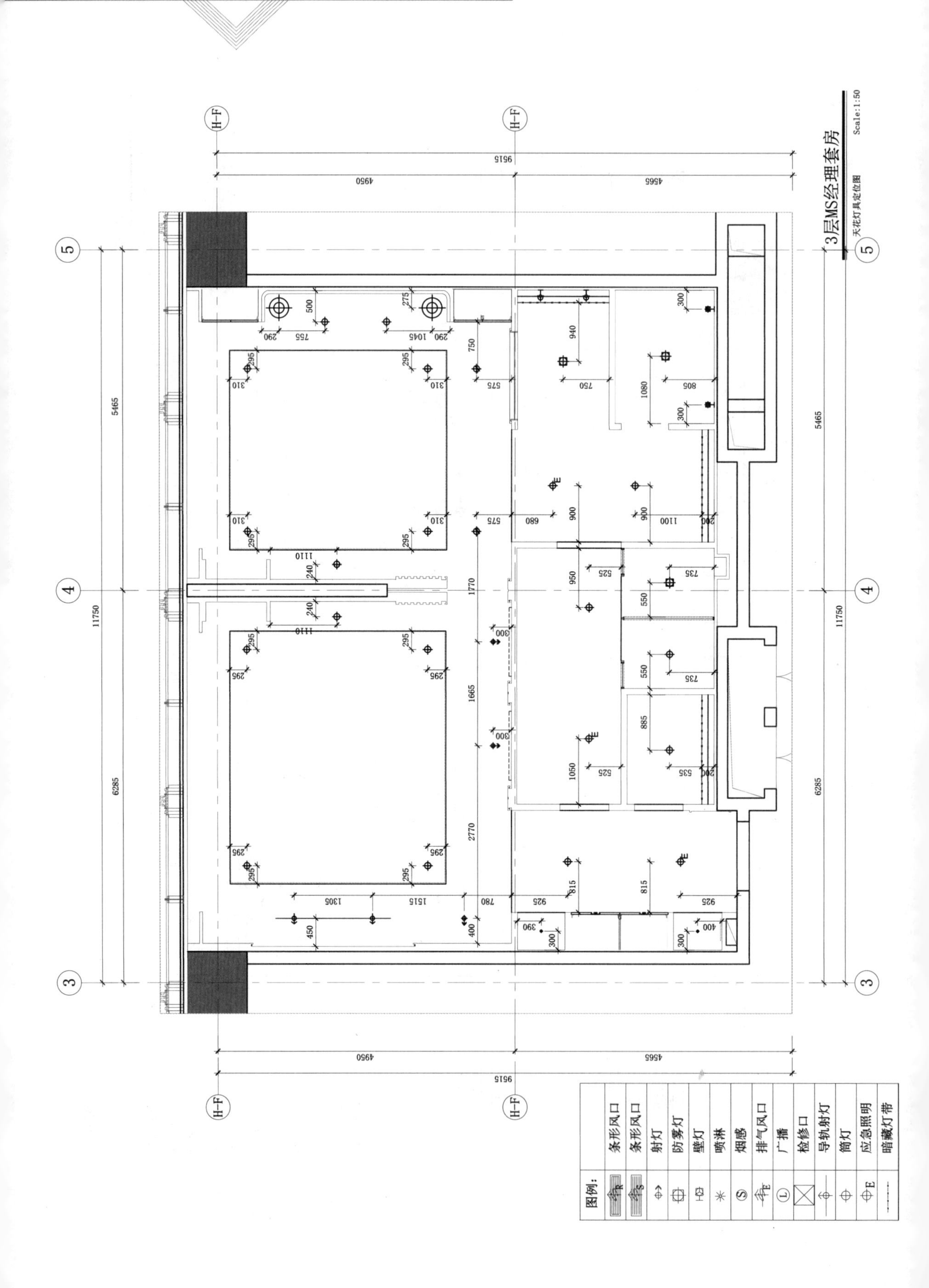
3层MS经理套房
天花灯具定位图
Scale:1:50
图例：
条形风口
条形风口
射灯
防雾灯
壁灯
喷淋
烟感
排气风口
广播
检修口
导轨射灯
筒灯
应急照明
暗藏灯带

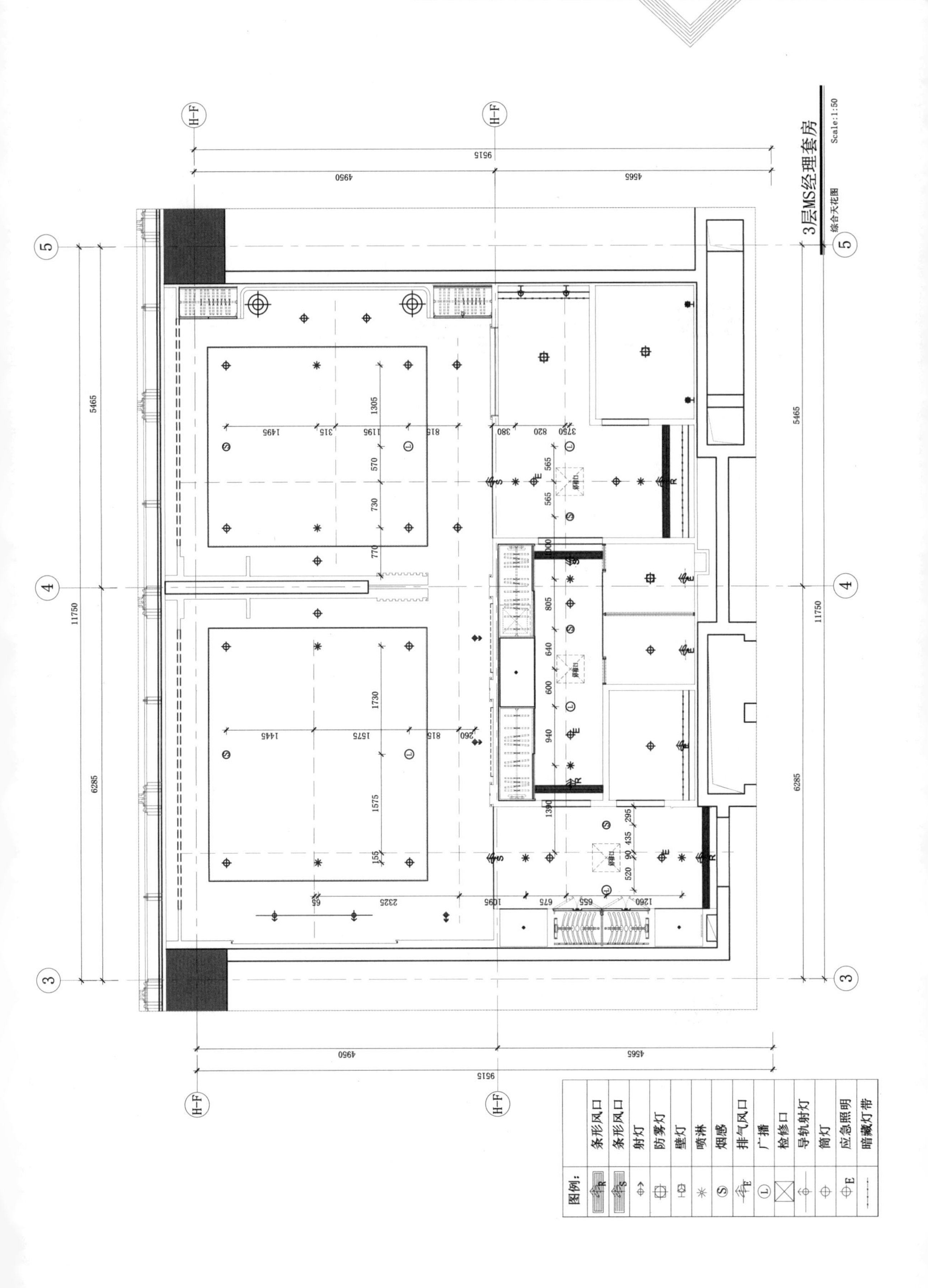
3层MS经理套房
综合天花图
Scale:1:50
图例：
条形风口
条形风口
射灯
防雾灯
壁灯
喷淋
烟感
排气风口
广播
检修口
导轨射灯
筒灯
应急照明
暗藏灯带
9515
4950
4565
5465
6285
11750
H-F
5
4
3

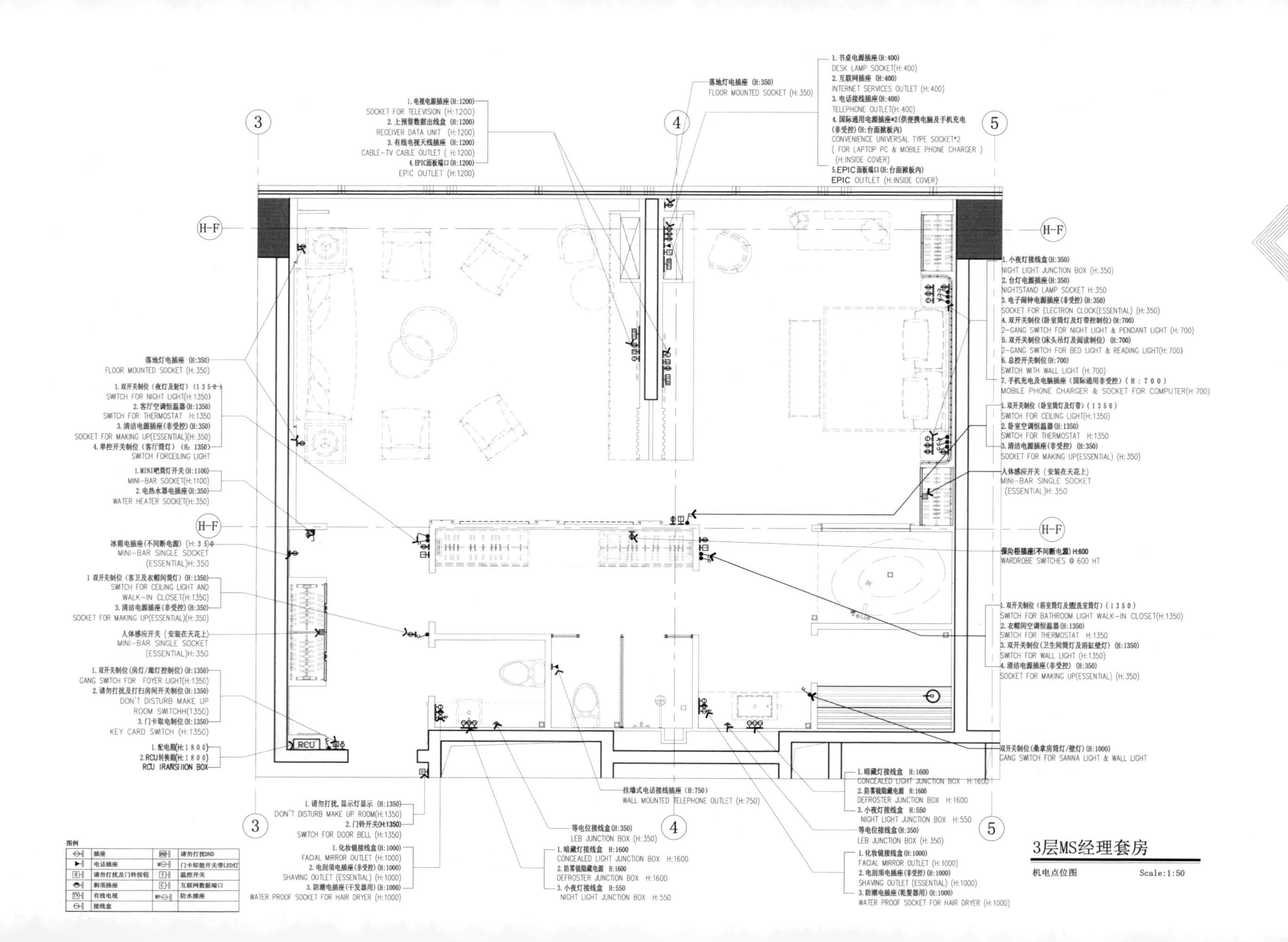
1. 电视电源插座(H:1200)
SOCKET FOR TELEVISION (H:1200)
2. 上预留数据出线盒 (H:1200)
RECEIVER DATA UNIT (H:1200)
3. 有线电视天线插座 (H:1200)
CABLE-TV CABLE OUTLET (H:1200)
4. EPIC面板端口(H:1200)
EPIC OUTLET (H:1200)
落地灯电插座 (H:350)
FLOOR MOUNTED SOCKET (H:350)
1. 书桌电源插座(H:400)
DESK LAMP SOCKET(H:400)
2. 互联网插座 (H:400)
INTERNET SERVICES OUTLET (H:400)
3. 电话接线插座(H:400)
TELEPHONE OUTLET(H:400)
4. 国际通用电源插座*2(供便携电脑及手机充电(非受控)(H:台面掀板内)
CONVENIENCE UNIVERSAL TYPE SOCKET*2 (FOR LAPTOP PC & MOBILE PHONE CHARGER) (H:INSIDE COVER)
5.EPIC面板端口(H:台面掀板内)
EPIC OUTLET (H:INSIDE COVER)
1. 小夜灯接线盒(H:350)
NIGHT LIGHT JUNCTION BOX (H:350)
2. 台灯电源插座(H:350)
NIGHTSTAND LAMP SOCKET H:350
3. 电子闹钟电源插座(非受控) (H:350)
SOCKET FOR ELECTRON CLOCK(ESSENTIAL) (H:350)
4. 双开关制位(卧室筒灯及灯带控制位) (H:700)
2-GANG SWITCH FOR NIGHT LIGHT & PENDANT LIGHT (H:700)
5. 双开关制位(床头吊灯及阅读制位) (H:700)
2-GANG SWITCH FOR BED LIGHT & READING LIGHT(H:700)
6. 总控开关制位(H:700)
SWITCH WITH WALL LIGHT (H:700)
7. 手机充电及电脑插座(国际通用非受控)(H:700)
MOBILE PHONE CHARGER & SOCKET FOR COMPUTER(H:700)
1. 双开关制位(卧室筒灯及灯带)(1350)
SWITCH FOR CEILING LIGHT(H:1350)
2. 卧室空调恒温器(H:1350)
SWITCH FOR THERMOSTAT H:1350
3. 清洁电源插座(非受控) (H:350)
SOCKET FOR MAKING UP(ESSENTIAL) (H:350)
人体感应开关(安装在天花上)
MINI-BAR SINGLE SOCKET (ESSENTIAL)H:350
保险柜插座(不间断电源) H:600
WARDROBE SWITCHES @ 600 HT
1. 双开关制位(浴室筒灯及盥洗室筒灯)(1350)
SWITCH FOR BATHROOM LIGHT WALK-IN CLOSET(H:1350)
2. 衣帽间空调恒温器(H:1350)
SWITCH FOR THERMOSTAT H:1350
3. 双开关制位(卫生间筒灯及浴缸壁灯) (H:1350)
SWITCH FOR WALL LIGHT (H:1350)
4. 清洁电源插座(非受控) (H:350)
SOCKET FOR MAKING UP(ESSENTIAL) (H:350)
双开关制位(桑拿房筒灯/壁灯) (H:1000)
GANG SWITCH FOR SANNA LIGHT & WALL LIGHT
落地灯电插座 (H:350)
FLOOR MOUNTED SOCKET (H:350)
1. 双开关制位(夜灯及射灯)(1350)
SWITCH FOR NIGHT LIGHT(H:1350)
2. 客厅空调恒温器(H:1350)
SWITCH FOR THERMOSTAT H:1350
3. 清洁电源插座(非受控) (H:350)
SOCKET FOR MAKING UP(ESSENTIAL)(H:350)
4. 单控开关制位(客厅筒灯) (H:1350)
SWITCH FORCEILING LIGHT
1. MINI吧筒灯开关(H:1100)
MINI-BAR SOCKET(H:1100)
2. 电热水器电插座(H:350)
WATER HEATER SOCKET(H:350)
冰箱电插座(不间断电源) (H:350)
MINI-BAR SINGLE SOCKET (ESSENTIAL)H:350
1 双开关制位(客卫及衣帽间筒灯)(H:1350)
SWITCH FOR CEILING LIGHT AND WALK-IN CLOSET(H:1350)
3. 清洁电源插座(非受控)(H:350)
SOCKET FOR MAKING UP(ESSENTIAL)(H:350)
人体感应开关(安装在天花上)
MINI-BAR SINGLE SOCKET (ESSENTIAL)H:350
1. 双开关制位(房灯/廊灯控制位)(H:1350)
GANG SWITCH FOR FOYER LIGHT(H:1350)
2. 请勿打扰及打扫房间开关制位(H:1350)
DON'T DISTURB MAKE UP ROOM SWITCHH(1350)
3. 门卡取电制位(H:1350)
KEY CARD SWITCH (H:1350)
1. 配电箱(H:1800)
2. RCU转换箱(H:1800)
RCU TRANSITION BOX
RCU
1. 请勿打扰,显示灯显示 (H:1350)
DON'T DISTURB MAKE UP ROOM(H:1350)
2. 门铃开关(H:1350)
SWITCH FOR DOOR BELL (H:1350)
1. 化妆镜接线盒(H:1000)
FACIAL MIRROR OUTLET (H:1000)
2. 电剃须电插座(非受控)(H:1000)
SHAVING OUTLET (ESSENTIAL) (H:1000)
3. 防潮电插座(干发器用)(H:1000)
WATER PROOF SOCKET FOR HAIR DRYER (H:1000)
等电位接线盒(H:350)
LEB JUNCTION BOX (H:350)
1. 暗藏灯接线盒 H:1600
CONCEALED LIGHT JUNCTION BOX H:1600
2. 防雾镜隐藏电源 H:1600
DEFROSTER JUNCTION BOX H:1600
3. 小夜灯接线盒 H:550
NIGHT LIGHT JUNCTION BOX H:550
挂墙式电话接线插座 (H:750)
WALL MOUNTED TELEPHONE OUTLET (H:750)
1. 暗藏灯接线盒 H:1600
CONCEALED LIGHT JUNCTION BOX H:1600
2. 防雾镜隐藏电源 H:1600
DEFROSTER JUNCTION BOX H:1600
3. 小夜灯接线盒 H:550
NIGHT LIGHT JUNCTION BOX H:550
等电位接线盒(H:350)
LEB JUNCTION BOX (H:350)
1. 化妆镜接线盒(H:1000)
FACIAL MIRROR OUTLET (H:1000)
2. 电剃须电插座(非受控)(H:1000)
SHAVING OUTLET (ESSENTIAL) (H:1000)
3. 防潮电插座(乾髮器用)(H:1000)
WATER PROOF SOCKET FOR HAIR DRYER (H:1000)
3
4
5
H-F
图例
插座
电话插座
请勿打扰及门铃按钮
剃须插座
有线电视
接线盒
请勿打扰DND
门卡即能开关带LED灯
温控开关
互联网数据端口
防水插座
3层MS经理套房
机电点位图
Scale:1:50

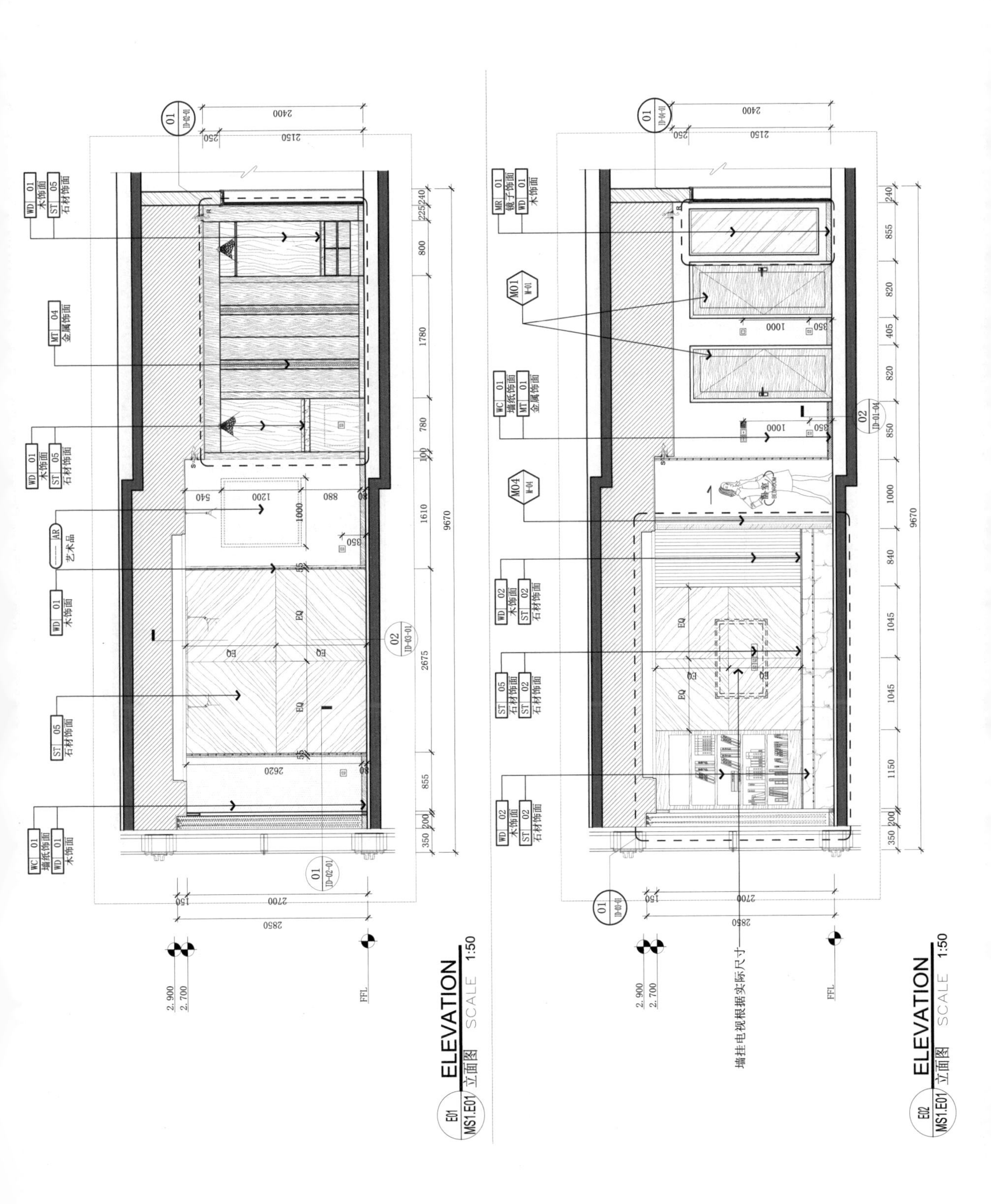
E01
MS1.E01
ELEVATION
立面图
SCALE 1:50
E02
MS1.E01
ELEVATION
立面图
SCALE 1:50
墙挂电视根据实际尺寸

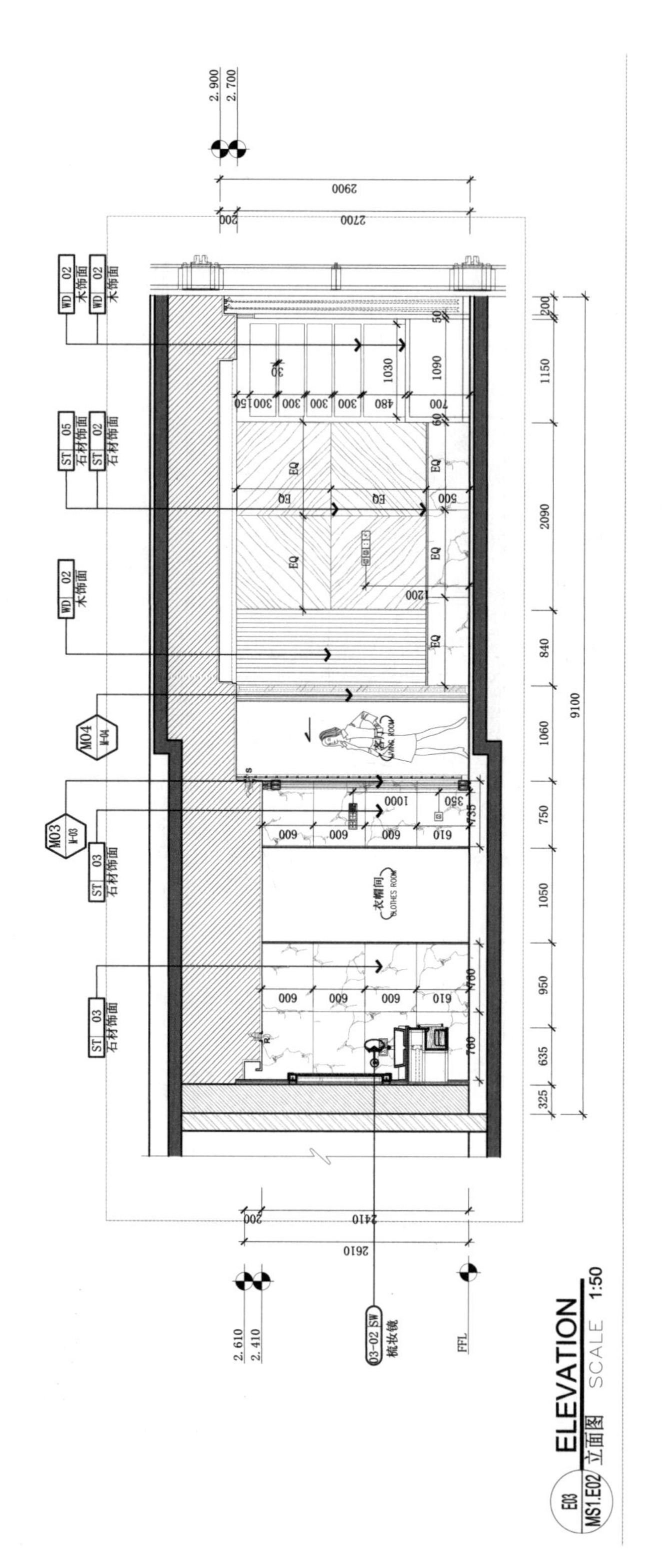
WD 02 木饰面
WD 02 木饰面
ST 05 石材饰面
ST 02 石材饰面
WD 02 木饰面
M04
M03
ST 03 石材饰面
ST 03 石材饰面
衣帽间 CLOTHES ROOM
03-02 SW 梳妆镜
FFL
E03
MS1.E02
ELEVATION
立面图 SCALE 1:50

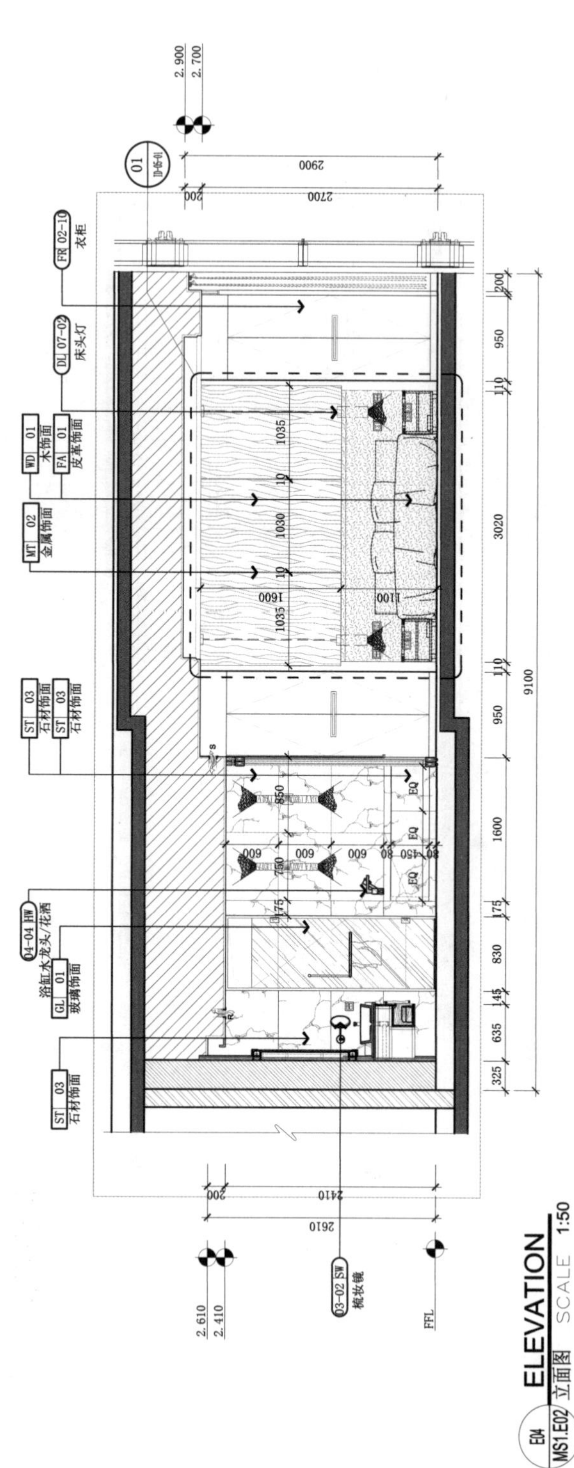
FR 02-10 衣柜
DL 07-02 床头灯
WD 01 木饰面
FA 01 皮革饰面
MT 02 金属饰面
ST 03 石材饰面
ST 03 石材饰面
04-04 HW 浴缸水龙头/花洒
GL 01 玻璃饰面
ST 03 石材饰面
03-02 SW 梳妆镜
FFL
E04
MS1.E02
ELEVATION
立面图 SCALE 1:50

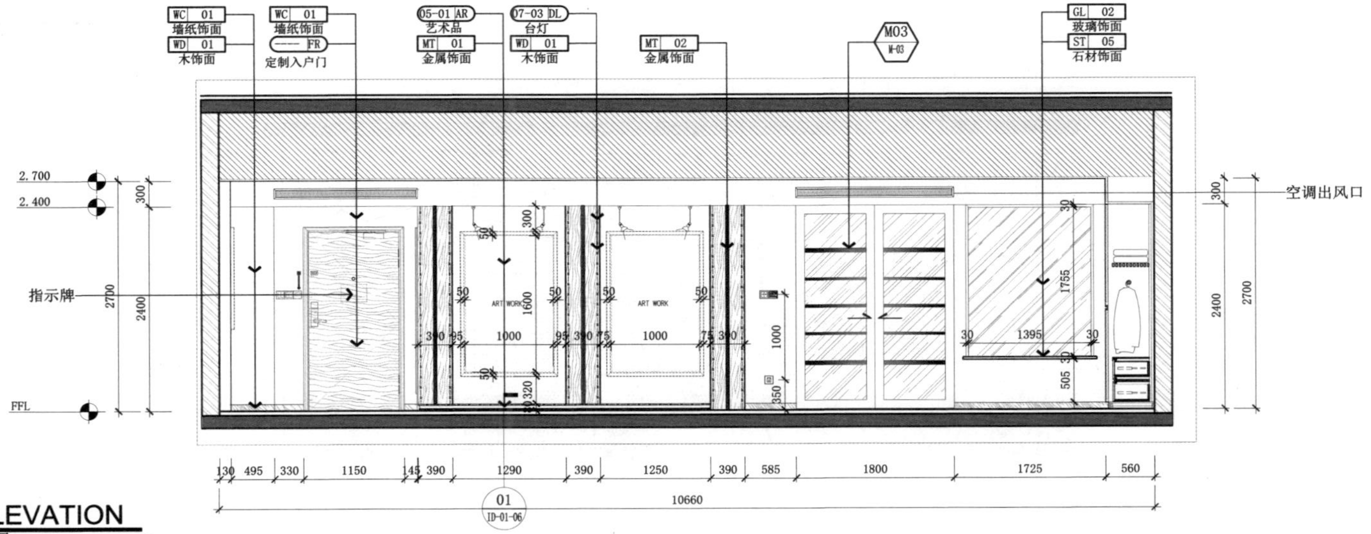
WC 01
墙纸饰面
WD 01
木饰面
WC 01
墙纸饰面
FR
定制入户门
05-01 AR
艺术品
MT 01
金属饰面
07-03 DL
台灯
WD 01
木饰面
MT 02
金属饰面
M03
W-03
GL 02
玻璃饰面
ST 05
石材饰面
空调出风口
指示牌
ART WORK
ART WORK
2.700
2.400
FFL
130 495 330 1150 145 390 1290 390 1250 390 585 1800 1725 560
10660
01
ID-01-06

E05
MS1.E03
ELEVATION
立面图 SCALE 1:50

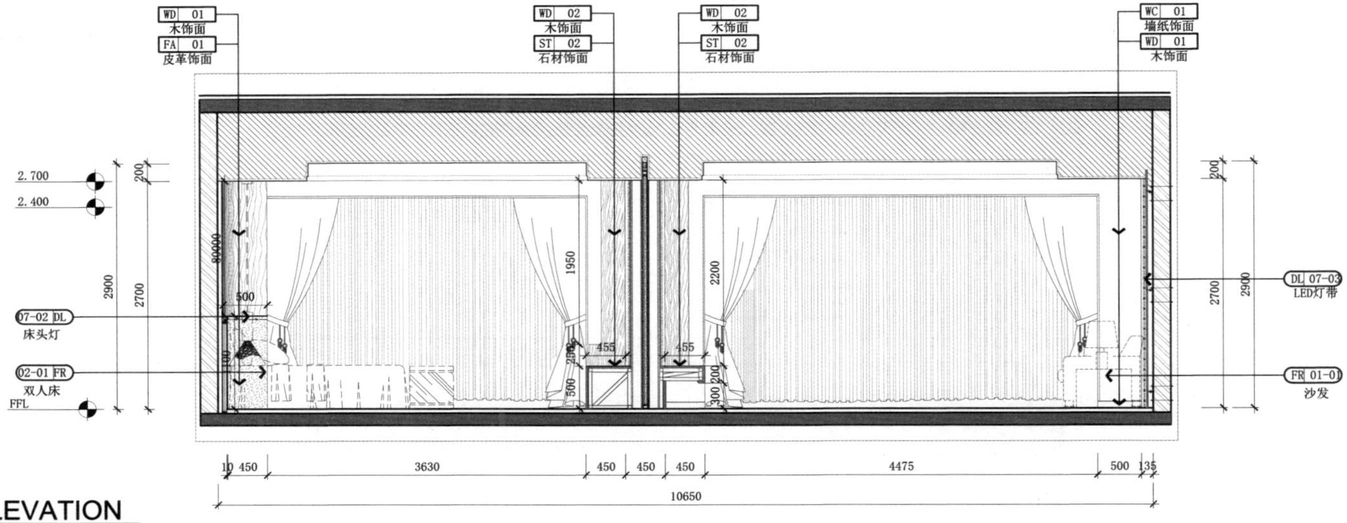
WD 01
木饰面
FA 01
皮革饰面
WD 02
木饰面
ST 02
石材饰面
WD 02
木饰面
ST 02
石材饰面
WC 01
墙纸饰面
WD 01
木饰面
2.700
2.400
07-02 DL
床头灯
02-01 FR
双人床
FFL
DL 07-03
LED灯带
FR 01-01
沙发
10 450 3630 450 450 450 4475 500 135
10650

E06
MS1.E03
ELEVATION
立面图 SCALE 1:50

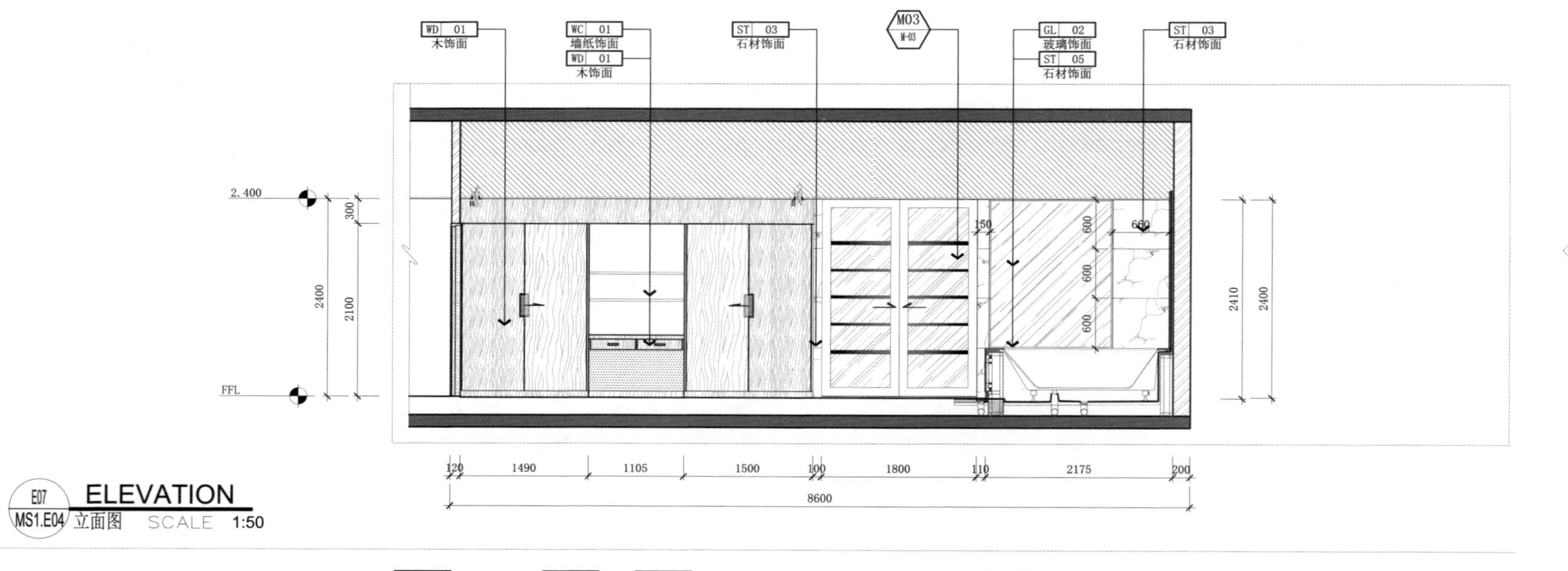
WD 01 木饰面
WC 01 墙纸饰面
WD 01 木饰面
ST 03 石材饰面
M03 M-03
GL 02 玻璃饰面
ST 05 石材饰面
ST 03 石材饰面
2.400
FFL
E07 MS1.E04
ELEVATION 立面图 SCALE 1:50

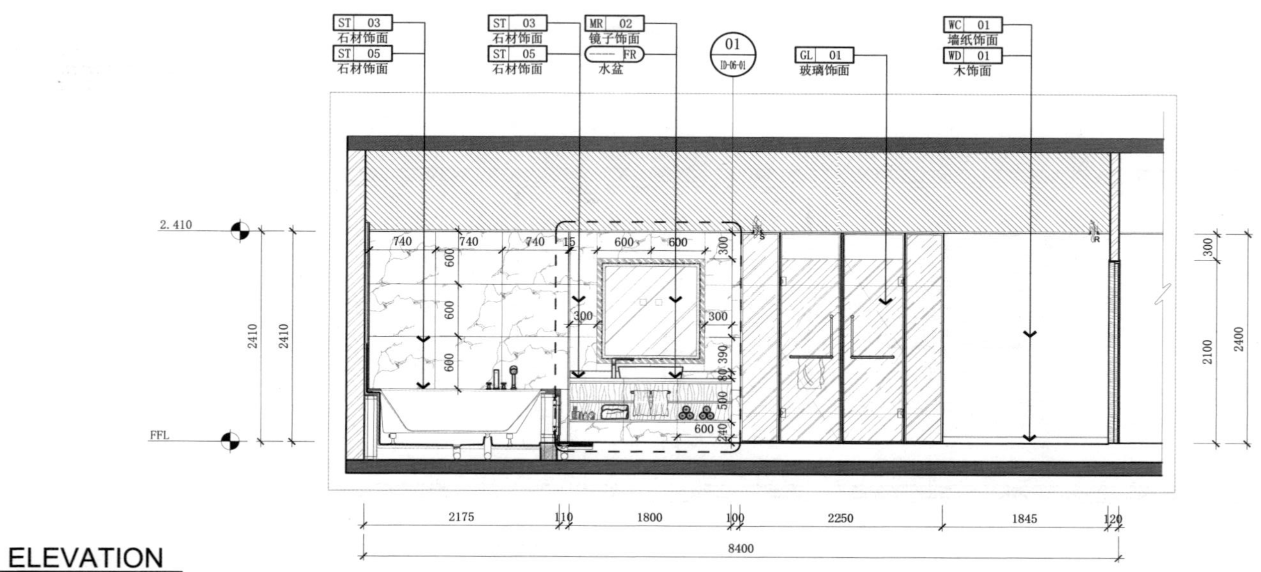
ST 03 石材饰面
ST 05 石材饰面
ST 03 石材饰面
ST 05 石材饰面
MR 02 镜子饰面
FR 水盆
01 JD-06-01
GL 01 玻璃饰面
WC 01 墙纸饰面
WD 01 木饰面
2.410
FFL
E08 MS1.E04
ELEVATION 立面图 SCALE 1:50

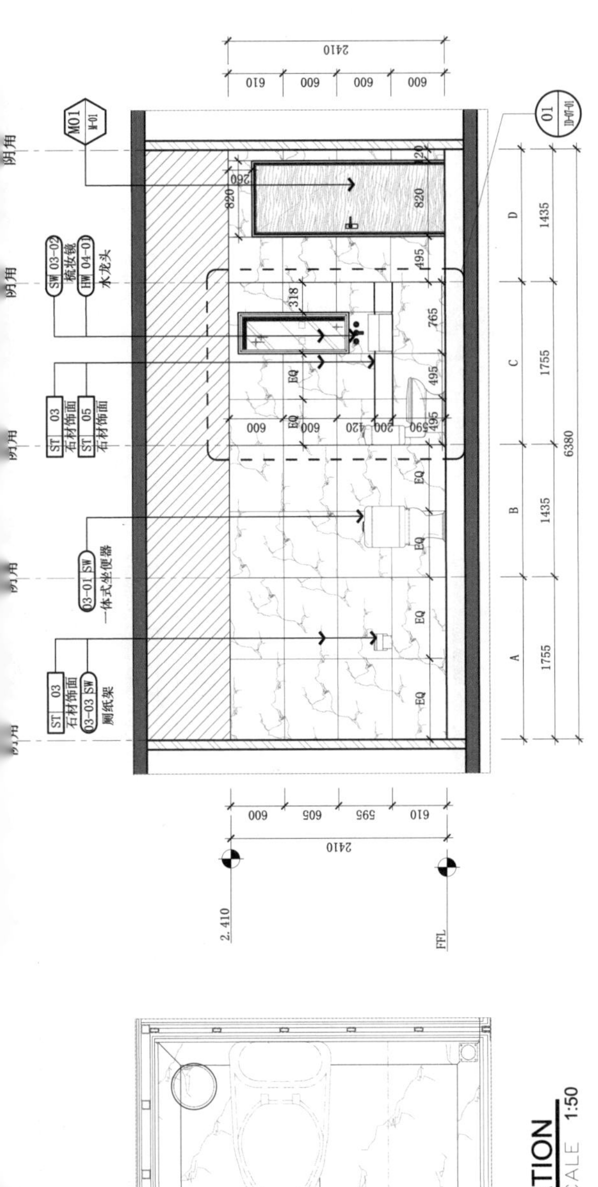
M01
W-01
SW 03-02
梳妆镜
HW 04-01
水龙头
ST 03
石材饰面
ST 05
石材饰面
03-01 SW
一体式坐便器
ST 03
石材饰面
03-03 SW
厕纸架
阴角
01
1755
1435
1755
1435
6380
2410
2.410
FFL

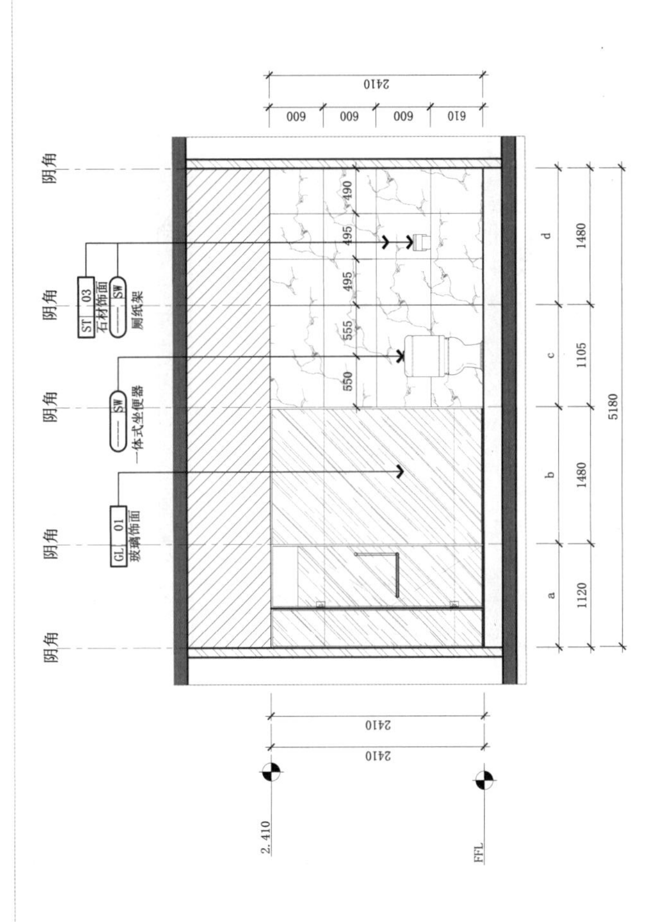
阴角
ST 03
石材饰面
SW
厕纸架
SW
一体式坐便器
GL 01
玻璃饰面
1120
1480
1105
1480
5180
2410
2.410
FFL

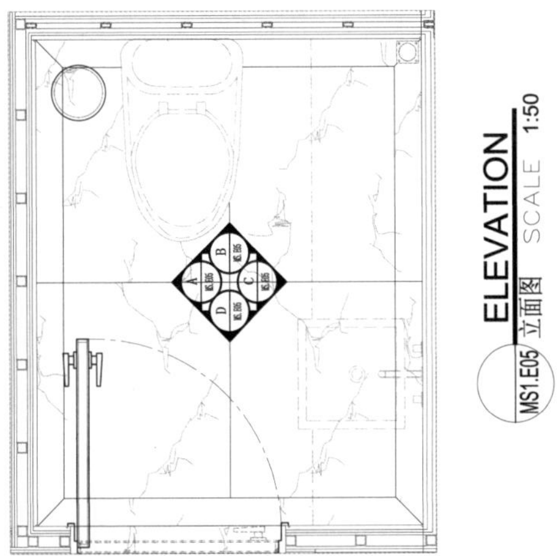
ELEVATION
立面图 SCALE 1:50
MS1.E05

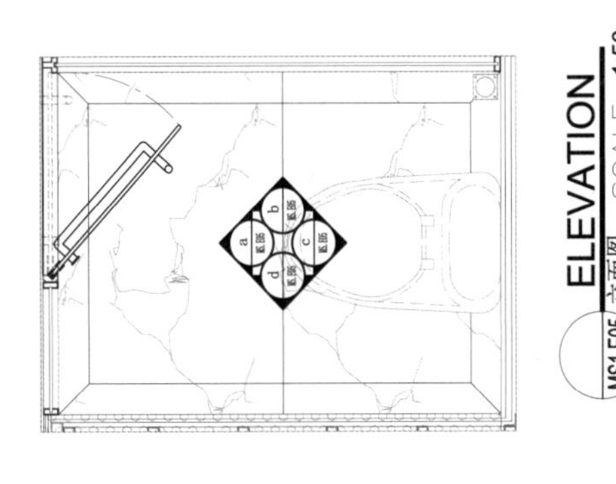
ELEVATION
立面图 SCALE 1:50
MS1.E05

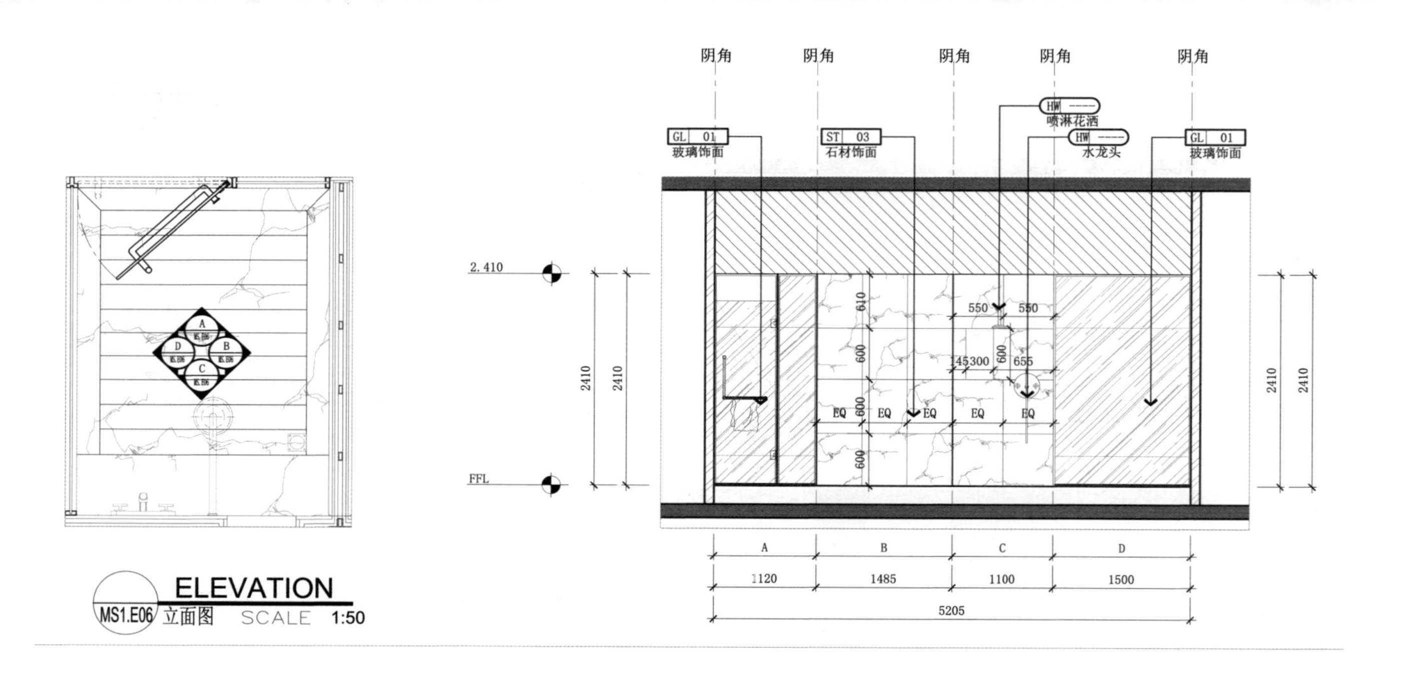
阴角
GL 01 玻璃饰面
ST 03 石材饰面
HW 喷淋花洒
HW 水龙头
2.410
FFL
2410
A
B
C
D
1120
1485
1100
1500
5205
ELEVATION
MS1.E06 立面图 SCALE 1:50

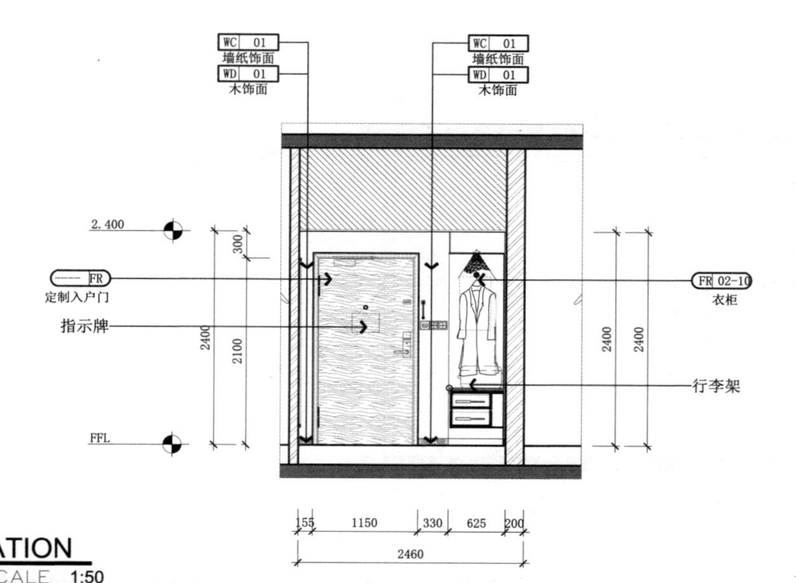
WC 01 墙纸饰面
WD 01 木饰面
FR 定制入户门
指示牌
FR 02-10 衣柜
行李架
2.400
FFL
300
2100
2400
155
1150
330
625
200
2460
E09
ELEVATION
MS1.E06 立面图 SCALE 1:50

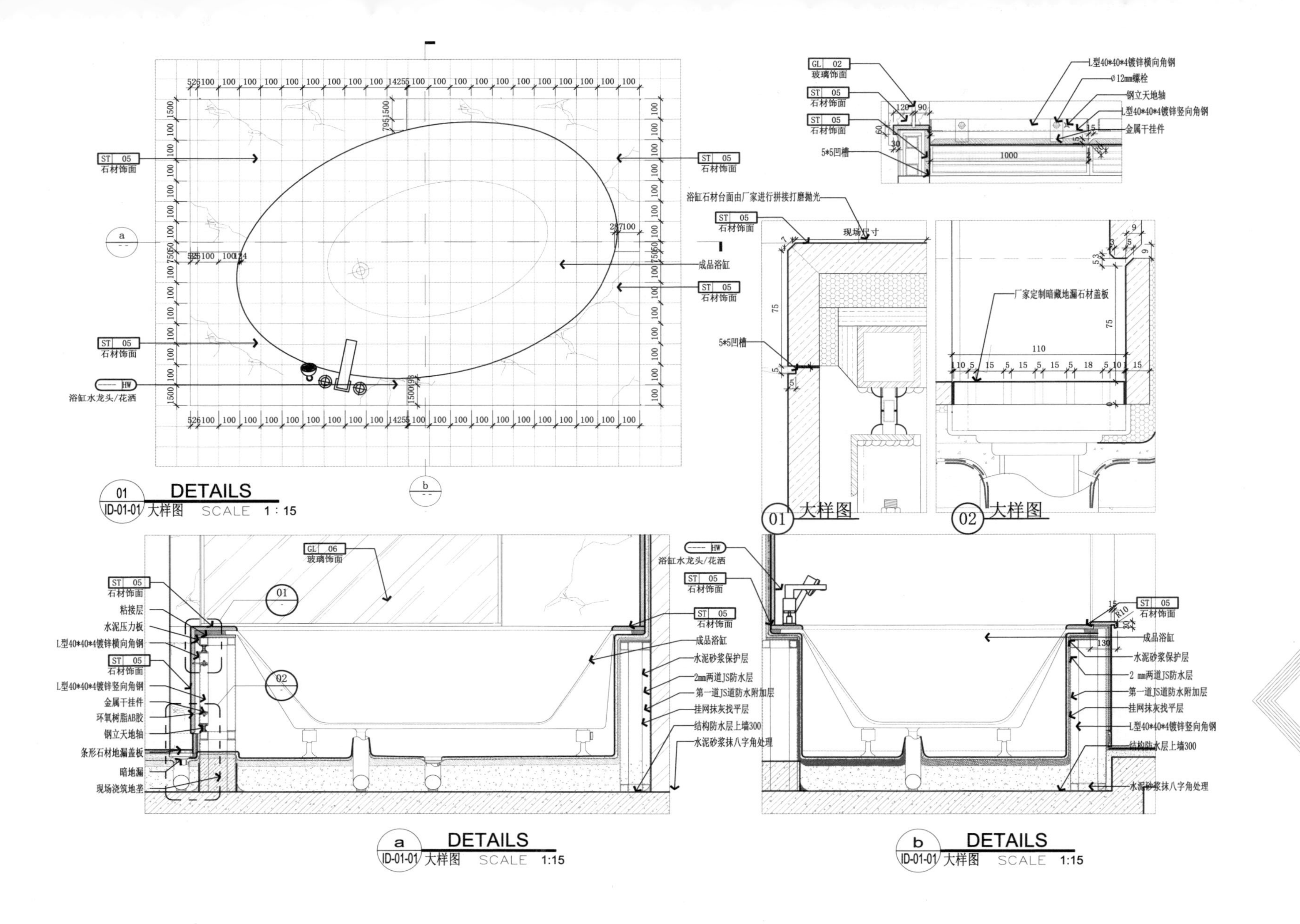

ST 05 石材饰面
HW 浴缸水龙头/花洒
成品浴缸
01 ID-01-01 大样图 DETAILS SCALE 1:15
GL 02 玻璃饰面
L型40*40*4镀锌横向角钢
φ12mm螺栓
钢立天地轴
L型40*40*4镀锌竖向角钢
金属干挂件
5*5凹槽
浴缸石材台面由厂家进行拼接打磨抛光
现场尺寸
厂家定制暗藏地漏石材盖板
01 大样图
02 大样图
GL 06 玻璃饰面
粘接层
水泥压力板
环氧树脂AB胶
条形石材地漏盖板
暗地漏
现场浇筑地垄
水泥砂浆保护层
2mm两道JS防水层
第一道JS道防水附加层
挂网抹灰找平层
结构防水层上墙300
水泥砂浆抹八字角处理
a ID-01-01 大样图 DETAILS SCALE 1:15
b ID-01-01 大样图 DETAILS SCALE 1:15

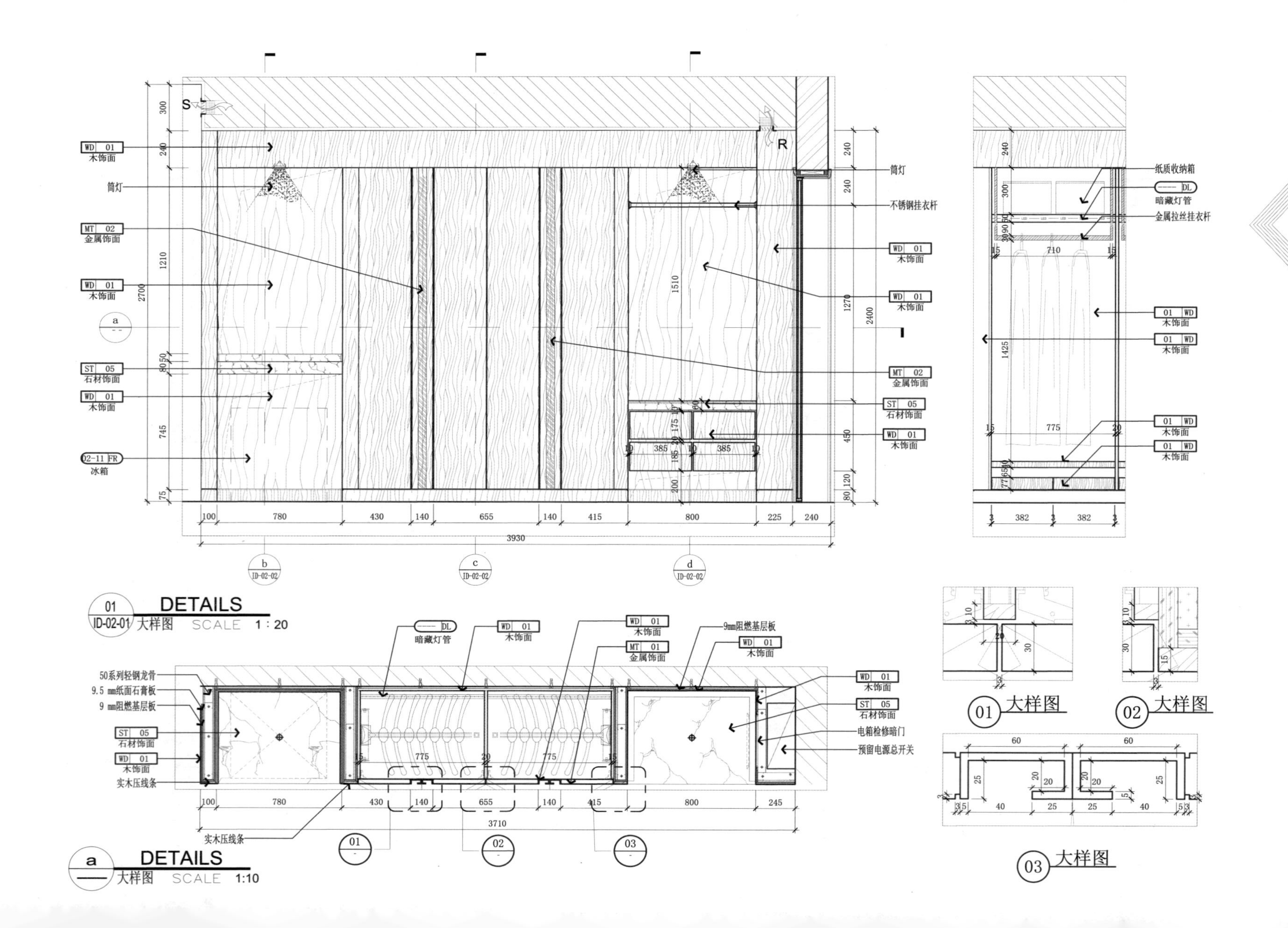

WD 01 木饰面
筒灯
MT 02 金属饰面
ST 05 石材饰面
02-11 FR 冰箱
不锈钢挂衣杆
纸质收纳箱
DL 暗藏灯管
金属拉丝挂衣杆
01 WD 木饰面
01 DETAILS
ID-02-01 大样图 SCALE 1：20
MT 01 金属饰面
9mm阻燃基层板
50系列轻钢龙骨
9.5 mm纸面石膏板
9 mm阻燃基层板
实木压线条
电箱检修暗门
预留电源总开关
a DETAILS
大样图 SCALE 1:10
01 大样图
02 大样图
03 大样图

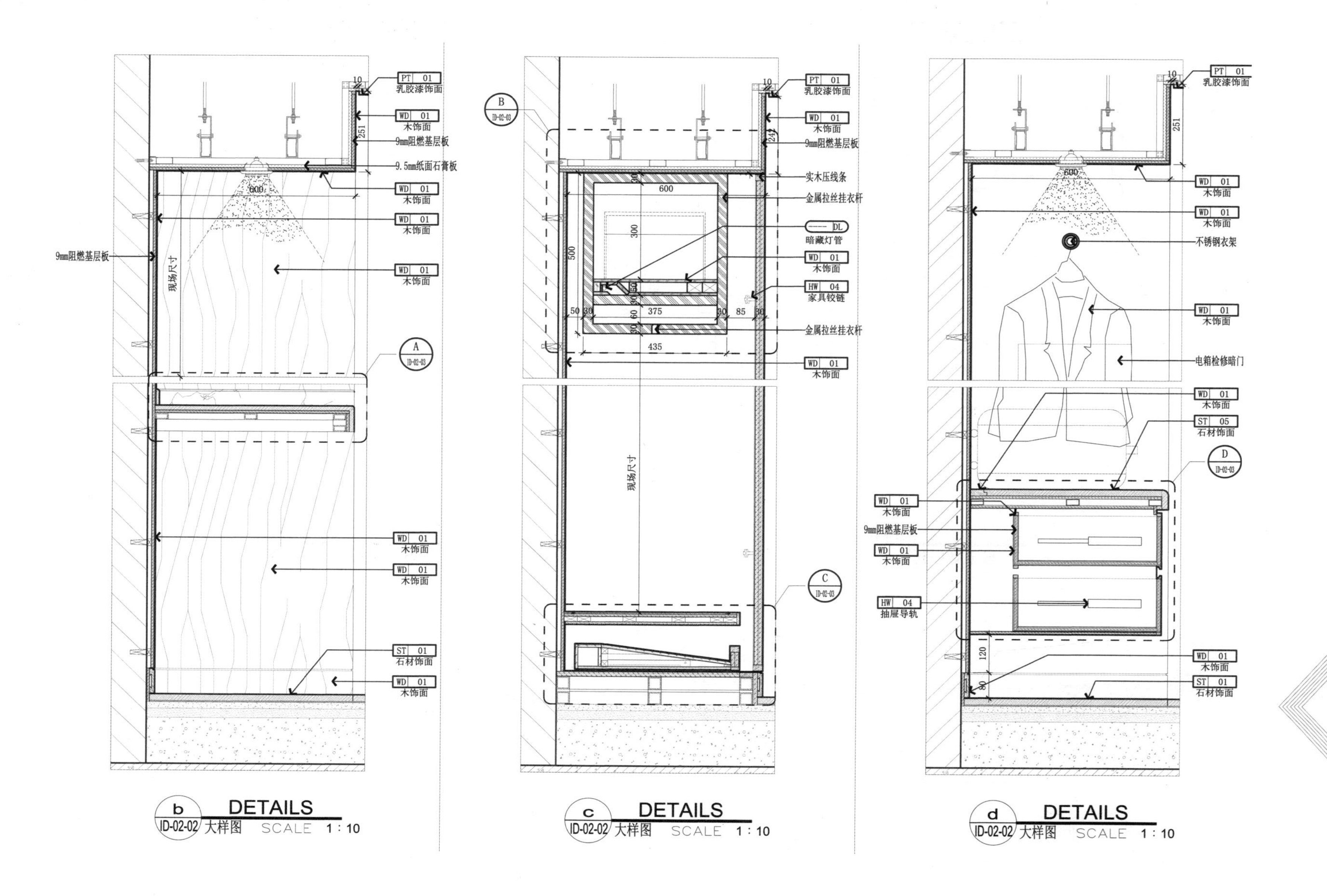
PT 01
乳胶漆饰面
WD 01
木饰面
9mm阻燃基层板
9.5mm纸面石膏板
现场尺寸
A
ID-02-03
ST 01
石材饰面
b
ID-02-02
DETAILS
大样图
SCALE 1:10
B
ID-02-03
实木压线条
金属拉丝挂衣杆
DL
暗藏灯管
HW 04
家具铰链
C
ID-02-03
c
ID-02-02
DETAILS
大样图
SCALE 1:10
不锈钢衣架
电箱检修暗门
ST 05
D
ID-02-03
抽屉导轨
d
ID-02-02
DETAILS
大样图
SCALE 1:10

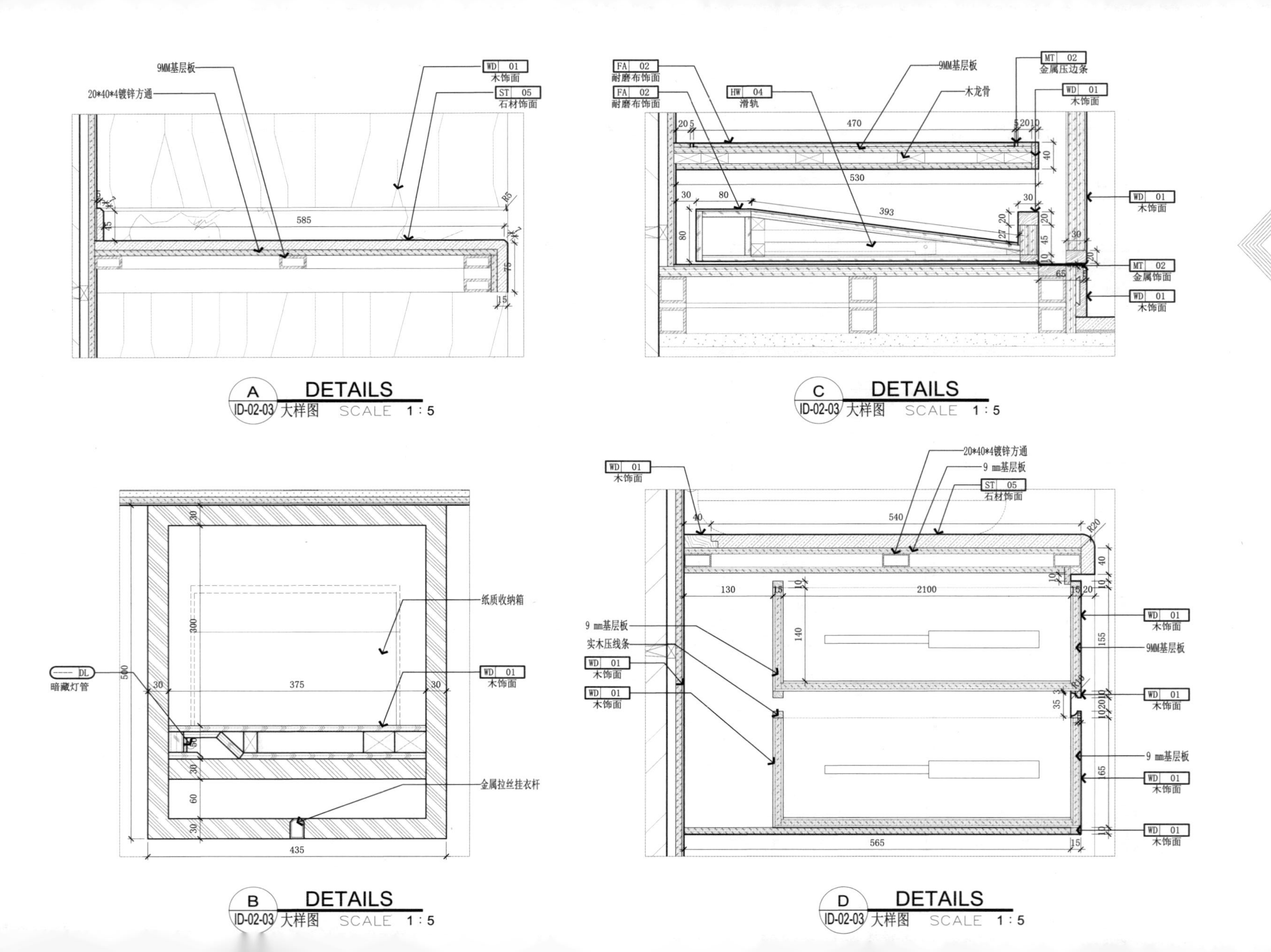

9MM基层板
20*40*4镀锌方通
WD 01 木饰面
ST 05 石材饰面
A
ID-02-03
DETAILS
大样图
SCALE 1:5
FA 02 耐磨布饰面
FA 02 耐磨布饰面
HW 04 滑轨
9MM基层板
木龙骨
MT 02 金属压边条
WD 01 木饰面
MT 02 金属饰面
C
ID-02-03
DETAILS
大样图
SCALE 1:5
DL 暗藏灯管
纸质收纳箱
金属拉丝挂衣杆
B
ID-02-03
DETAILS
大样图
SCALE 1:5
20*40*4镀锌方通
9 mm基层板
ST 05 石材饰面
9 mm基层板
实木压线条
9MM基层板
D
ID-02-03
DETAILS
大样图
SCALE 1:5

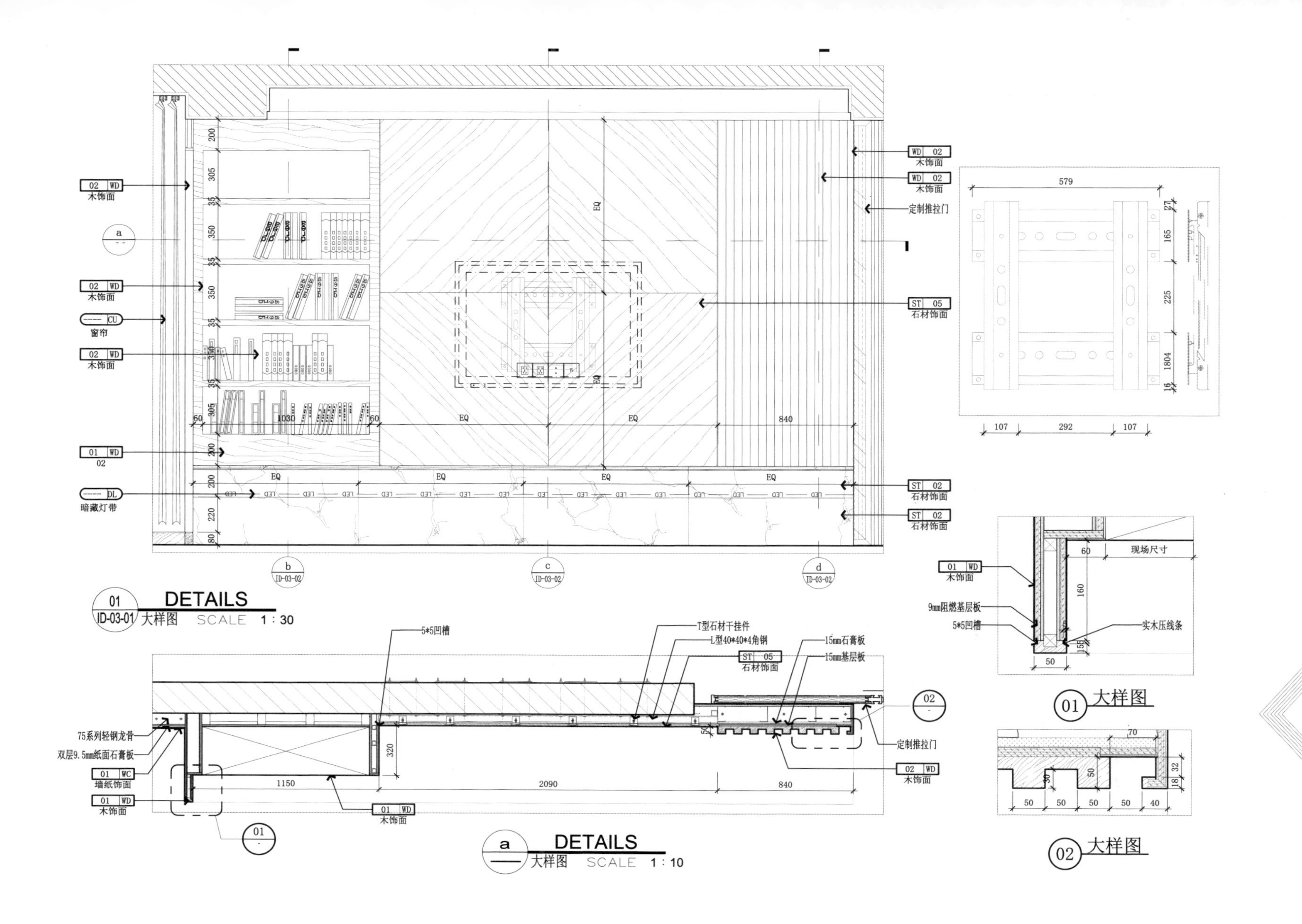
01
ID-03-01
DETAILS
大样图
SCALE 1：30
a
DETAILS
大样图
SCALE 1：10
01
大样图
02
大样图
木饰面
石材饰面
定制推拉门
窗帘
暗藏灯带
现场尺寸
实木压线条
9mm阻燃基层板
5*5凹槽
T型石材干挂件
L型40*40*4角钢
15mm石膏板
15mm基层板
75系列轻钢龙骨
双层9.5mm纸面石膏板
墙纸饰面

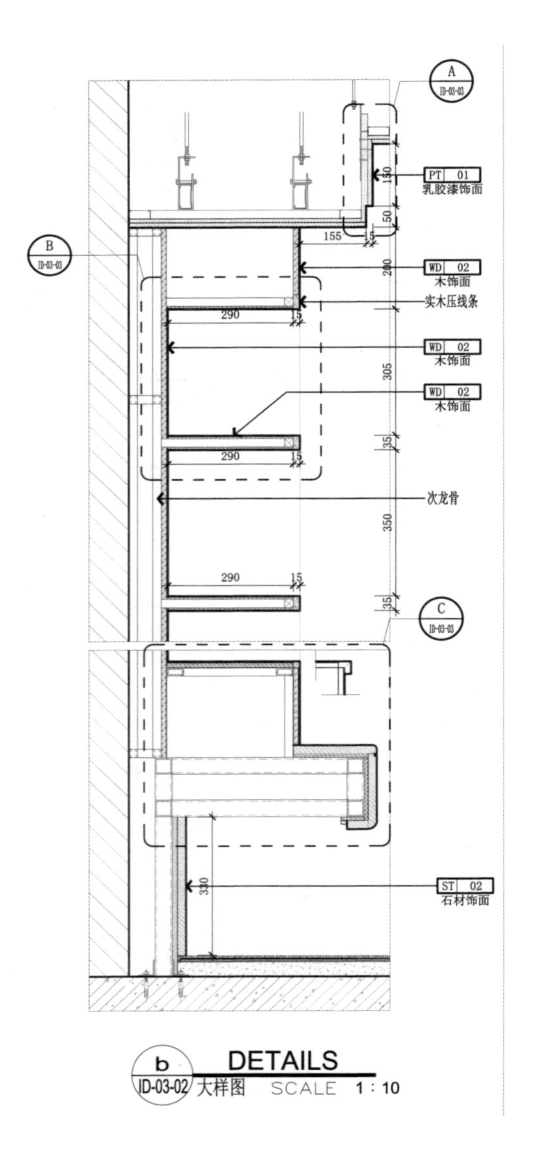
A ID-03-03
B ID-03-03
PT 01 乳胶漆饰面
WD 02 木饰面
实木压线条
WD 02 木饰面
WD 02 木饰面
次龙骨
C ID-03-03
ST 02 石材饰面
b ID-03-02 大样图
DETAILS SCALE 1:10

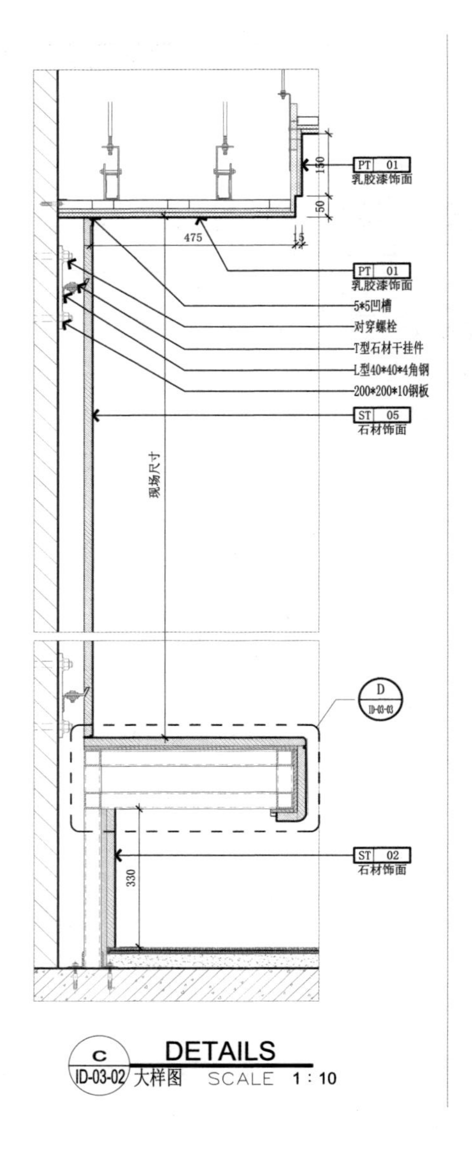
PT 01 乳胶漆饰面
PT 01 乳胶漆饰面
5*5凹槽
对穿螺栓
T型石材干挂件
L型40*40*4角钢
200*200*10钢板
ST 05 石材饰面
现场尺寸
D ID-03-03
ST 02 石材饰面
c ID-03-02 大样图
DETAILS SCALE 1:10

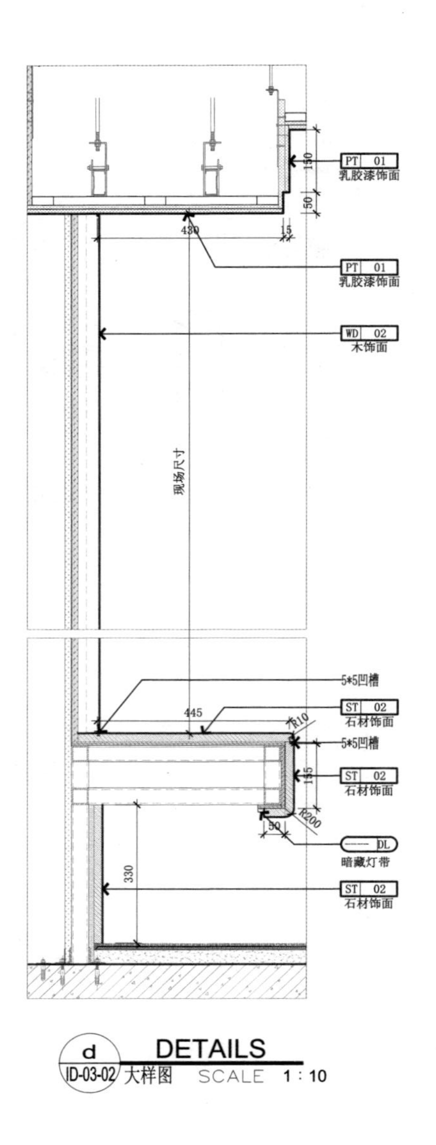
PT 01 乳胶漆饰面
PT 01 乳胶漆饰面
WD 02 木饰面
现场尺寸
5*5凹槽
ST 02 石材饰面
5*5凹槽
ST 02 石材饰面
DL 暗藏灯带
ST 02 石材饰面
d ID-03-02 大样图
DETAILS SCALE 1:10

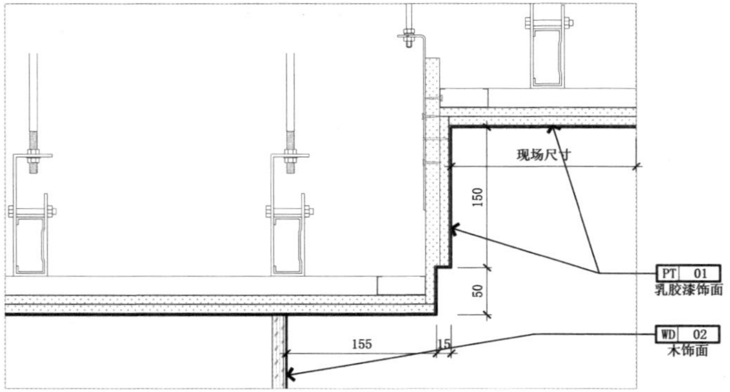
现场尺寸
150
50
155
15
PT 01
乳胶漆饰面
WD 02
木饰面

A ID-03-03 DETAILS 大样图 SCALE 1:5

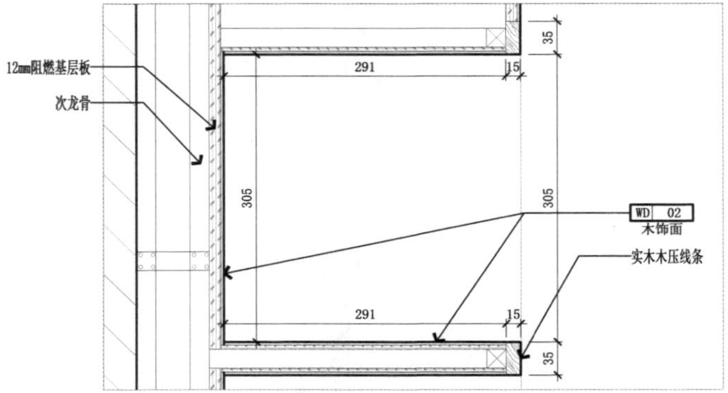
12mm阻燃基层板
次龙骨
291
15
305
305
WD 02
木饰面
实木木压线条
291
15
35
35

B ID-03-03 DETAILS 大样图 SCALE 1:5

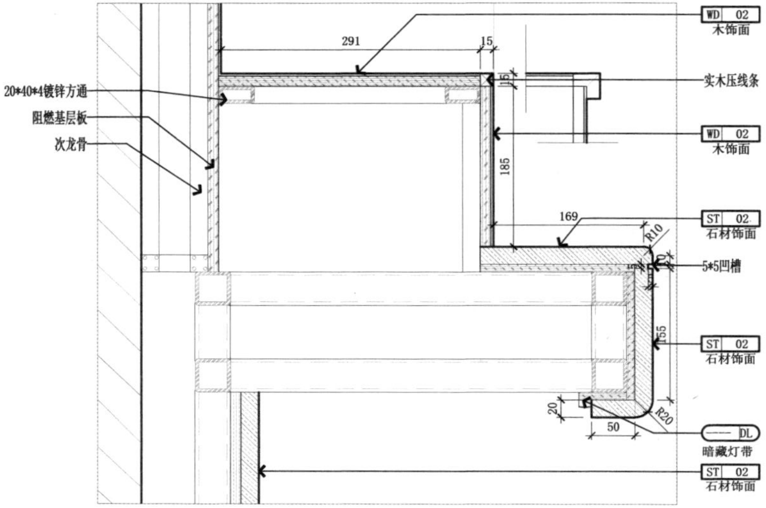
20*40*4镀锌方通
阻燃基层板
次龙骨
291
15
15
185
169
R10
R20
55
20
50
WD 02
木饰面
实木压线条
WD 02
木饰面
ST 02
石材饰面
5*5凹槽
ST 02
石材饰面
DL
暗藏灯带
ST 02
石材饰面

C ID-03-03 DETAILS 大样图 SCALE 1 : 5

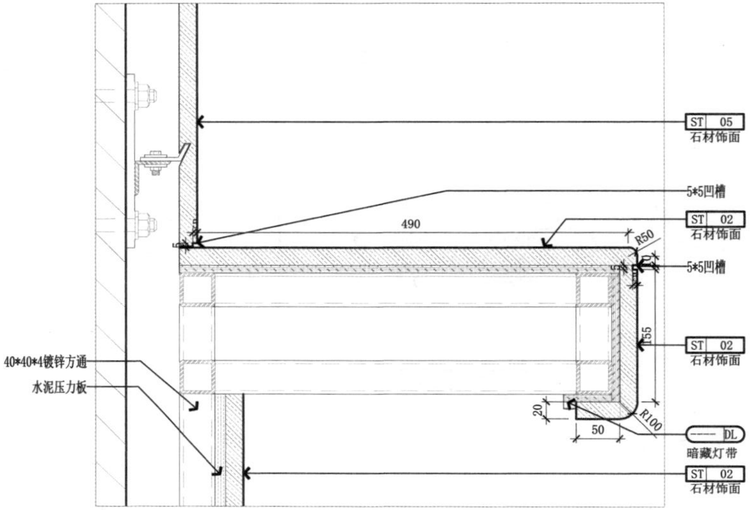
40*40*4镀锌方通
水泥压力板
490
R50
R100
55
20
50
ST 05
石材饰面
5*5凹槽
ST 02
石材饰面
5*5凹槽
ST 02
石材饰面
DL
暗藏灯带
ST 02
石材饰面

D ID-03-03 DETAILS 大样图 SCALE 1 : 5

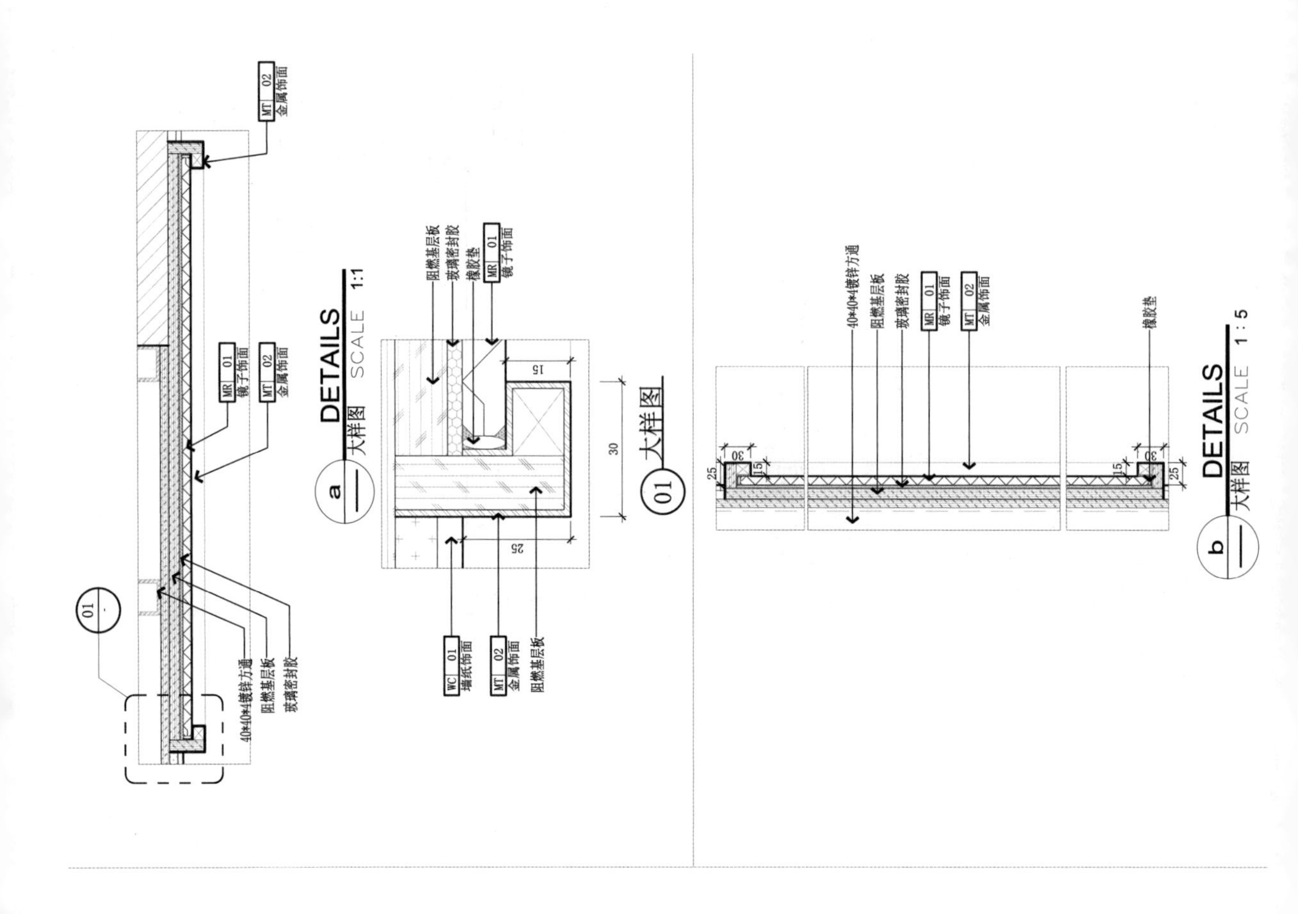
MT 02 金属饰面
MR 01 镜子饰面
MT 02 金属饰面
40*40*4镀锌方通
阻燃基层板
玻璃密封胶
01
a 大样图 DETAILS SCALE 1:1
阻燃基层板
玻璃密封胶
橡胶垫
MR 01 镜子饰面
15
30
25
WC 01 墙纸饰面
MT 02 金属饰面
阻燃基层板
01 大样图
40*40*4镀锌方通
阻燃基层板
玻璃密封胶
MR 01 镜子饰面
MT 02 金属饰面
橡胶垫
25
30
15
b 大样图 DETAILS SCALE 1:5

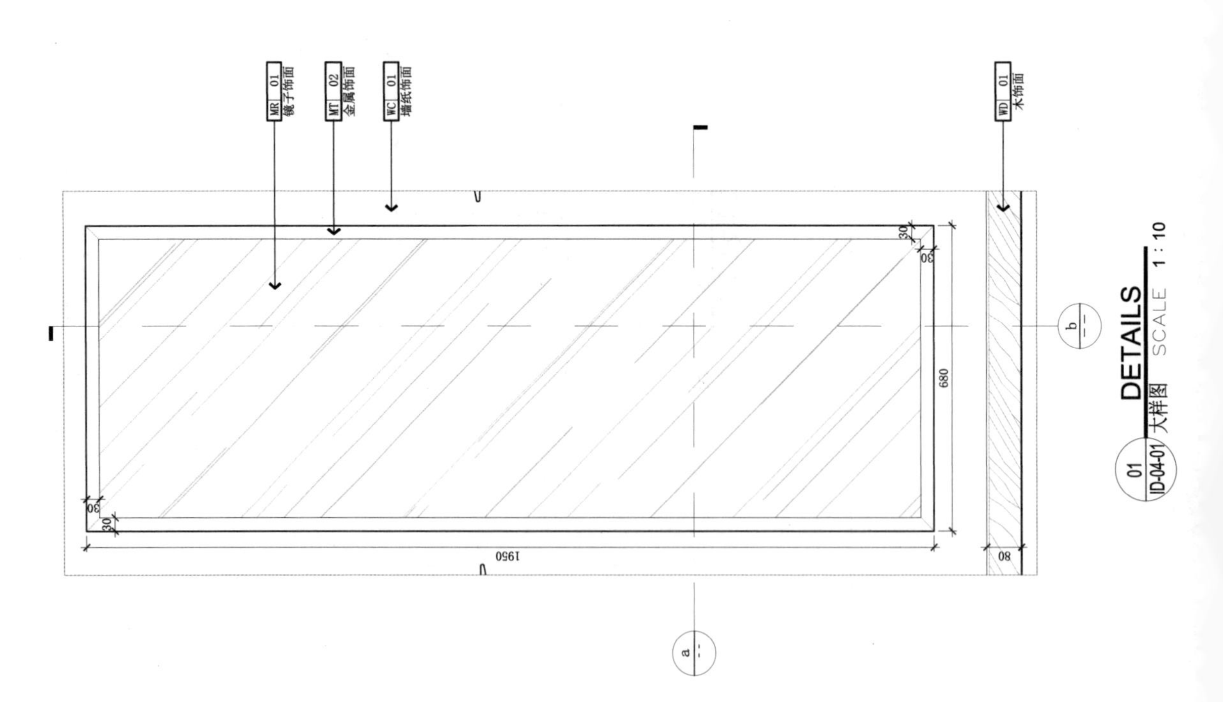
MR 01 镜子饰面
MT 02 金属饰面
WC 01 墙纸饰面
WD 01 木饰面
30
680
1950
80
b
a
01 ID-04-01 大样图 DETAILS SCALE 1:10

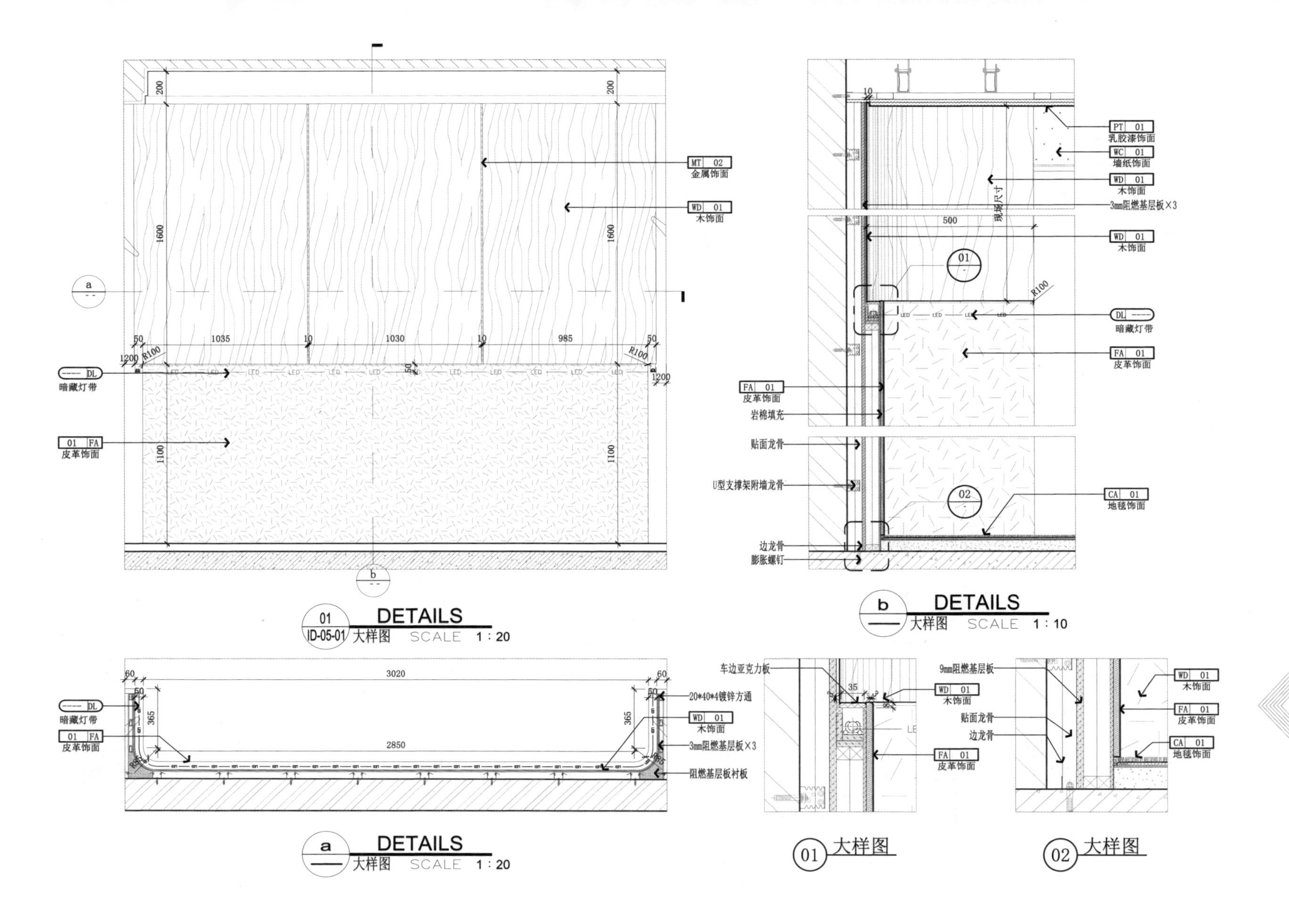
MT 02 金属饰面
WD 01 木饰面
DL 暗藏灯带
01 FA 皮革饰面
01 ID-05-01 DETAILS 大样图 SCALE 1:20
PT 01 乳胶漆饰面
WC 01 墙纸饰面
WD 01 木饰面
3mm阻燃基层板×3
现场尺寸
WD 01 木饰面
DL 暗藏灯带
FA 01 皮革饰面
FA 01 皮革饰面
岩棉填充
贴面龙骨
U型支撑架附墙龙骨
CA 01 地毯饰面
边龙骨
膨胀螺钉
b DETAILS 大样图 SCALE 1:10
DL 暗藏灯带
01 FA 皮革饰面
20*40*4镀锌方通
WD 01 木饰面
3mm阻燃基层板×3
阻燃基层板衬板
a DETAILS 大样图 SCALE 1:20
车边亚克力板
WD 01 木饰面
FA 01 皮革饰面
01 大样图
9mm阻燃基层板
贴面龙骨
边龙骨
WD 01 木饰面
FA 01 皮革饰面
CA 01 地毯饰面
02 大样图

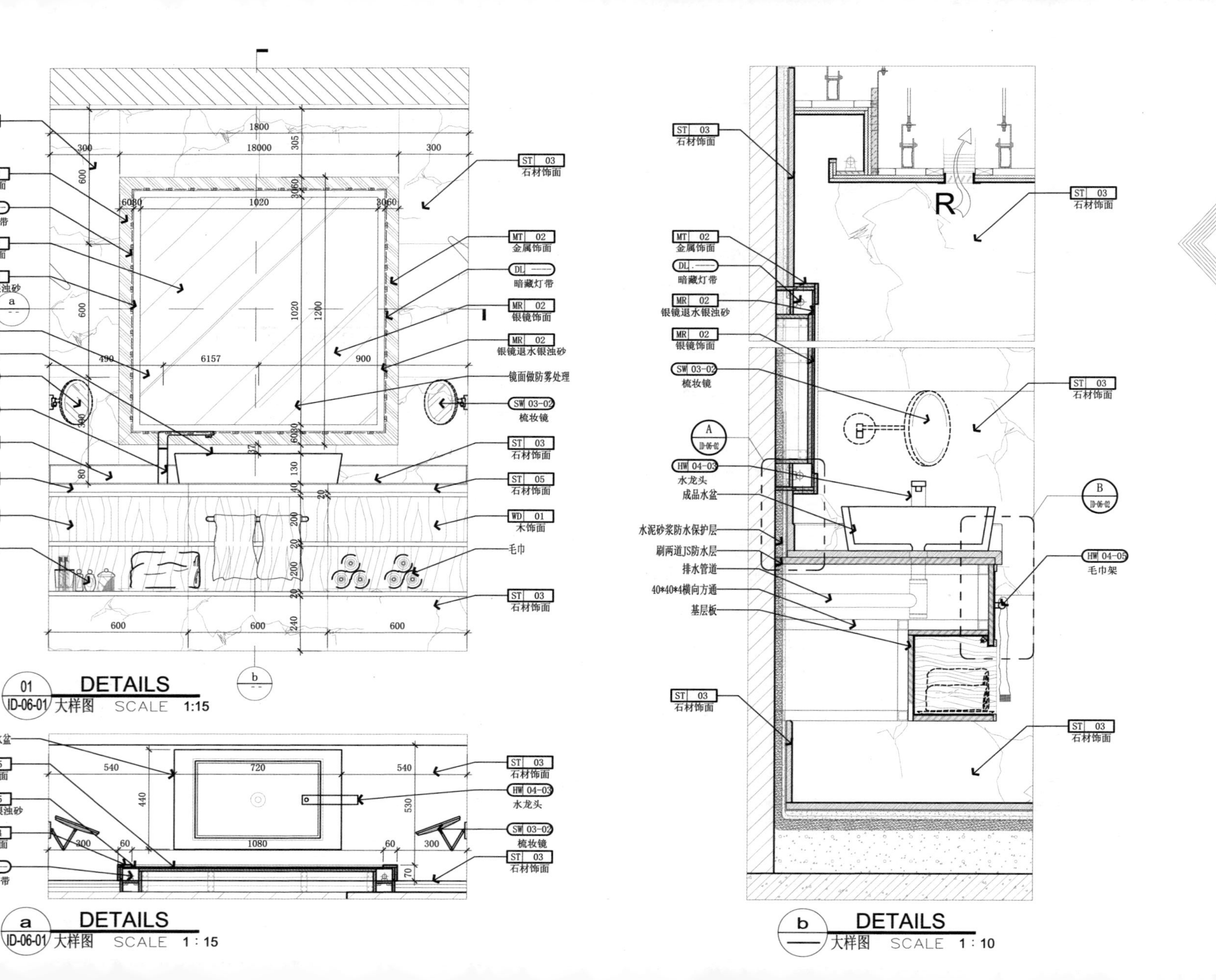

ST 03 石材饰面
MT 02 金属饰面
DL 暗藏灯带
MR 02 银镜饰面
MR 02 银镜退水银蚀砂
镜面做防雾处理
成品水盆
SW 03-02 梳妆镜
HW 04-03 水龙头
ST 05 石材饰面
WD 01 木饰面
洗漱用品
毛巾
01 ID-06-01 大样图 DETAILS SCALE 1:15
MR 05 银镜饰面
MR 05 银镜退水银蚀砂
MT 04 金属饰面
a ID-06-01 大样图 DETAILS SCALE 1:15
水泥砂浆防水保护层
刷两道JS防水层
排水管道
40*40*4横向方通
基层板
HW 04-05 毛巾架
b 大样图 DETAILS SCALE 1:10

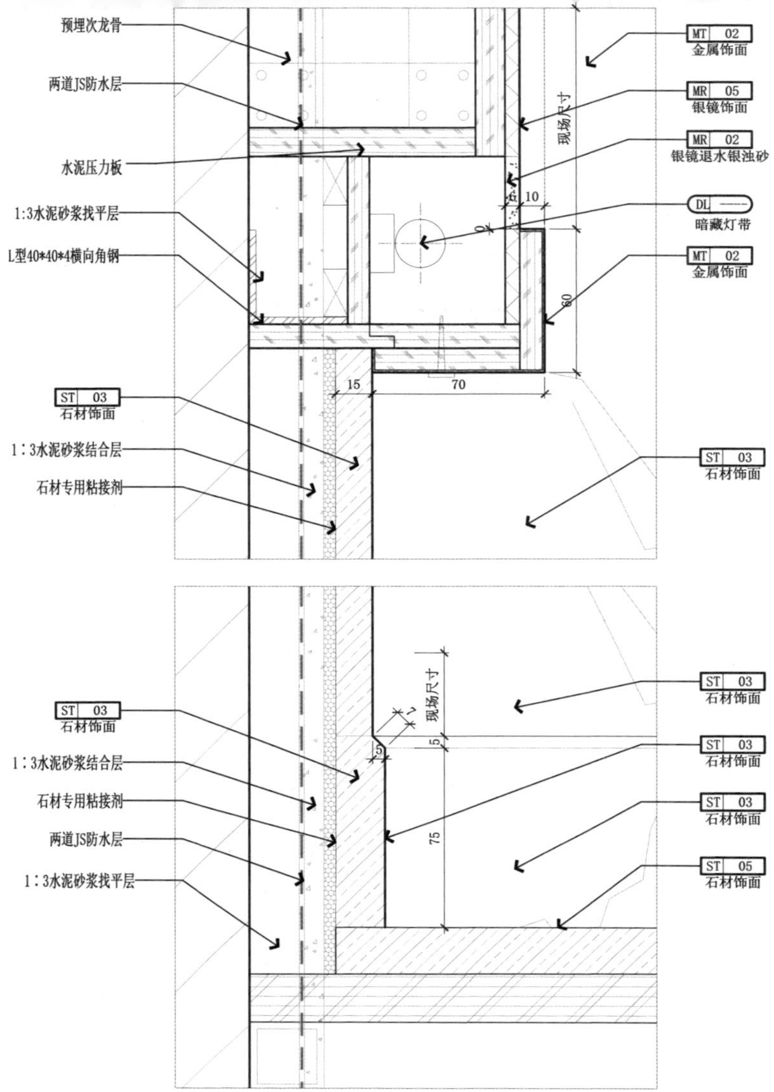
预埋次龙骨
两道JS防水层
水泥压力板
1:3水泥砂浆找平层
L型40*40*4横向角钢
ST 03 石材饰面
1：3水泥砂浆结合层
石材专用粘接剂
MT 02 金属饰面
MR 05 银镜饰面
MR 02 银镜退水银浊砂
DL —— 暗藏灯带
MT 02 金属饰面
ST 03 石材饰面
现场尺寸
10
60
15
70
ST 03 石材饰面
1：3水泥砂浆结合层
石材专用粘接剂
两道JS防水层
1：3水泥砂浆找平层
ST 03 石材饰面
ST 03 石材饰面
ST 03 石材饰面
ST 05 石材饰面
5
75

A ID-06-02 DETAILS 大样图 SCALE 1：2

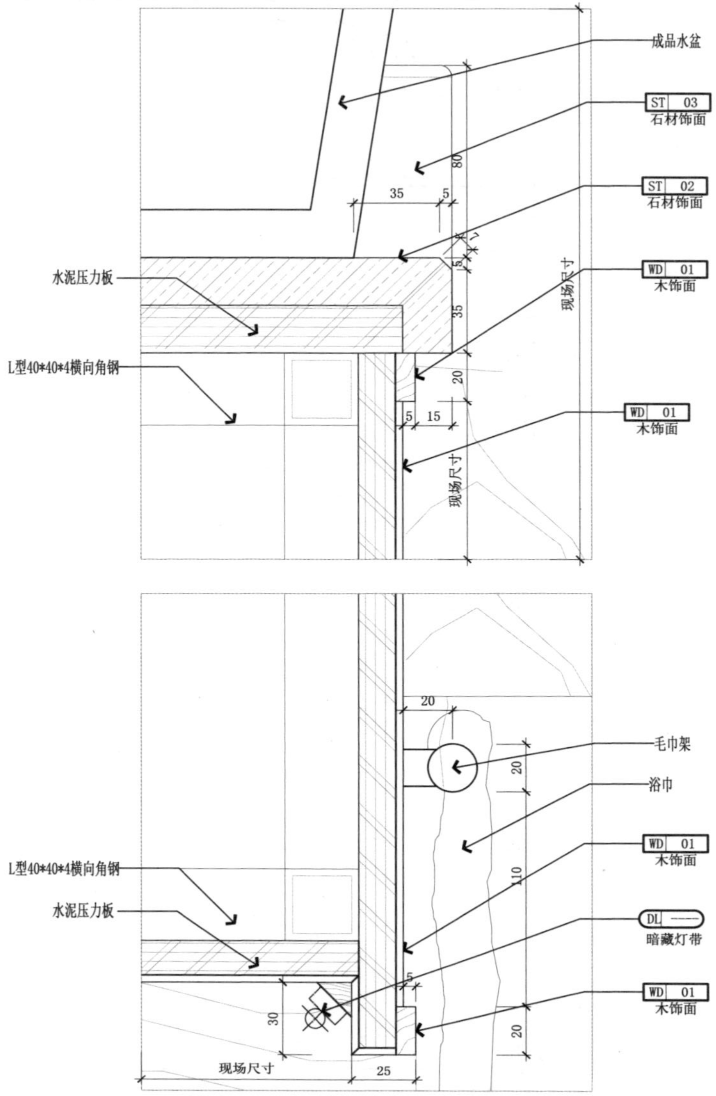
成品水盆
ST 03 石材饰面
ST 02 石材饰面
WD 01 木饰面
WD 01 木饰面
水泥压力板
L型40*40*4横向角钢
现场尺寸
80
35
5
35
20
15
毛巾架
浴巾
WD 01 木饰面
DL —— 暗藏灯带
WD 01 木饰面
L型40*40*4横向角钢
水泥压力板
20
110
30
25
现场尺寸

B ID-06-02 DETAILS 大样图 SCALE 1：2

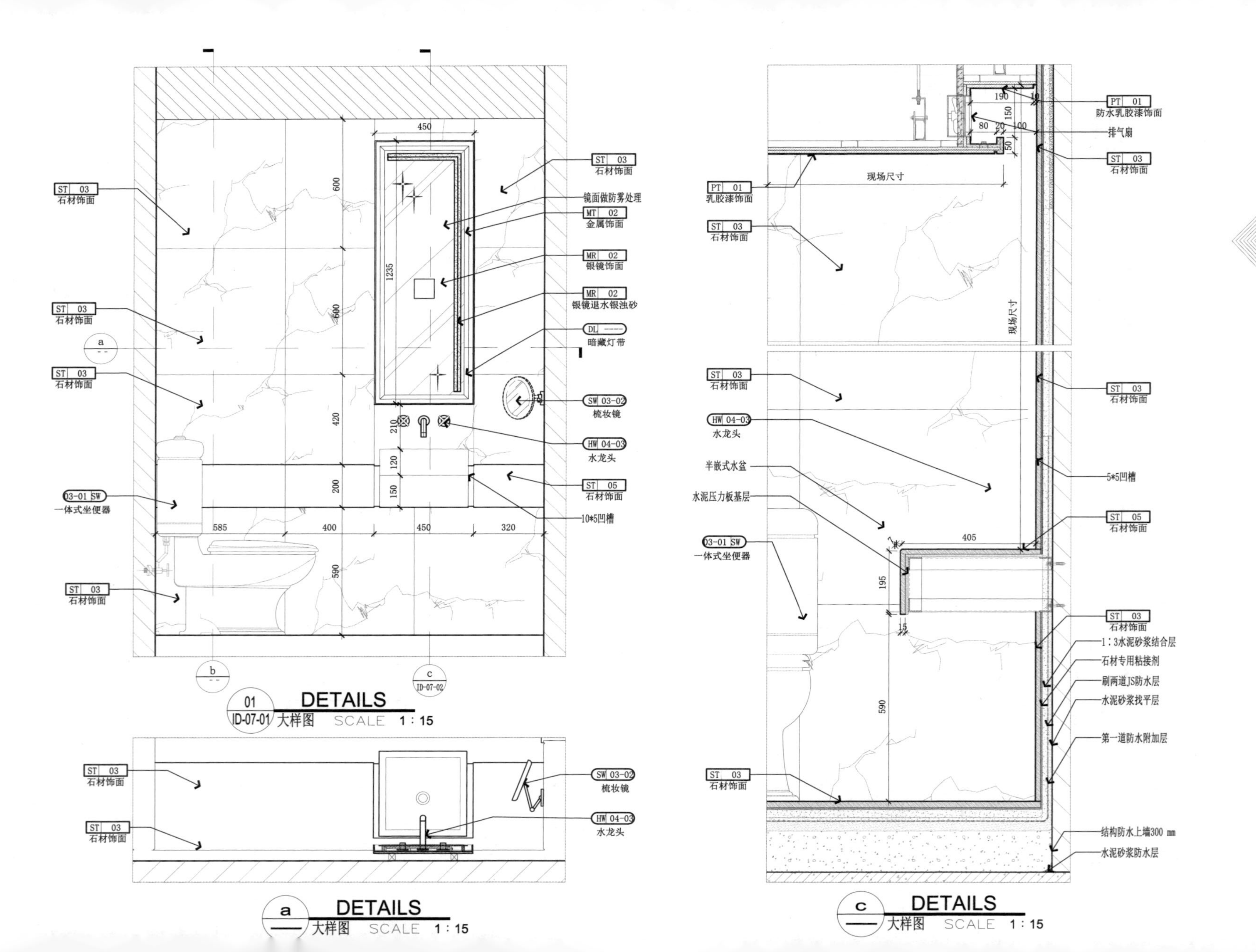

ST 03 石材饰面
镜面做防雾处理
MT 02 金属饰面
MR 02 银镜饰面
MR 02 银镜退水银浊砂
DL 暗藏灯带
SW 03-02 梳妆镜
HW 04-03 水龙头
ST 05 石材饰面
10*5凹槽
03-01 SW 一体式坐便器
01
ID-07-01
DETAILS 大样图 SCALE 1:15
a
DETAILS 大样图 SCALE 1:15
PT 01 防水乳胶漆饰面
排气扇
PT 01 乳胶漆饰面
现场尺寸
半嵌式水盆
水泥压力板基层
5*5凹槽
1:3水泥砂浆结合层
石材专用粘接剂
刷两道JS防水层
水泥砂浆找平层
第一道防水附加层
结构防水上墙300 mm
水泥砂浆防水层
c
DETAILS 大样图 SCALE 1:15

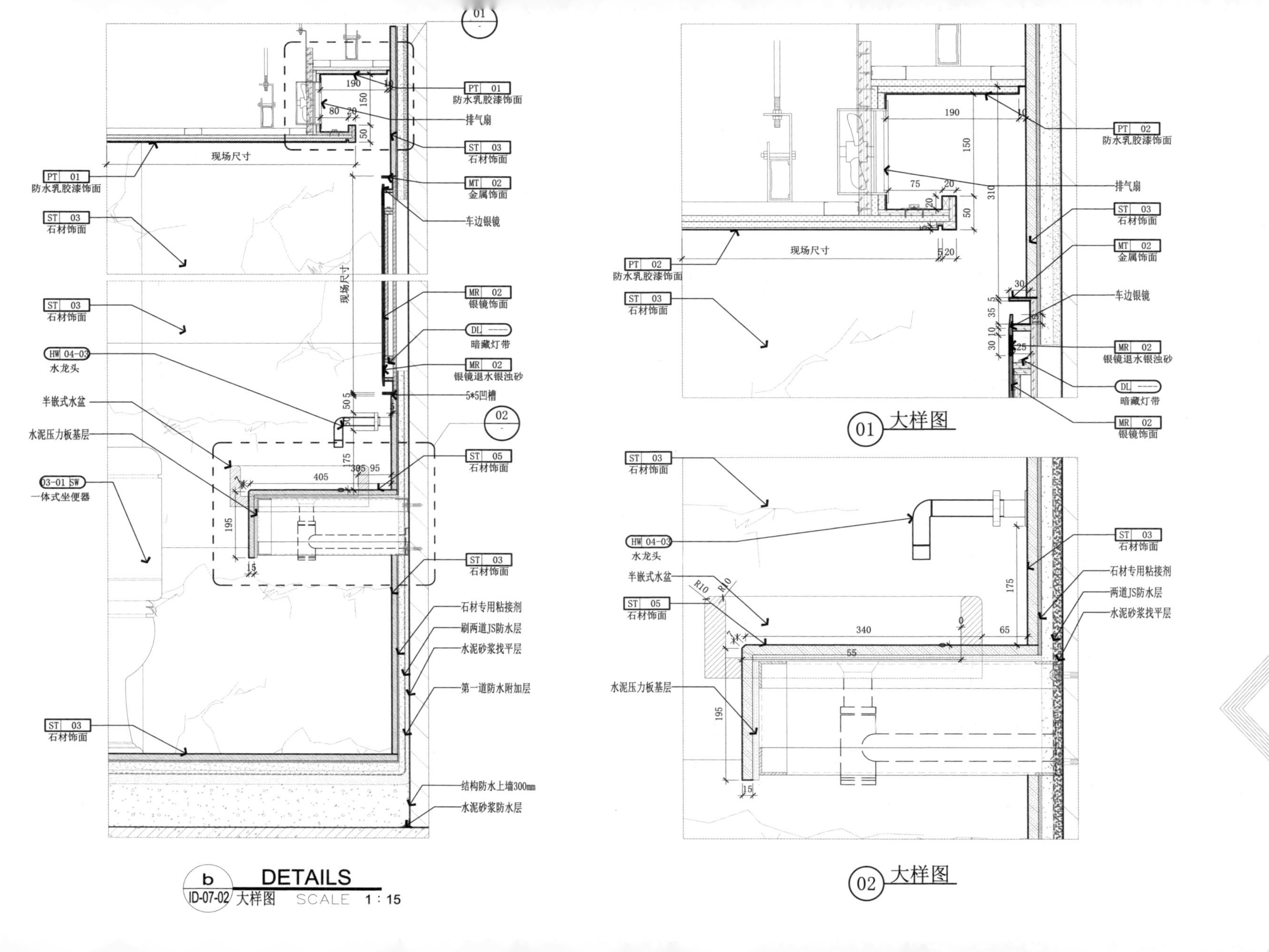

PT 01 防水乳胶漆饰面
排气扇
ST 03 石材饰面
MT 02 金属饰面
车边银镜
现场尺寸
MR 02 银镜饰面
DL —— 暗藏灯带
MR 02 银镜退水银蚀砂
5*5凹槽
HW 04-03 水龙头
半嵌式水盆
水泥压力板基层
03-01 SW 一体式坐便器
ST 05 石材饰面
石材专用粘接剂
刷两道JS防水层
水泥砂浆找平层
第一道防水附加层
结构防水上墙300mm
水泥砂浆防水层
b ID-07-02 DETAILS 大样图 SCALE 1:15
PT 02 防水乳胶漆饰面
01 大样图
两道JS防水层
02 大样图

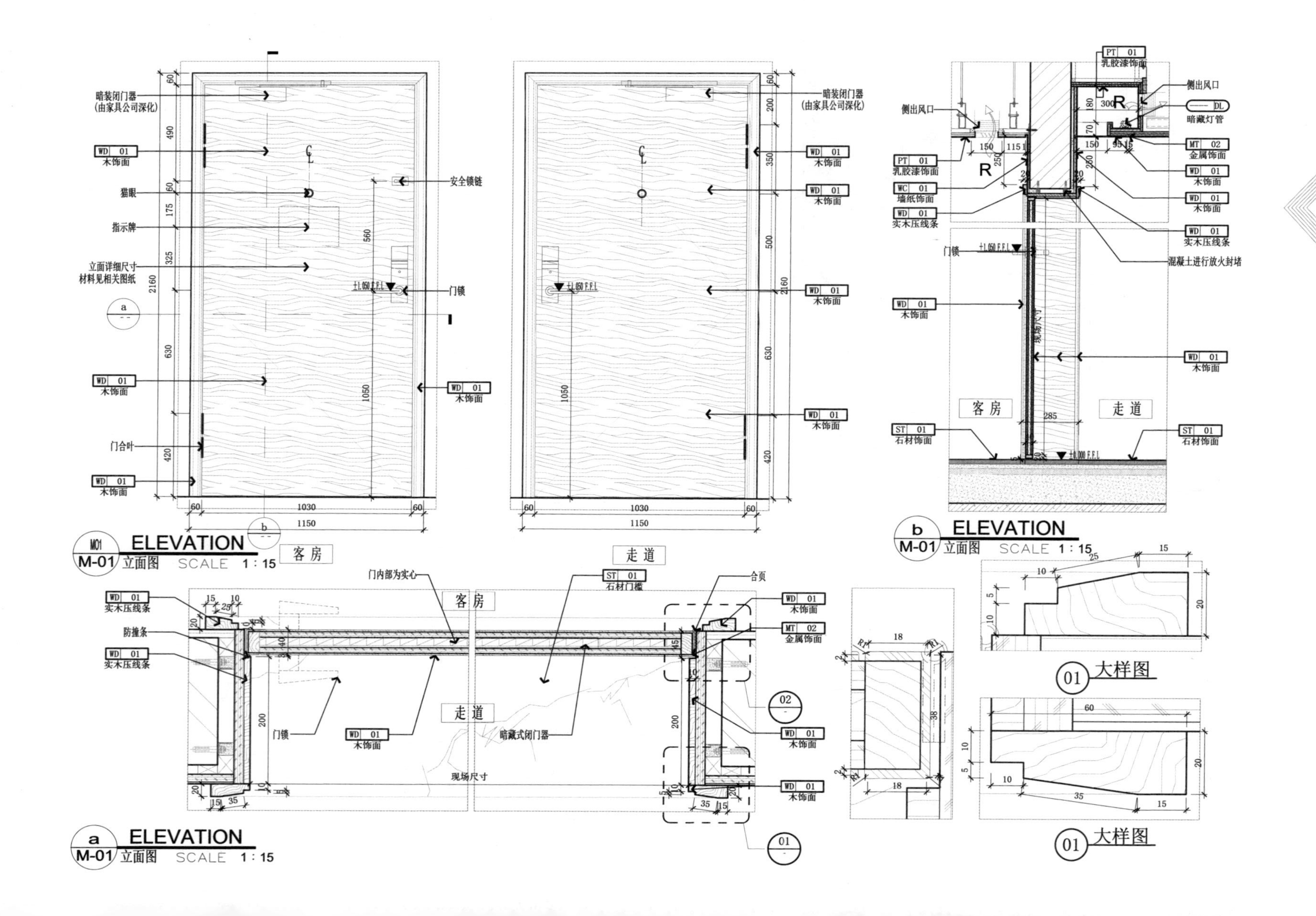
暗装闭门器
(由家具公司深化)
WD 01 木饰面
猫眼
指示牌
立面详细尺寸
材料见相关图纸
安全锁链
门镜
门合叶
M01
M-01
ELEVATION
立面图
SCALE 1:15
客房
走道
侧出风口
暗藏灯管
PT 01 乳胶漆饰面
MT 02 金属饰面
WC 01 墙纸饰面
WD 01 实木压线条
混凝土进行放火封堵
ST 01 石材饰面
b
M-01
ELEVATION
立面图
SCALE 1:15
门内部为实心
ST 01 石材门槛
合页
防撞条
暗藏式闭门器
现场尺寸
a
M-01
ELEVATION
立面图
SCALE 1:15
01
大样图
01
大样图

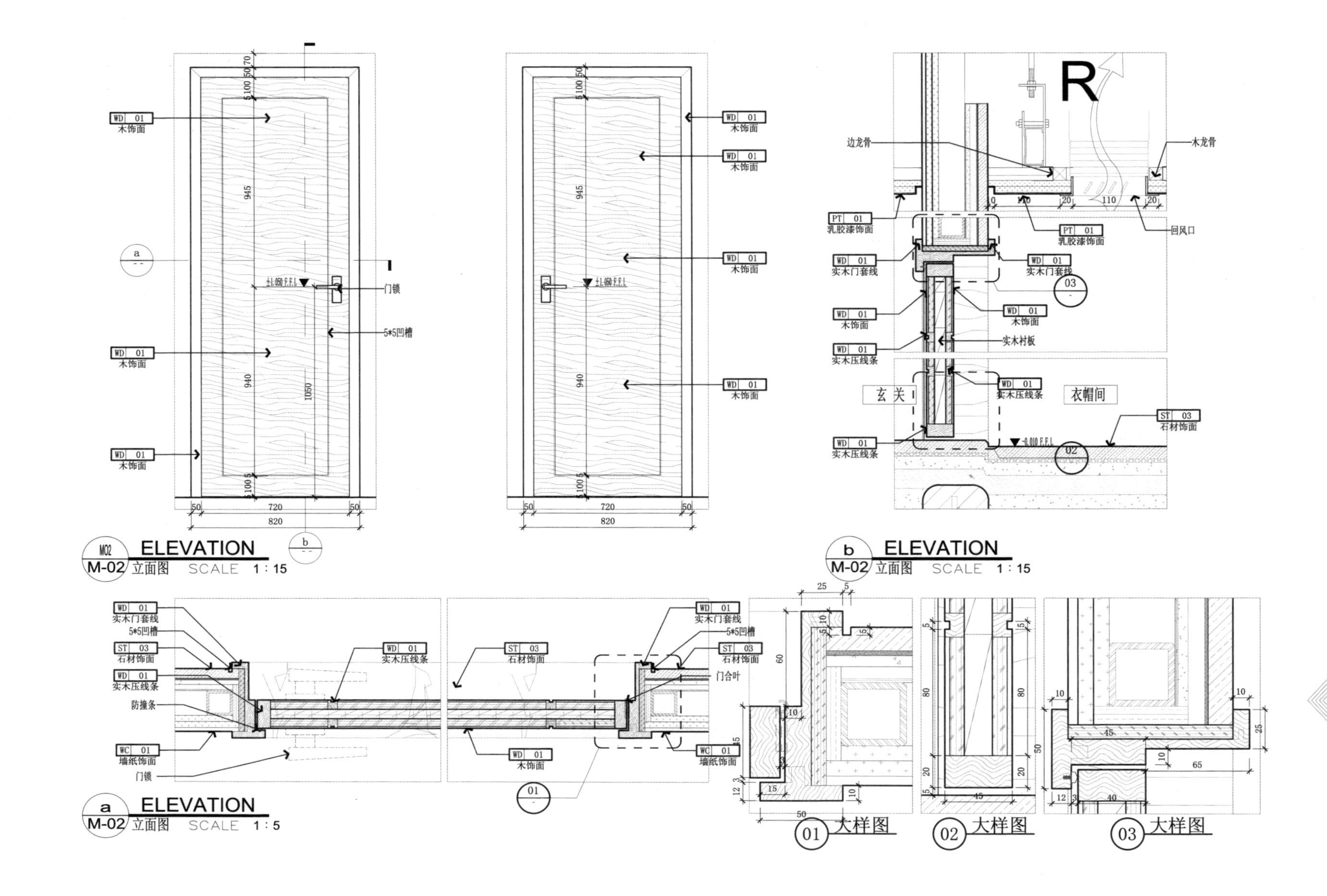
WD 01
木饰面
门锁
5*5凹槽
ELEVATION
M-02 立面图 SCALE 1 : 15
b ELEVATION
M-02 立面图 SCALE 1 : 15
边龙骨
木龙骨
PT 01
乳胶漆饰面
回风口
实木门套线
实木衬板
实木压线条
玄 关
衣帽间
ST 03
石材饰面
WC 01
墙纸饰面
防撞条
门合叶
a ELEVATION
M-02 立面图 SCALE 1 : 5
01 大样图
02 大样图
03 大样图

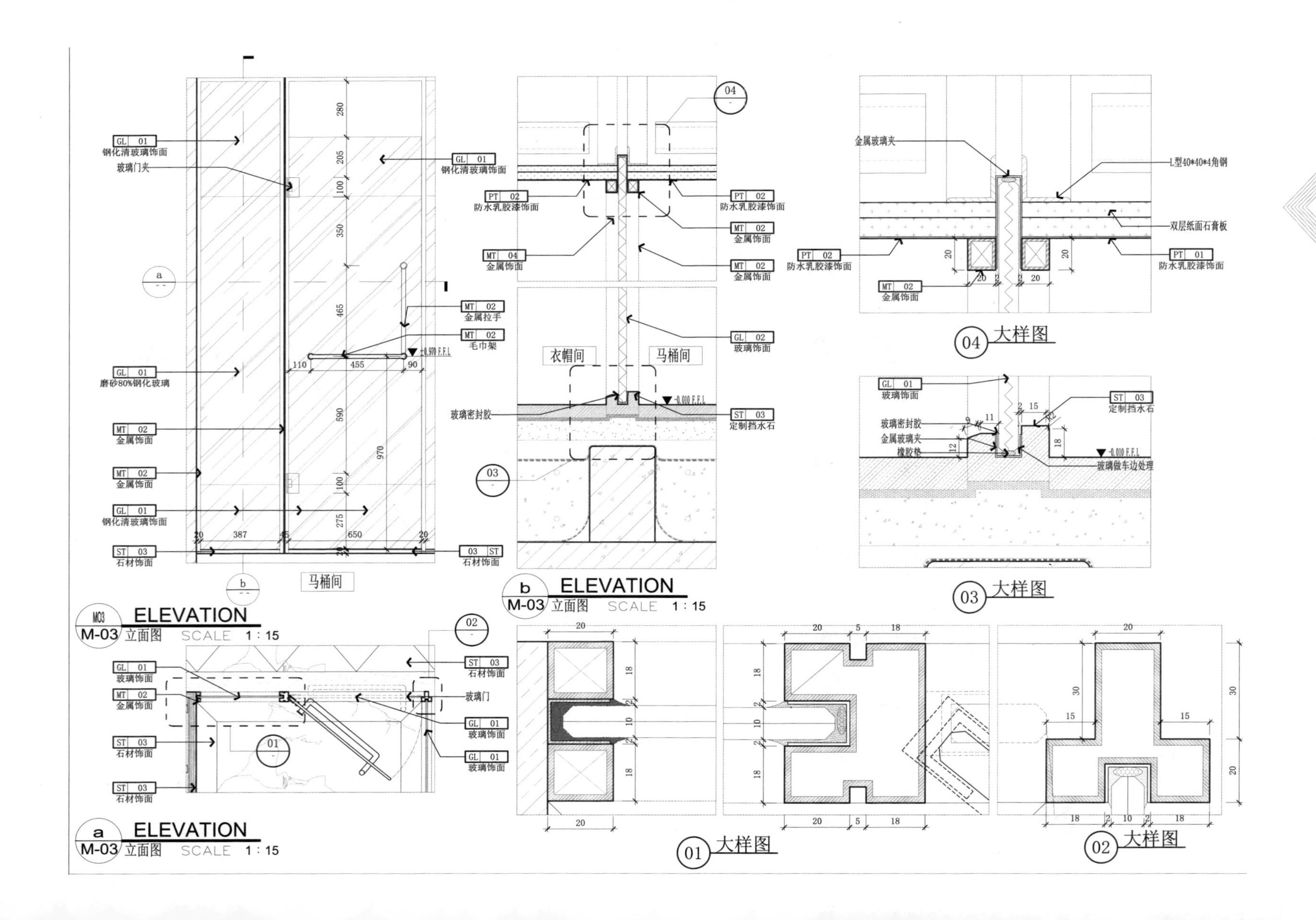

GL 01 钢化清玻璃饰面
玻璃门夹
GL 01 钢化清玻璃饰面
MT 02 金属拉手
MT 02 毛巾架
±0.970 F.F.L
GL 01 磨砂80%钢化玻璃
MT 02 金属饰面
MT 02 金属饰面
GL 01 钢化清玻璃饰面
ST 03 石材饰面
03 ST 石材饰面
马桶间
M03 M-03 立面图 ELEVATION SCALE 1：15
GL 01 玻璃饰面
MT 02 金属饰面
ST 03 石材饰面
ST 03 石材饰面
ST 03 石材饰面
玻璃门
GL 01 玻璃饰面
GL 01 玻璃饰面
a M-03 立面图 ELEVATION SCALE 1：15
PT 02 防水乳胶漆饰面
MT 04 金属饰面
PT 02 防水乳胶漆饰面
MT 02 金属饰面
MT 02 金属饰面
GL 02 玻璃饰面
衣帽间
马桶间
玻璃密封胶
-0.010 F.F.L
ST 03 定制挡水石
b M-03 立面图 ELEVATION SCALE 1：15
金属玻璃夹
L型40*40*4角钢
双层纸面石膏板
PT 02 防水乳胶漆饰面
PT 01 防水乳胶漆饰面
MT 02 金属饰面
04 大样图
GL 01 玻璃饰面
ST 03 定制挡水石
玻璃密封胶
金属玻璃夹
橡胶垫
-0.010 F.F.L
玻璃做车边处理
03 大样图
01 大样图
02 大样图

参考文献

[1] 郑曙旸．室内设计程序[M]．3版．北京：中国建筑工业出版社，2011．
[2] 赵鲲，朱小斌，周遐德．dop室内施工图制图标准[M]．上海：同济大学出版社，2019．